全球趨勢資訊圖集

ATLAS of the INVISIBLE

全球趨勢

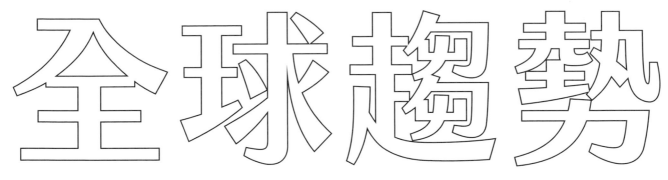

資訊圖集

5 大面向、160 張精緻彩圖，掌握當代必備世界觀

詹姆斯・契爾夏 James Cheshire

奧利佛・伍博帝 Oliver Uberti————著

林東翰————譯

JAMES
獻給 ISLA

OLIVER
獻給 JUSTIN

目錄
CONTENTS

前言和引言
PREFACE & INTRODUCTION

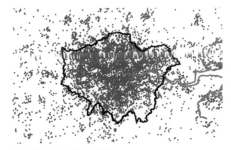

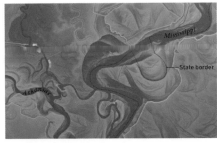

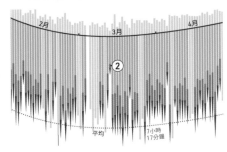

我們所到之處
WHERE WE'VE BEEN

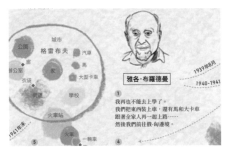

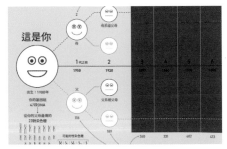

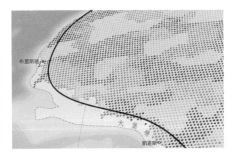

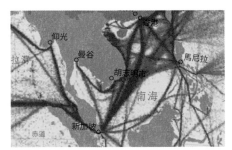

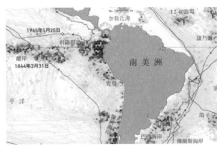

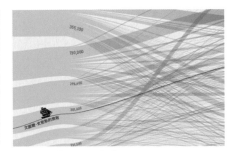

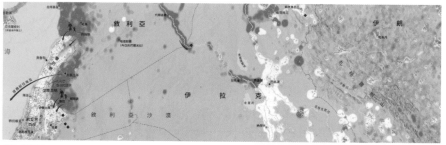

54 命名學

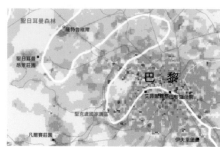

60 天才的恩典

我們是誰
WHO WE ARE

67 紐約市人口地景圖

70 量身打造的人口普查

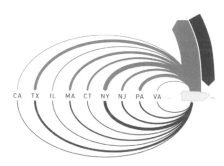

72 美國版大逃亡

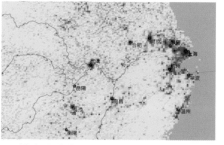

74 聯合通勤

78 復原之路

80 亮度

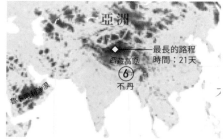

86 城市的誘惑

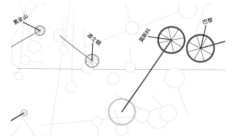

88 突如其來的蛻變

90 革命性的交通方式

92 發達的交通網路

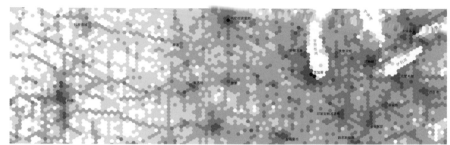

我們表現得怎麼樣
HOW WE'RE DOING

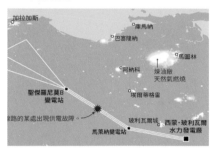

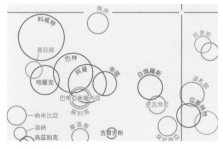

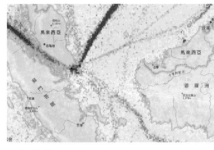

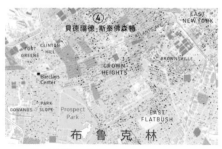

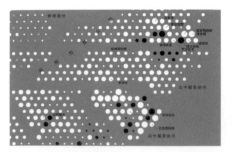

130　冷漠的南方地區

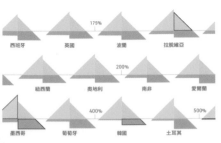

132　不平等的擔子

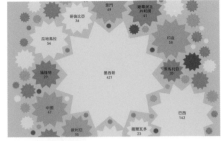

134　自卑的爆發

136　積極發聲，表達訴求

138　看得到的危機

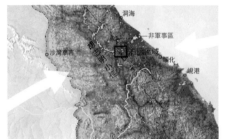

142　彈殼報告

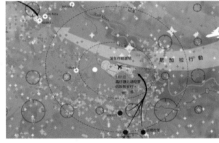

146　尼加拉行動

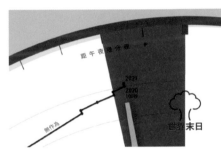

148　末日時間

我們所面對的事
WHAT WE FACE

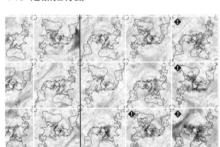

158　熱梯度

160　熱到沒辦法去朝聖？

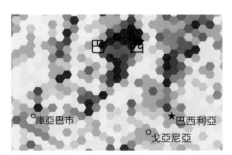

162　火燒傷疤

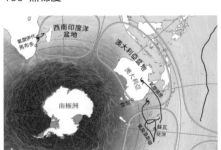

164　充滿暴風雨的海洋

166　冰流

170　涉水而行

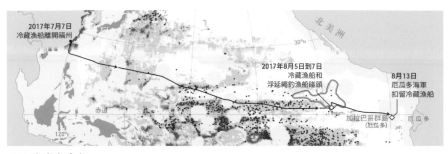

172　在海上逮人

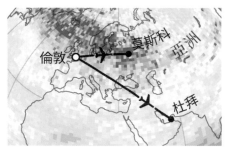

176　繫好安全帶

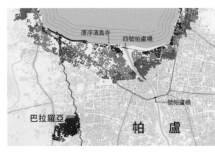

178　上帝之眼

180　快速行動，打破既定限制

182　在太陽沒照到的地方撒鹽

184　日照的軌跡

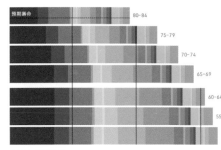

186　新時代

結語
EPILOGUE

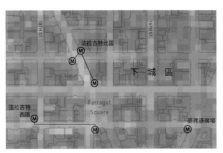

191　應用程式透露的行為模式

193　藏在每條推文中的祕密

194　大阪的鼠疫病例

196　追蹤融冰

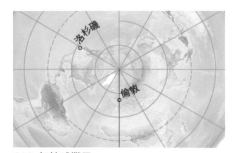

200　把地球攤平

前言

2020年，新冠肺炎（COVID-19）疫情爆發蔓延到歐洲的時候，奧利佛才剛來到倫敦和我一起編寫這本書沒多久。當時，專家們尚未準備把它視為大規模流行的傳染病，但由於搭飛機旅行很普遍，這種病毒似乎勢必會傳播到全世界。
奧利佛因為時差的關係，在凌晨還未入睡，他翻看著電腦上的新聞標題，不時更新網頁。我們每天早上都在討論最新的新聞：武漢的醫院、無法登岸的遊輪，以及我們每個人覺得還有多久，這些看不見的病毒就會來到我們家門前。

　　雖然奧利佛預期會是最糟的結果，但我想在看過更多資料後再提出警告。他飛回洛杉磯的那天，我給我的地圖學課程安排了一項功課：繪製不斷增加的病例數。我認為學生可以趁這個機會，學習一場嚴重——但遙遠——的事態在發展時，要如何追蹤。我承認，我想得不夠周詳，沒有考慮到地圖上出現的熱點中，有多少地方住了我學生的家人和朋友。

　　接下來的那個星期，有些學生缺席了，因為他們得趕在各國關閉邊境之前返回家人身邊。幾天後，就在3月23日，英國封城了，我發現自己得辛苦帶著硬碟搭地鐵回家，也開了一個 Zoom 雲端會議室。即使在我太太的祖母住院後檢測呈現陽性時，這種病毒的危險性仍然既抽象且看不見。她最後的日子是在隔離中度過的，我們的道別只能簡化成簡訊。由於沒有舉行葬禮讓大家聚在一起，很難相信她已經過世了。

　　一直到4月下旬，也就是奧利佛來訪的兩個月後，我們才真正體會到這個現實。當時我在處理我們的空氣汙染圖表的資料，聽到外面有救護車駛近。我從窗內看著醫療人員在進入隔壁的房子之前，靠在我們的前牆上穿上他們的防護裝備。幾個小時後，醫療人員沮喪地出現了。殯葬人員的到來，證實了我們最害怕的事情。我心想，這就是看到瘟疫醫生戴著鳥嘴面具隱藏起臉孔、四處巡邏的感覺吧。我們這條安靜的小巷，現在就像1854年約翰・斯諾（John Snow）所繪製臭名昭著的霍亂地圖上的蘇荷區街道，被做了記號。斯諾醫生的前述事蹟，曾經是我在課堂上用來舉例的歷史事件，突然間成了我們這個時代的警示性故事。

　　我第一次覺得我們中間藏著一名殺手。我感到既無力又悲傷。此時出現在我鄰居家的資料點，不會有這種情緒。在正式紀錄裡，她的死亡只是總數裡的另一個數字，是我們街上、我們行政區、本市和本國，以及全世界死亡人數地圖上的另一個點。這個數字是粗糙、修飾過的。這個紀錄也不是整起事件的全貌。對於每

英國疫情爆發後的
前六個星期內，
有兩萬人死亡。
每個點代表
每個死亡病例。

個確診的病例，都有一些人是患病了卻從未經過檢測。如果在全球統計數字裡可以看到這個欄位，那麼到了 2020 年 5 月，裡頭勢必包含我和我太太的標記。在我寫這些文字的時候，有一些新冠肺炎倖存者仍舊因為科學上找不到原因的副作用，而陷入一頭霧水。後來我檢測出抗體呈陽性，而我太太嗅覺喪失後至今仍然沒有恢復。

在新冠肺炎出現之前，我和奧利佛已經擬定好了這本書的大部分內容。在這次的病毒幾乎影響到社會的各個層面之際，我們可以像斯諾一樣親眼見證，我們度過危機存活下來的能力，取決於對這次來襲的病毒有多了解。在將資料繪製成圖時，我們把資料轉化成資訊，讓那些在其位的人能夠藉此保護我們。無論是在和疾病、不平等還是當前的氣候緊急情況對抗，這都是正確的做法。

幾百年來，地圖集描繪了人們所能看到的東西：道路、河流、山脈。今天，我們需要許多圖形來展露形塑我們生活的那些看不見的模式。這本書，是對看不見的事物的頌歌，是對於無法只能藉文字或數字表達的「資訊世界」的致意。在未來幾年，我們希望，我們繪製成圖的這些模式能夠告知大家，要如何看待介於「一切照舊」與「重新打造更美好世界」兩者之間的抉擇。

詹姆斯・契爾夏，2021 年 2 月於倫敦。

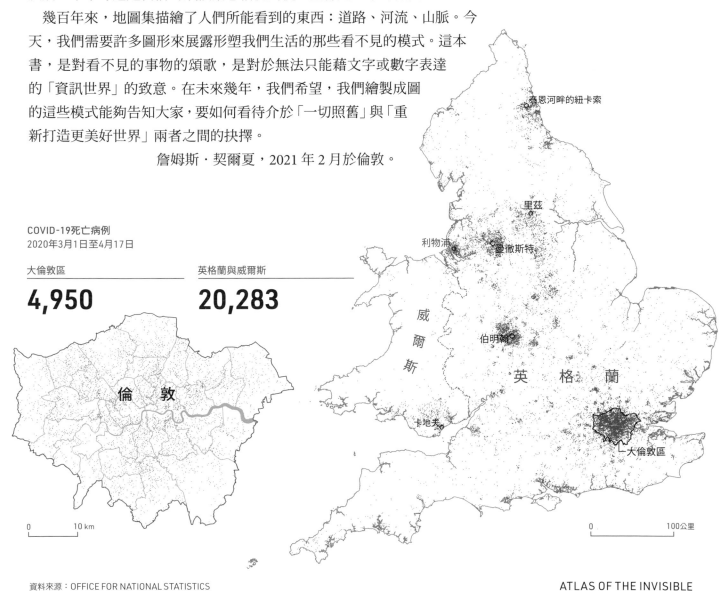

COVID-19死亡病例
2020年3月1日至4月17日

大倫敦區

4,950

英格蘭與威爾斯

20,283

◆

對於

看不見的事物，

我們可以相對肯定地假設它存在。

但我們只能用一個類比來表現它，

這些類比代表了這些無形的事物，

但終究不完全等於它們。

德國視覺藝術家
葛哈・李希特
（Gerhard Richter）

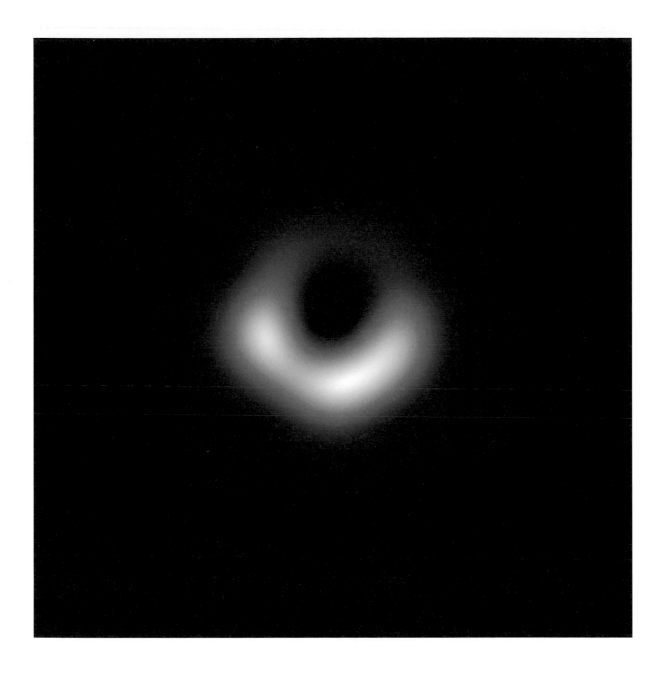

凱蒂‧布曼在麻省理工學院研究生時期，
證明了成像系統有可能「觀測到以前不可能看到的物體」。
兩年後，事件視界望遠鏡合作計畫把一大堆硬碟裡面PB級（petabytes，等於千億位元組）數量的數據，
轉換繪製成史上第一張黑洞圖。

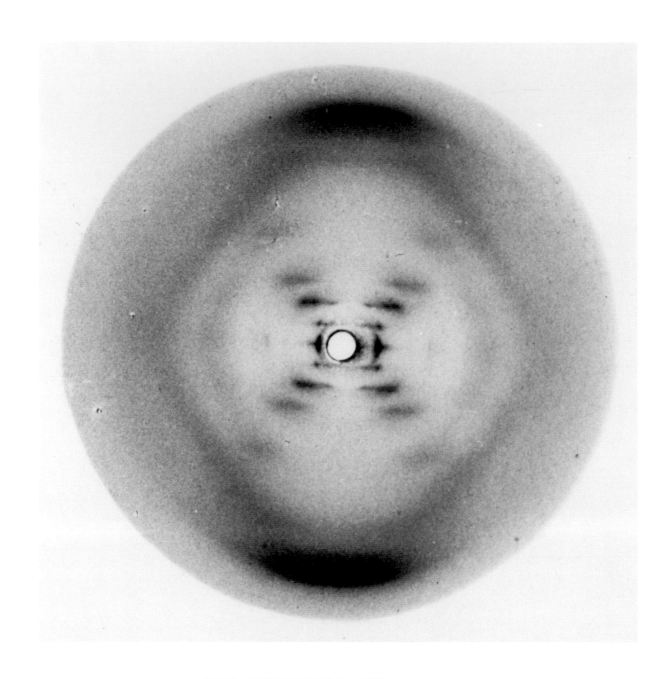

羅莎琳·富蘭克林和研究生雷·高斯林（Ray Gosling）
用 X 射線連續照射 DNA 鏈六十多個小時。
當 X 射線從分子原子中的電子反彈回來時，會折射形成這種十字形圖案，
由這種圖案可以推斷出 DNA 具備雙螺旋結構。

瞧，肉眼看不見的世界

想像一下看到人們以前從未見過的東西會有多麼激動。

1952年，化學家羅莎琳・富蘭克林（Rosalind Franklin）感受到了這種感覺，

那時候她的X射線成像實驗把DNA的真正結構呈現在世人面前。

七十年後，在事件視界望遠鏡工作的電腦科學家凱蒂・布曼（Katie Bouman）

高興到雙手合十，因為她編寫的演算法讓我們第一次「看到」黑洞。

　　在我們這種外行人的眼裡，第15與16頁這兩張圖，都像外星文一樣難以看懂。但是在富蘭克林看來，那些黑色痕跡證明我們的遺傳密碼形成了一個雙螺旋體；而對布曼來說，橘色新月狀發亮的部分，可以看出來自黑洞光子環的能量。這兩幅圖像能夠誕生，都要歸功於多年的研究與技術發展，但正是這些科學家觀念的跳躍，讓我們能夠看到微小到極限的東西，以及難以理解的龐大天體。

　　有些東西我們之所以看不見，不只是大小的問題。有時候我們會錯失那些我們得抽身才能看到的東西：我們周圍在發展的城市，吹過我們身邊的汙染物，腳底下正在暖化的地球。有時候，無形的事物只會隨著時間緩慢流逝才出現，例如社區鄰里的仕紳化（gentrification），或是冰川的消融。以歷史事件來說，有時候，看得見的事物會隨著一個世代消失，而變成看不到了。資料的力量，在於它們能夠凍結特定時刻的時間。就像要看底片之前必須先處理過一樣，隱藏在資料集裡的模式也只有通過地圖和圖形，才能夠真正顯現出來。這些視覺化工作讓我們能夠縮小、比較和記住這些事物。

地圖的沿革

　　在十九世紀初，大多數科學上的嘗試都歸在「自然哲學」的範圍內。事實上，一直到1833年才有人使用「科學家」這個詞。對於那些有能力、或可以找到有錢金主的人，自然哲學在快速變化的時代裡，提供了一種了解世界的方法。在這個背景下，亞歷山大・馮・洪堡（Alexander von Humboldt，1767－1835年）成了最後幾位偉大的博學者之一；他想知道關於萬物的一切。安德莉亞・伍爾夫（Andrea Wulf）在她廣受好評的傳記《自然的發明》（*The Invention of Nature*）[1]中，將他描述為「科學界失落的英雄」，說他隨著「科學家鑽到他們狹隘的專業領域」而失寵。專業化導致許多人忽視了洪堡「涵蓋藝術、歷史、詩歌與政治以及硬資料」的科學方法的遠大願景。關心「哲學」甚於「大自然」的洪堡，大多是自己攀登火山、海水取樣或測量仙人掌。他不只在自己的旅途中收集了大量資訊，也從其他人那

1 編按：此書繁體中文版有果力文化的《博物學家的自然創世紀》。

裡取得數量相當的資料。他會寄信給他人請求對方提供資料和意見，並剪下他們回信裡的關鍵段落，放進他收集在箱子裡的大量分類主題的信封中。其他人可能會將這個地方當作囤物癖者的狗窩，但他看到的是個許多相互關聯的系統組成的世界。在他的代表作《宇宙》（Cosmos）的前言裡，他寫道：「大自然……是一個不論所有創造物的形式和屬性多麼不同，都能把它們融合在一起的和睦環境，一個由生命氣息帶動其活力的大整體。」

但洪堡知道，用這樣的雄辯來為他的寫作解釋是不夠的。「一個大的整體」也必須眼見為憑。因此，他邀請他的朋友海因里希・伯格豪斯（Heinrich Berghaus）為《宇宙》製作一份搭配的地圖集。這個要求包山包海：「動植物在全世界的分布地圖，河流與海洋的全球分布地圖，活火山的分布地圖，磁偏角和磁傾角地圖，磁能強度地圖，洋流退潮與流動地圖，氣流流動地圖，山脈、沙漠和平原的路線地圖，人類分布地圖，以及標明山高、河流長度的地圖等等。」

柏林建築學院（Bauakademie）應用數學教授伯格豪斯接下了這項挑戰。1838年，《物理地圖》（Physikalischer Atlas）第一集發行。之後伯格豪斯每完成一集就發行一集。到了1848年的最後一集，他總共已經製作了75張地圖。一向謙虛的伯格豪斯形容他那些開創性作品是「採用了各種技術製作，不同格式的地圖大集合」。事實上，他和洪堡重新定義了地圖集的可能性。數百年來，占據著地圖集裡各個地方的呆板單調的輪廓線，被大自然變化過程的詩意畫面取而代之。《物理地圖》以第一份探索世界的地圖集之姿脫穎而出，它不像以往的地圖那樣，僅僅追究哪個地方是什麼、或是誰擁有什麼東西這些問題，而是探索：怎麼會這樣？或為什麼會這樣？像是：氣候如何影響全球各地人們的穿著方式？為什麼影響一個地區氣候的因素，風向要比緯度重要？為什麼植被會因海拔不同而有差異？

百家爭鳴

洪堡和伯格豪斯並不孤單。根據著名的資料視覺化編年史家麥克・弗蘭德利（Michael Friendly）的說法，十九世紀是統計學、資料收集和技術進展上的一個「完美風暴」的時代，能讓作品具有「無與倫比的美感和規模」。佛羅倫斯・南丁格爾（Florence Nightingale）發明了「雞冠花圖」（coxcomb diagram），來顯示英國軍隊死亡率的季節性模式；同時，約翰・斯諾醫生正在霍亂肆虐的倫敦街道上，打造繪製現代疾病地圖的基礎（參見第22頁）。到了十九世紀末，查爾斯・布斯（Charles Booth）組織性地挨家挨戶調查，以製作家戶級貧窮地圖（參見第22頁），這份地圖後來啟發了芝加哥的佛羅倫斯・凱利（Florence Kelley）（參見第69頁）和費城的杜波依斯（W.E.B. Du Bois）繪製的地圖。

北美洲

美國

地圖區域

機載雷射雷達調查法提供了一種可以看到過去的方法。利用量測雷射光從地面反射回飛機上的感應器所耗費的時間，研究人員就可以繪製出精確的高程圖。在這幅地圖中，把數百萬筆測量數據處理後，就呈現出密西西比河先前的曲流。

資料來源：USGS

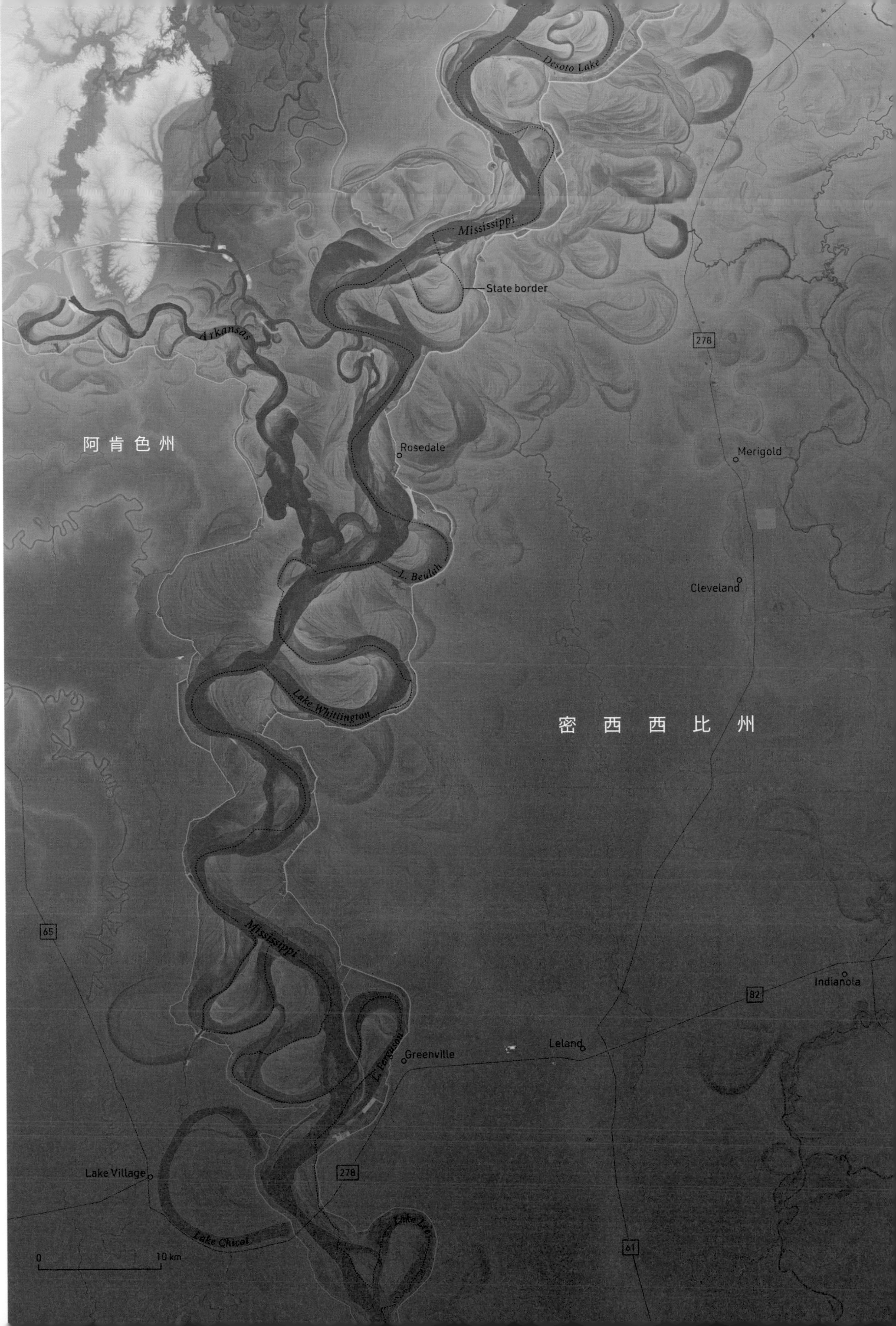

Desoto Lake

Mississippi

State border

278

阿肯色州

Arkansas

Merigold

Rosedale

L. Beulah

Cleveland

密 西 西 比 州

Lake Whittington

65

Indianola

82

Mississippi

Leland

L. Ferguson

Greenville

278

Lake Village

61

Lake Chicot

Lake Lee

0   10 km

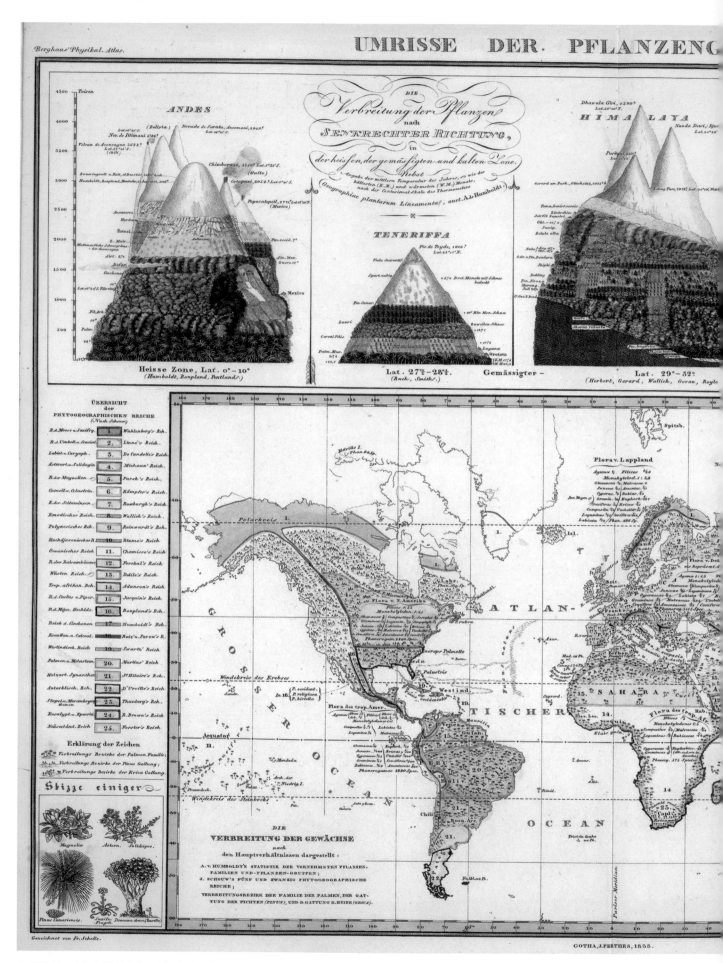

海因里希・伯格豪斯利用在不同海拔生長的植物畫像和圖表，讓這幅1838年植被區地圖更加賞心悦目。

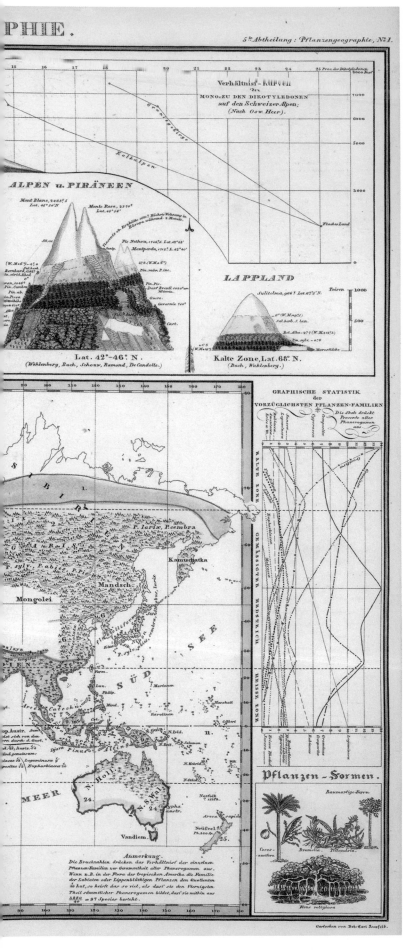

伯格豪斯和洪堡
重新定義了
地圖集的可能性。
數百年來，占據著
地圖集裡各個地方
的呆板單調的輪廓線，
被大自然**變化過程**的
詩意畫面取而代之。

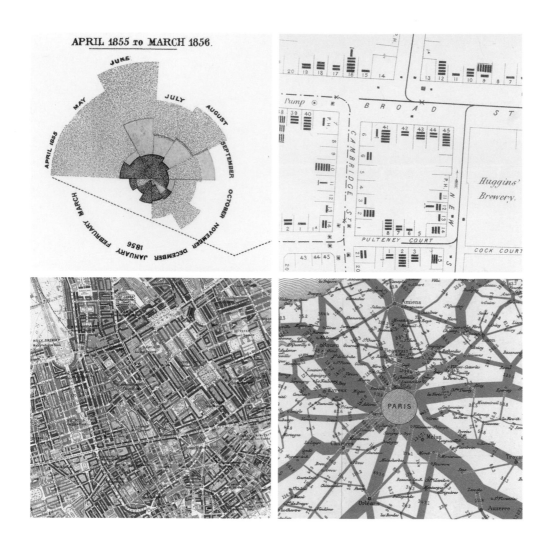

到了這個世紀末，人們開始透過統計圖集來了解有關其國家發展的最新資料。法國政府設立了統計圖形局，它製作的《統計地理圖輯》（*Album de Statistique Geographique*）所繪製的內容，包含了公共交通乘客量（見上圖）、運河貨運噸位，到葡萄園產量及劇院入席率。所有這些生活面向的影響，現在都以前所未有的詳細程度呈現在我們眼前。

大型多色地圖集製作不易，不僅極其耗時，印刷成本亦所費不貲。最後，出版商縮減了地圖集的主題部分，並把版面編排標準化。更重要的是，這種看世界以了解世界的新奇方式，開始逐漸消失。就像弗蘭德利指出的那樣，「資料圖片被認為只是圖片：也許漂亮或令人回味，但無法把『事實』敘述到三位或更多位小數那麼精確。」統計學家正在把洪堡的「一個大的整體」分解成更精細的部分。

數位地圖

二十世紀上半葉，對地圖與圖形的需求並沒有完全減少。對於報紙和雜誌想要

左上起順時針：
南丁格爾的雞冠花圖；
斯諾的霍亂地圖上
臭名遠播的寬街泵；
1890 年法國鐵路客流量；
布斯手繪上色圖表上的
倫敦貧困等級。

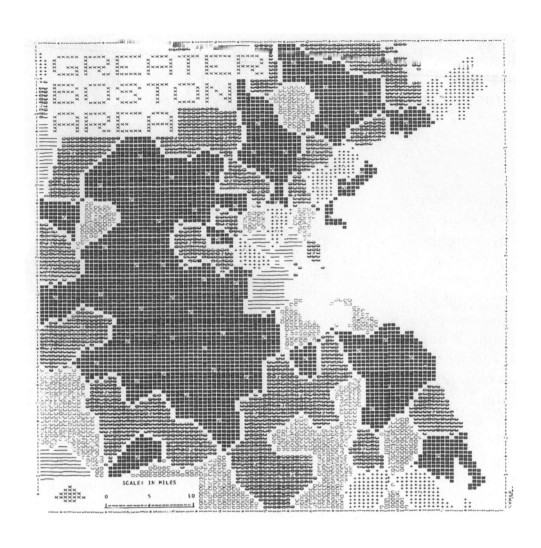

掌握到兩次世界大戰的動盪，長途航空旅行的到來，還有日益全球化的經濟，地圖與圖形都是重要的工具。最終，計算機為統計分析和印製地圖提供了一種再次趨於一致的方法。1963年，美國西北大學講師霍華・費雪（Howard Fisher）與程式工程師貝蒂・班森（Betty Benson）合作，研發了能讀取儲存在打孔卡片上的資料的系統SYMAP，來執行計算，然後列印出地圖（上圖）。以前，都市規劃者得靠著有透明保護膜的大型印刷地圖，來設想不同的場景。例如，要在一座不斷發展的城市裡規劃一條新道路，你需要地質圖、土地所有權狀、人口增長率資料等等。如果你想要在二十五年期內每五年進行一次估算，僅人口預測就可能需要五張地圖。每一張都是手繪的草圖。如果必須更改計算，就必須重新開始。SYMAP 省下了這種白工。比如說，想要查看每十年的估算值，基本上你要做的就只是調整計算機代碼，並按下「列印」。以它們的細節和外觀而言，這些早期的數位地圖和其手工製作的前身相比，顯得簡陋得多。但印出精美地圖並不是他們的目的。他們證明了利用數學函數，可以按下一個鍵就印出地圖。

就像打字機藝術品一樣，SYMAP 使用由破折號、加號、數字和其他字符組成的網格來組成圖像——在這個範例裡的，是大波士頓區的高程等高線圖。

資料來源：HARVARD LABORATORY FOR COMPUTER GRAPHICS AND SPATIAL ANALYSIS

ATLAS OF THE INVISIBLE

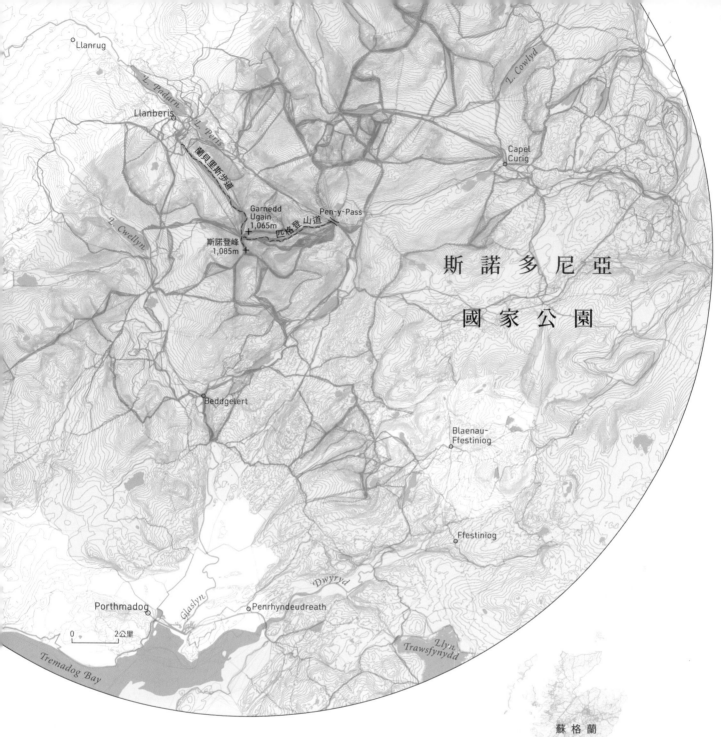

斯 諾 多 尼 亞

國 家 公 園

數據勾勒出的足跡

英國的國家測繪機構一直在開發規畫探險的應用程式。在 2010 年代，使用者記錄了將近 1,100 萬條小路。在右邊，我們展示了其中的四十多萬條。協助開發該應用程式的製圖師查理·格林（Charley Glynn）對步行者能很稱職地準確描繪出英國海岸輪廓感到很驚訝。「雖然它只是一堆線條，但它打造出一個地方真實、清晰的景象。」這些資料還透露出該國最受歡迎的路線。威爾斯的斯諾多尼亞（Snowdonia）國家公園多年來一直位居榜首。徒步旅行者從四面八方走著蜿蜒小路，登上海拔 1,085 米的斯諾登峰最高峰（見上圖）。

資料來源：ORDNANCE SURVEY

公眾路徑，2018年

0   200公里

這些成果成熟之後，成為我們用來製作本書地圖的地理資訊系統（GIS）。和洪堡把資料收集在信封裡和箱子裡的方式相同，地理資訊系統容許製圖師依照主題儲存資料，例如海拔、土地覆蓋和道路網。之後我們可以把這些資料組合，來計算地球上每個地方的可達性，不用自己親身走訪每條路程（參見第92-93頁），或幫助地方政府確定哪些道路最需要處理冰雪（參見第182-185頁）。

我們就是地圖

正當1960年代首批數位地圖的工作要開始的時候，英國地形測量局（Ordnance Survey）剛完成了為期三十年的旅程，以手工製作更精確的英國地圖。測量員將望遠鏡拖到山頂，把它們架在他們安裝的混凝土柱子上，也就是所謂的「三角點」。這些點讓測量員可以在一個山峰上，準確地測量或是三角測量其相對於隔鄰山峰上的混凝土柱（三角點）位置。儘管現在GPS和光學雷達等技術已經讓這些類比式人工製品顯得過時，但涵蓋英國國土的三角點仍然有6,500多個。其中一個這樣的三角點緊貼在威爾斯山脈高處的二十人塚峰（Garnedd Ugain）的頂部，被冷冽寒風吹裂而且油漆脫落，在任何一天，那些走在它下方的步道、前往比它高的鄰山斯諾登山頂的人，都在間接地製作自己的地圖。在英國全國境內，有數千人使用英國地形測量局的應用程式做導航，它讓徒步旅行者能夠記錄、繪製和分享他們最喜歡的路線，進一步把這些路線確定為要跟著走的路。這些新地圖也許要仰賴測量員精心鋪設的山林小路，但這些地圖已經以數位資料才能辦到的方式變得充滿變化了，讓群眾的智慧決定哪裡該走和哪裡不該走。

英國地形測量局的線上商店，提供了一系列智慧手錶和一些穿戴式裝置，以幫助徒步旅行者監控他們在長途登山活動前的睡眠情況、他們登上匹格登山道（Pyg Track）時的心跳頻率，或是沿著蘭貝里斯步道（Llanberis Path）下山時的最大速度（見左上圖）。佩戴者可以設定睡眠和運動目標，讓自己過著更健康的生活。

顯然，健康資料可能是極度私人的東西。在我們不見得能確定誰可以查看這些資料時，有些地圖很可能變成洩漏太多內容了。2018年，頗受歡迎的健身應用程式Strava的工程師發布了一個人們在哪裡運動的全球地圖。從數十億個資料點中，查看者可以看到沿著公園小路和海濱的發亮活動路線。沒什麼好大驚小怪的。幾個月後，澳大利亞戰略政策研究所的研究員納森・魯瑟（Nathan Ruser）敏銳的眼睛，在地圖的其他黑暗區域發現了一些別的顏色。放大後，揭露了美國在中東和

應用程式「Strava」使用者的運動路線，勾畫出了美國駐阿富汗空軍基地的範圍邊緣。

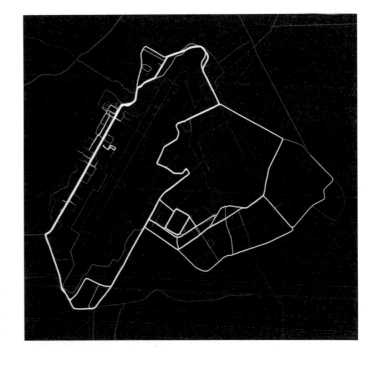

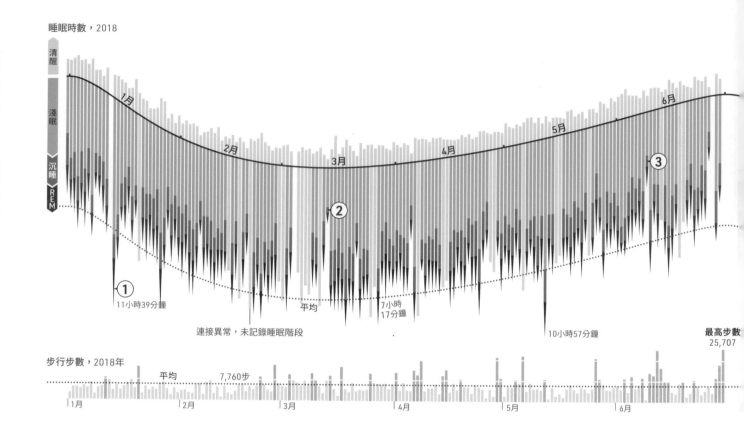

睡眠時數，2018

清醒
淺眠
沉睡
REM

1月
2月
3月
4月
5月
6月

③

②

①
11小時39分鐘

平均

7小時
17分鐘

連接異常，未記錄睡眠階段

10小時57分鐘

最高步數
25,707

步行步數，2018年

平均　7,760步

1月　2月　3月　4月　5月　6月

非洲部分地區的祕密軍事基地位置（見前頁）。使用 Strava 記錄日常訓練的人員，絲毫未察覺到他們的位置已經分享出去了。Strava 聲稱，他們不知道他們的行銷做法有洩露機密資訊。五角大廈也不知道這狀況。實際上，這個世界上最先進的軍隊，已經把自己曝光了。

不見得要戴著穿戴式裝置才會留下資料蹤跡。現在，幾乎我們所做的所有事情裡的數位連線（digital thread）都會在我們背後展開。即使你前往孤島，把手機丟進海裡，也會很快就會有一顆衛星從你頭頂飛過，記錄下你營火的熱信號（參見第162-163頁）。每經過一秒，世界的資料都聚集成一個更大的纏結。對於這本書，我們已經拉到了那些連線，並且把我們發現的內容繪製成地圖。這些圖形為為期四年搜尋的故事提供了有形的視覺形式，這些故事揭示了哪些資料可以告訴我們關於我們的過去、我們的定位、我們要怎麼做，以及我們在將來這個世紀會面臨什麼。這是一個讓人大開眼界的過程。在研究每個章節開始的文章時，我們發現了人性中最好和最壞的部分。我們對早期天氣預報員的聰明才智感到驚嘆不已。我們對於頒行《吉姆·克勞法》的美國南方州（Jim Crow South）暴徒的墮落感到畏怯。最後，我們對歷史的道德軌跡和資料世界中的生活願景，充滿了希望。我們提不出和生命基本組成或宇宙奧祕有關的科學突破，但我們可以和大家分享重新看世界的樂趣。

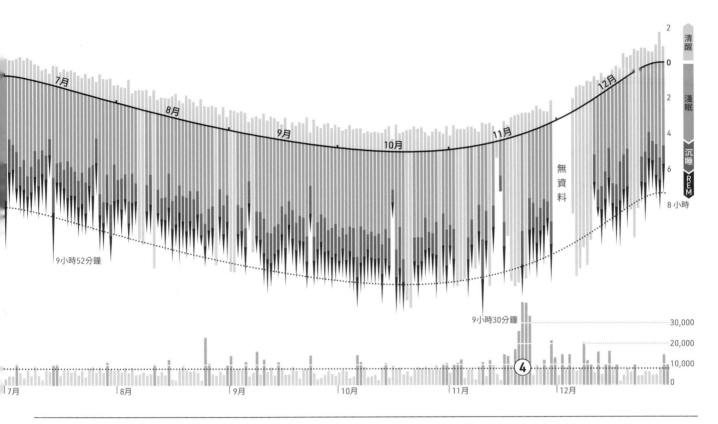

2018年，奧利佛的妻子蘇菲戴著一支Fitbit智慧手表，來追蹤她的睡眠情形和走路步數。在度過歷經頻繁出差、參加婚禮和一次蜜月旅行的一年後，她得知自己在飛機上會睡得不好、在長途步行後會睡很香，不過對此她並不覺得驚訝。不過手表洞察到更私人的細節：這些資料顯示她每天晚上都會短暫醒來。這些小中斷加起來如黃色長條所示。為了獲得八小時的睡眠，她需要在床上睡九個小時。

1月
1月12日晚上橫跨全國的夜間航班讓她的行程很趕。隔天晚上她睡了一年當中最長的一覺。

3月
為一場清晨在聯合國舉行的活動所做的準備，讓她前一晚徹夜未眠。她只趁隙睡了三個小時。

6月
在她與奧利佛的婚禮前夕，她的睡眠時間低於平均值，接下來則是健行、以及在優勝美地國家公園度蜜月時大睡特睡。

11月
Fitbit智慧手表把五天的騎馬活動誤認為是步行。扣掉這些步數，她平均每天步行7,757步。

怎麼運用這本書

　　如同近兩百年前的洪堡和伯格豪斯一樣，我們的整體目標是讓大家看到「模式」而不是「地點」。藉由書裡舉出的許多例子，我們讓大家看到手機如何洩漏大家當前的移動路線，還有如何從DNA找出古早的遷徙路線；我們探索全球的幸福和焦慮程度；我們還說明了從颶風到朝聖活動等各種狀況，是如何受到地球暖化所影響。有時候我們會退到更遠的地方來看；有時候我們會放大來看，以探索地面上的各種紋路。有時你會看到用不同於往常的排列，或是從不熟悉的角度呈現的地球地圖。對製圖感興趣的人，可以在第200頁上看到我們使用的地球投影地圖的完整清單。請記住，在整個過程中，每個圖形都標記著一個時間點。我們取得了截至2020年末的最新可用資料。儘管從那個時間點之後，某些統計資料可能有變，但整體的趨勢應該還是有效的。

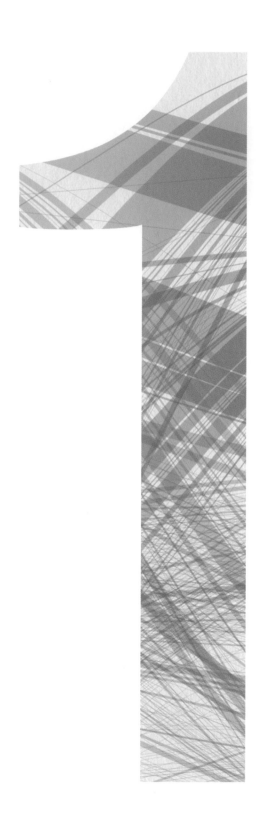

我們所到之處
WHERE WE'VE BEEN

在極力排除偏見與壓迫時，我們必須仰賴自己所創造的方法——
依靠我們法律的智慧和制度的正直性，依靠我們理性的頭腦和感性的心靈。
而且我們必須牢記那些我們希望從世上消滅的惡行，
它們是我們持續不斷進步的誘因。
在打造更為公正的世界的長期奮鬥中，我們記取的經歷是最強大的資源之一。
　　——露絲‧貝德‧金斯伯格大法官（Justice Ruth Bader Ginsburg），2004年4月22日

其他人的生活

兩百多年前，英格蘭還深受著歷經數十年海外戰爭的不良影響。
數以萬計的士兵和水手、剛失業的人和無家可歸者，流入了米德爾塞克斯郡（Middlesex）
的倫敦街頭。為了解決這種狀況，英國國會通過了1824年的《流浪罪法案》
（Vagrancy Act of 1824）。直到現在，這個法案仍然允許法院起訴任何「睡在露天、或帳篷下，
或任何馬車或貨車上，沒有任何明顯的謀生方式，也無法提出可靠說法」的人。

《流浪罪法案》並沒有去處理根本的原因，只是讓那些無家可歸的人在大家眼
前消失——李佛·梅克希（Lever Maxey）就是這樣的人。他是個「無賴流浪
漢」，在1784年於原野聖吉爾教堂（St Giles-in-the-Fields）遭到逮捕，
先是和妻子與孩子一
起被關在克勒肯維爾
（Clerkenwell）懲教所，
之後用馬車「立刻帶離並轉
送」到六十英里外的一座小鎮。但多虧了「流浪者
生活」（Vagrant Lives）計畫，梅克希的名字才得以重見天
日。該項計畫把1777年到1786年間從米德爾塞克斯送出去
的14,789名「流浪者」的法庭紀錄數位化。這個資料集呈現出
一個全國性的搬遷網絡（見插圖），而梅克希的移送令背面的詳
細日誌，則讓我們能夠追蹤其個人的旅程。

重新審視他的移送紀錄讓我們產生了一些疑問。梅克希真的犯了什
麼錯嗎？他和他的家人很可能只是沒有棲身之所。對於試圖管理從較
貧窮教區來的移民的地方法官來說，可能這一點就足夠了。在1824年的
《流浪罪法案》之前，英國的流浪罪法案要求重新安置遊民，而不是懲罰他們。
根據1662年《貧困救濟法》（Poor Relief Act of 1662）的規定，任何被抓到居住在教
區而沒有證件，無法由出生、婚姻、租賃或就業證明居住權的人，都會被送回其
合法定居的教區。以梅克希為例，他的合法教區是瓦靈福德（Wallingford）。接回
他之後，教區有義務幫助他找到工作，並且在必要時提供額外的救濟。歷史紀錄
並沒有告訴我們，梅克希是否喜歡這樣的安排。搬家、就業承諾，對他和他的家
人來說都有利無弊嗎？還是他們會再次遭受周遭人敵視而不得不再次搬家？或
許梅克希已經在大都市找到致富的方法，但還沒來得及開始就被趕了出去。時至
今日，在倫敦的生活有什麼重大差異嗎？

奇爾特恩丘陵

瓦靈福德
2月21日

梅克希
的路線

牛津郡

畢克西

泰晤士河

泰晤士河畔
亨利教區
2月20日

梅登黑德
2月19日

伯克郡

米德爾塞克斯郡的流浪者承辦人
亨利·亞當斯（Henry Adams），
是經由該市內的車站或是像
科恩布魯克（Colnbrook）
這類邊境小鎮，把流浪者移交給
鄰郡的保安官。根據法院的紀錄，
有92%的人被遣返到英格蘭
或愛爾蘭的教區。來自倫敦東區
或南區的人很少，因為郡官員
不需要亞當斯幫忙，也可以處理
橫渡利亞河（River Lea）或
泰晤士河的短程運輸。

資料來源：VAGRANT LIVES PROJECT; ORDNANCE SURVEY

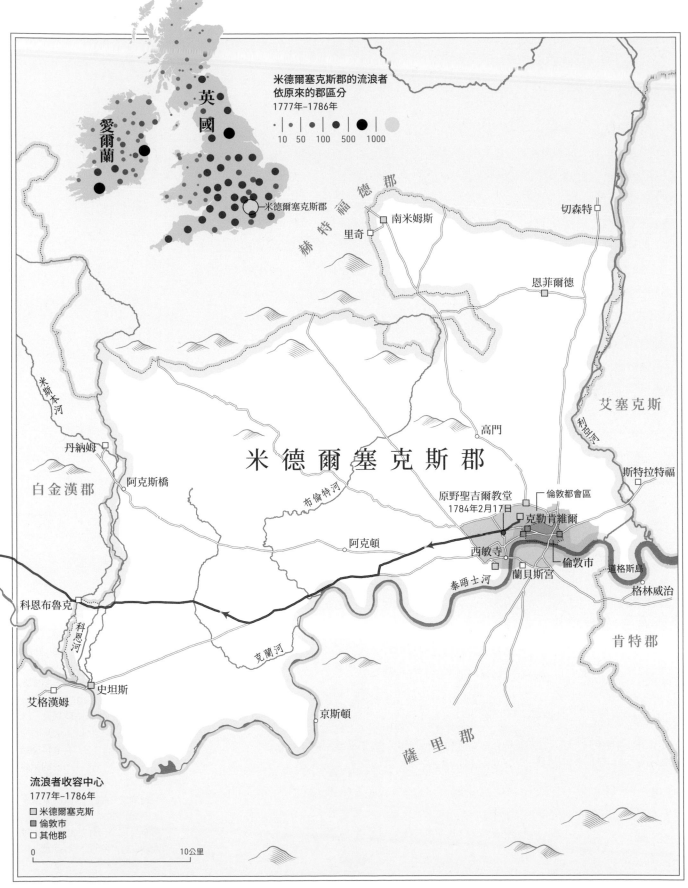

米德爾塞克斯郡的流浪者
依原來的郡區分
1777年–1786年

10　50　100　500　1000

英國

愛爾蘭

赫特福德郡

切森特

南米姆斯

里奇

恩菲爾德

艾塞克斯

高門

米德爾塞克斯郡

斯特拉特福

白金漢郡

米斯本河

丹納姆

阿克斯橋

布倫特河

原野聖吉爾教堂
1784年2月17日

倫敦都會區

克勒肯維爾

科恩河

阿克頓

西敏寺

倫敦市

道格斯島

科恩布魯克

蘭貝斯宮

格林威治

泰晤士河

肯特郡

克蘭河

史坦斯

艾格漢姆

京斯頓

薩里郡

流浪者收容中心
1777年–1786年

□ 米德爾塞克斯
■ 倫敦市
□ 其他郡

0　　　　　　10公里

2015年根據《資訊自由法》（Freedom of Information）請求取得的一份文件顯示，倫敦的自治市鎮委員會當年已經把住在臨時居住所大約一萬七千戶家庭，遷移到了另一個自治市鎮，或該國的其他地方。2018年，在皇室婚禮舉辦前，溫莎和梅登黑德皇家自治市鎮的領導人援引了《流浪罪法案》，試圖藉此淨化街道，以免它們看起來像「一座壟罩在令人哀傷不快的光線下的美麗城鎮」。2020年10月，英國內政部提出計畫，要把露宿街頭的外國人驅逐出境。[1]在近期調查的458名英國露宿街頭者，超過百分之九十表示，警察執法並沒有讓他們想要改變自己的行為。相反的，這樣的做法「往往讓他們覺得自己處境更糟，也更有可能遭受危害，因為許多人被迫轉移到更偏僻的地方睡覺」。我們學到了什麼嗎？異地安置並沒有終結遊民無家可歸的狀況，而只是讓大家沒看到他們而已。如果一個人經常被趕來趕去，他怎能指望自己能保住工作或是受教育？

像「危機」（Crisis）這類慈善機構，主張的是用救濟取代異地安置或懲罰，也就是提供遊民住所、充足食物、醫療保健和職業訓練。這種方法在其他地方也奏效。美國猶他州的一項「住房優先」倡議活動，興建了有現場支援服務的永久性住屋給數百人使用，在十年內把該州長期無家可歸的人減少了71%。在英屬哥倫比亞省，一項研究發現，給無家可歸的居民一次性的七千五百美元現金，他們要比接受傳統的社會服務還要更快取得住所。這種做法也減少了庇護系統的成本。相比之下，2018年英格蘭大約有216,000間空屋閒置著，而有4,700人露宿街頭，還有83,700人住在臨時住所遮風避雨。在新冠肺炎爆發時，英國政府採購了臨時住所提供給14,500人棲身。那麼為什麼不讓這些臨時住房變成可以永久居住的？

亞當‧克林布爾（Adam Crymble）是「流浪者生活」計畫背後的歷史學家之一，他從狄更斯的資料抽絲剝繭後發現，對於誰是自己人與誰是外人、誰可以留下誰必須離開，有著不斷變動的定義。他駁斥了英國脫歐後的一個觀念：認為在英國出生的每個人都是「自己人」，不是在英國出生的人就不是。「我們群體的天然界限不是固定的，」他說，「在今天，從波蘭搬到倫敦的人會被視為外人。回溯到兩百年前，從艾塞克斯搬到倫敦的人就被當成外人了。」

「流浪者生活」只是愈來愈多的歷史資料數位化計畫之一。在本章中，我們分析了一些資料集並加以圖像化，這些資料集質疑了我們聽過的過往事蹟，尤其是人類在地球上如何遷徙——以及如何被移動。與此同時，我們認識到有哪些事情消失在歷史中。例如，我們從法庭紀錄沒有辦法知道多少李佛‧梅克希這個人的事，但至少資料裡保留了他的名字。那些遭奴役的數百萬非洲人，是連基本的人的身分都消失了，他們的生命淪為交易物，其規模就算繪製成圖表仍然令人費解（參見第50-53頁）。因此，我們想要感謝這些遷徙流動的人。「非洲人名資料庫」

◆

我們學到了**什麼**？
異地安置並沒有
終結遊民
無家可歸的狀況，
只是讓大家
沒看到他們而已。

1 英國政府把「露宿街頭者」定義為「在露天或非為居住而設計的地方睡覺，或是不在原本睡覺的地方睡覺的人」。不是所有無家可歸者都睡在室外。

（African Names Database）是創建資料，好為隱藏在數字背後的人民與敘事服務的絕佳範例——它確認了在跨大西洋貿易的最後幾年，從奴隸船上解放出來的91,491名男性、女性與兒童。保存了這些人的記憶，即使我們只記錄了他們的名字，也能啟動已故大法官金斯伯格所說的「我們最強大的資源」。

這段話是她在美國大屠殺紀念博物館（US Holocaust Memorial Museum）舉行的紀念日典禮上演說的，該博物館贊助了展覽會、領導力培訓和擴大教育服務，以期防止大屠殺這類恐怖罪行再次發生。2007年，博物館邀集了地理學家和歷史學家參加為期一星期的研討會，以探索怎樣用地圖與資料分析，來為歷史上最黑暗的一個篇章提出新的解釋。他們感興趣的是「地點的問題……人們在什麼地點被逮捕，他們被送到什麼地方，在什麼地方被殺害」。學者們在取得了博物館的大量檔案後，開始繪製納粹親衛隊集中營系統的發展圖、布達佩斯與奧斯威辛（Auschwitz）集中營的建設，以及大屠殺「轉變了……它所碰觸到的每個地方和每個空間的意義」的其他方式。

儘管如此，對於與會的歷史地理學家安妮·凱利·諾爾斯（Anne Kelly Knowles）來說，這些地圖有很多都讓她深感不滿。問題是雙重的。首先，她覺得製圖軟體明顯的精確度與「上帝視角」，強化了納粹的非人性化世界觀。再者是歷史紀錄的本質，就像李佛·梅克希的移居令一樣，這些紀錄是由當權者創建的，而不是那些聽令行事的人建立的。諾爾斯想要的，是從受害者觀點來繪製的地圖。

所以她和她的研究助理回頭採用繪圖板，就是真正的繪圖板。他們聽了對大屠殺倖存者進行的口述採訪，然後讓他們自己用自認合適的任何方式做出反應——一開始用粉筆和黑板，然後用線、剪紙和其他媒介。一切很快就變得清晰，「最戲劇性的故事，那些情感最濃厚、對個人最具意義的故事，發生的地點……是小到在任何傳統地圖上都不會標出來的地方。」而且由於這些俘虜並不見得知道自己身在何處，他們能記起的地方通常包括相對的位置（例如在軍營之間），以及具有意義的東西（框住手足臉孔的窗戶）。

諾爾斯的一名助理李維·威斯特維德（Levi Westerveld）開始嘗試一種新的地圖。「我還沒有上過製圖課，所以做得有點綁手綁腳的。」他回憶道，結果這種限制最後成了解脫。威斯特維德擺脫了笛卡爾坐標的限制，嘗試根據記憶的關聯地理來描繪倖存者的經歷。他發現敘事源自喀爾巴阡山脈相反兩側的兩個人，雅各·布羅德曼（Jacob Brodman）和安娜·帕蒂帕（Anna Patipa），生活會交織在一起。對受訪者每個記起的地方，他會畫一個圓圈或做一個標記，根據其相對規模來上膠，並根據該地點被提到的頻率（也就是其重要性）來調整標記的不透明度。為了喚起不確定部分的記憶，他使用了粉彩。我們和諾爾斯與威斯特維德合作，把他們做出來的結果加以調整，套進後面的摺頁圖裡（第35-37頁）。用這種方式保存下來的話，只要我們選擇觀看，就能看見大屠殺的記憶。

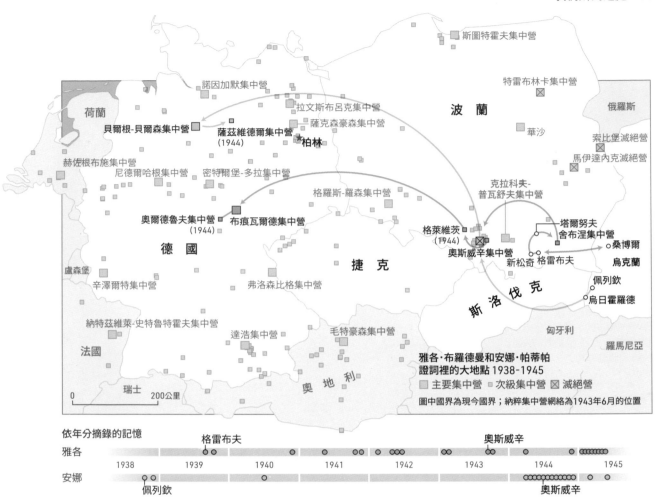

雅各·布羅德曼和安娜·帕蒂帕
證詞裡的大地點 1938-1945
■ 主要集中營　■ 次級集中營　⊠ 滅絕營

圖中國界為現今國界；納粹集中營網絡為1943年6月的位置

依年分摘錄的記憶

格雷布夫　　　　　　　　　　　　　　　　奧斯威辛

雅各

1938　　1939　　1940　　1941　　1942　　1943　　1944　　1945

安娜

佩列欽　　　　　　　　　　　　　　　　　　奧斯威辛

見證者參與製作的地圖

在當事人的記憶裡，意義不只存在地理空間中。

　　從上面那張地圖中，你永遠無法想像雅各·布羅德曼和安娜·帕蒂帕經歷過什麼事。你可以看到他們的移動路線。你可以看到雅各和安娜進入納粹集中營系統的那段期間，集中營的範圍有多麼廣。但是你知道在自己家裡被硬生生拆散，和家人分開在波蘭的冬天裡行進，是什麼感覺嗎？

　　後面摺頁裡的圖，是從和地理學家安妮·凱利·諾爾斯與李維·威斯特維德合作的地圖《我當時在場，大屠殺中經歷過的地方》（*I Was There, Places of Experiences in the Holocaust*）改寫，它能讓你體會到雅各·布羅德曼（綠色圈圈）和安娜·帕蒂帕（金色圈圈）這兩名大屠殺倖存者當時的生命歷程。數字下方節錄了他們的證詞，你可以從他們肖像下方的第一個編號開始，跟隨這些證詞穿越時間與他們記得的空間，跟著他們體驗他們遭驅逐、到最後重獲自由的歷程。

　　雅各和安娜算是幸運的。據估計，從納粹集中營倖存下來的猶太人約二十五萬名，有六百萬人未能逃過死劫。一般人很難體會這麼大的數字，所以在這張記憶圖上的文字和標記裡，我們倒是希望能喚起大家共同的人道精神。

資料來源：LEVI WESTERVELD AND ANNE KELLY KNOWLES; TAUBER HOLOCAUST LIBRARY AND ARCHIVES (ANNA); UNITED STATES HOLOCAUST MEMORIAL MUSEUM (JACOB)

俄 羅 斯

俄羅斯與匈牙利邊境

13

我們乘坐運牛車走了三天前往奧斯威辛集中營
……沒有食物，沒有水，什麼都沒有。
人們從火車上逃出來。我們透過一個洞往外看，
看到一個人逃出，並看到他大聲喊叫著。

12

他們把這些人全部排成一排，
脫光衣服。我們必須待在一旁。
他們把這些人全都射殺了，
而我們必須把他們扔到火裡。

猶太人居住區

塔爾努夫

猶太居民
委員會

火車
運牛車

坑洞

舍布涅集中營

標樁

另一邊
火堆

樹林

邊境

桑博爾

1943年秋

1943年

9

在塔爾努夫那邊，
每天都是一場殺戮。
猶太居民委員會地板上，
有五、六、七、十個人，
有十五個人。

10

我們在兩個猶太人居住區工作，
一區是不能工作的老人住的，
一區是給那些工作的人住的。
通常你是不能過去另一邊的。

11

舍布涅集中營是一個
有兩萬多名俄羅斯士兵的集中營。
他們一個接著一個，都被殺死了，
而且都在標樁上焚燒。
你在幾英里外就可以聞到那氣味。

2

我們來到桑博爾，結果被德國人
擋住了。我想我們睡了兩晚吧，
然後我們就開始回頭，
因為再往前走也沒用。

城市
格雷布夫

公園
窗
公室
衣袋
街道
火車站

汽車
馬
大型卡車

學校

雅各·布羅德曼

1939年8月

1940-1941年

3

我和我弟弟又再回去那裡
想要越過俄羅斯，但沒有成功
……邊境戒備太森嚴。

安娜·帕蒂帕

火車
一輛車
窗

41年末

5

我在火車站工作。
我看到火車到來，載滿了人。
在一輛車裡，我已故的姐姐
透過窗子往外看，大叫著，
「救救我們，救救我們。」

4

年輕人（被派往）該國的其他地區
工作……然後他們就消失了。
如果他們去了，就再也不會回來……
蓋世太保挑了十個人。我父親說，
「如果我不去，整個座城市
都會被燒掉。」我往外面看
（辦公室的窗戶，對著公園）。
然後（他們）先朝他的肚子開了一槍，
然後朝他的腦袋開了一槍。

農人
專科學校

佩列欽

床
寢室
屋子
火車站

1 1938年秋

我正在讀大專時戰爭爆發，
因此他們把學校關閉了。

2

匈牙利人來了之後，
我們不得不把（我們的）臥室讓給
……匈牙利官員。

3

我媽媽會拿床單或毛巾之類的東西
到農民那裡，而他們會賣我們一些食物。

1944年

5

他們帶我們去了烏日霍羅德……
他們（讓我們）在田裡待了一整晚。
天氣很冷。早上我們被帶去
製磚工廠。那裡只是空地……
沒有浴室，沒有廁所，而且到處
都是蝨子和蟲子……太可怕了。

野外

烏日霍羅德

無廁所無浴室

磚塊工廠

戶外空間

運牛車

4

我媽媽病了，躺在床上……
他們說，「好吧，收拾你的東西；
無論你能帶什麼東西，你都可以一起帶走。」
……我們被帶到火車站，在那裡待了一整天。

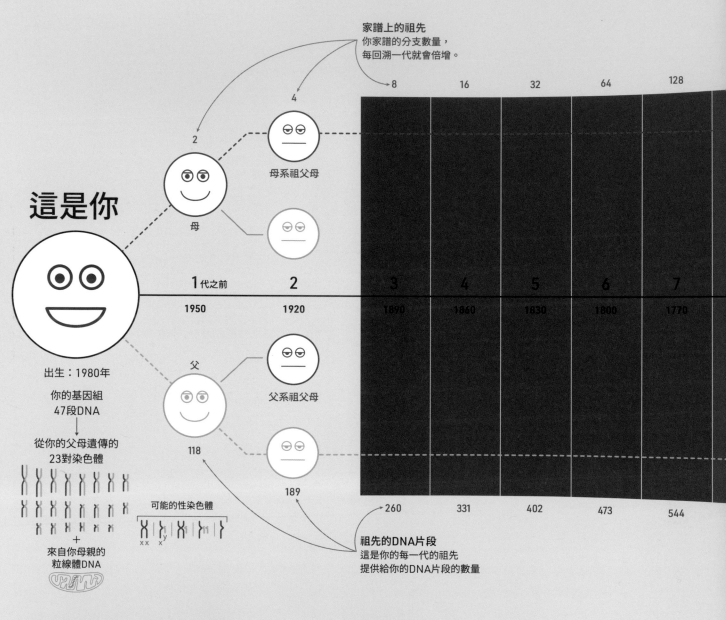

家譜上的祖先
你家譜的分支數量，
每回溯一代就會倍增。

8　　16　　32　　64　　128

4

母系祖父母

2

這是你

母

1 代之前　　2　　3　　4　　5　　6　　7

1950　　1920　　1890　　1860　　1830　　1800　　1770

出生：1980年

你的基因組
47段DNA

從你的父母遺傳的
23對染色體

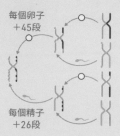

＋
來自你母親的
粒線體DNA

可能的性染色體

xx　x'

父

父系祖父母

118

189

260　　331　　402　　473　　544

祖先的DNA片段
這是你的每一代的祖先
提供給你的DNA片段的數量

把你當成一份文件
把你的基因組想像成47冊
基因密碼。每一冊都是用
以前的文本書頁撕碎重組的。
平均起來，每隔一代。
隨著每個分離度增加，
你的起源故事
被替換掉的部分就越多。

每個卵子
＋45段

每個精子
＋26段

有很多作者……
同時，你的家譜每往前回溯一代
（兩個父母，旅遊祖父母等）
就會倍增。回溯三百年，
可發現有一千多個分枝。
在那個時間點，
你的家譜祖先數量
開始超過你的遺傳祖先。

資料來源：DAVID REICH, HARVARD UNIVERSITY

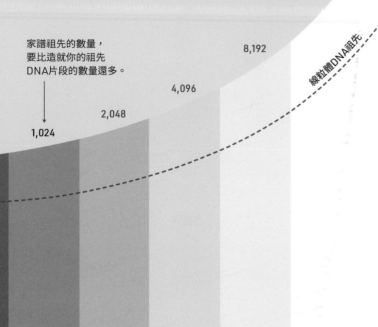

32,768

16,384

8,192

4,096

2,048

1,024

線粒體DNA祖先

家譜祖先的數量，
要比造就你的祖先
DNA片段的數量還多。

	10	11	12	13	14
10	1680	1650	1620	1590	1560

757

828

899

970

1,041

1,112

Y染色體祖先

減弱的影響
往前回溯十代，
你會有1024個家譜的祖先，
但是遺傳上的祖先只有757個。
往前回溯十四代，這兩者的比率
大約是16：1，這代表你家族裡
很多較古老的分支並沒有
把他們的DNA傳給你。

部分繼承

DNA試劑盒並不能說明你的全部情況。

全世界有三千萬人為了尋找真正的祖先，
而購買DNA試劑盒，如果你正在考慮加入他
們的行列，請慎選試劑盒。許多消費型試劑盒
只有追蹤你的線粒體DNA的母系血統，或是
你父親Y染色體的父系路徑，就像這張圖中的
虛線所示。這就像根據兩段隨機摘錄的段落，
來審查一本十萬頁的書。你的基因組——全
部23對染色體和那一點線粒體DNA——對於
你家族的過去提供了豐富得多的資訊。而一
場基因組學上的革命，已經幫助研究人員學
會怎麼閱讀它。

現在全基因組研究有能力確定疾病的遺傳
風險因素、針對你的基因組突變量身定制的
藥物，以及辨識這些突變究竟來自何處。然
而，不管有什麼人號稱能怎樣，他們都不會
做的，是證明你從知名的祖先身上繼承了什
麼特徵。

這並不是要摒棄文化傳承。珍惜祖先的食
譜或名字（參見第54頁）也許會促進跨越時
代的無法否認的連結。然而，縱使這樣的傳
家寶可能讓人聯想起遙遠的血緣關係，但你
的基因很可能並非如此。

你家譜上的所有祖先

在選擇的古代DNA樣本中
顏那亞血統佔的百分比
（約西元前3300-1000年）

—— 顏亞那
—— 其他血統

森林　　　　　　草原

➡ 大致的遷移路線

0　　　　　　800公里

顯示的現代海岸線

在大約西元前2500年
巨石陣的最後一座風蝕柱
在定位立起之後的幾百年內，
這些立石者的基因資料
幾乎就完全被抹除了。

北

歐　　洲

不列顛群島
西元前2400年以前

巨石陣——

現代歐洲族群組

西元前2700年以前

喀爾巴阡山脈

西元前2500年以前

多瑙河

阿爾卑斯山

大　西　洋

地　中　海

西元前2300年以前

轟伯河

非　洲

純種迷思

古人的DNA顯示，
民族主義只是一種心理狀態罷了。

在過去十年中，世界各地實驗室的遺傳學家一直
在從古代人類遺骸中提取DNA。隨著時間進展，每
條已測序的鏈都會添加到基因組組成圖譜中。這麼
做的目的不是劃定國界，而是要把點和點連接起來，
並解開像是「誰打造了巨石陣」之類的謎團。很多
英國人可能認為這座古蹟是他們祖先的傑作。如今
DNA樣本證明，當巨石像建造者在索爾茲伯里平原
（Salisbury Plain）動工時，今日北歐人的主要祖先都還

資料來源：DAVID REICH, HARVARD UNIVERSITY; NATURAL EARTH (TERRAIN)

西元前3000年以前

阿爾泰山

顏那亞人血統
最初形成的地點
並不明確

亞　洲

西元前1700年以前

西元前1700年以前

塔里木盆地

顏那亞人
前3300年以前

鹹海

這支血統
到達南亞的路線
無法確定

裏
海

西元前1700年以前

西元前2000年以前

興都庫什山脈

西元前1000年以前

喜
馬
拉
雅
山

恆河

世居的北印度人
西元前2000年至1000年

印
度
河

現
代
印
度
族
群
組

波斯灣

阿拉伯海

尼
羅
河

紅
海

和在英國時不同，
在印度次大陸的顏那亞人
並沒有融入這地區的種族，
而是與他們分隔開來。
他們到來後，把較早來的住民
往南趕到完全沒有顏那亞血統的地區。

世居的南印度人
西元前2000年至1000年

60°E

沒插手到這件事。

　　事實上，大多數歐洲人的絕大部分DNA，都來自他們可能從未聽過的民族：顏那亞人（Yamnaya）。五千年前，這些游牧民族在歐亞大草原上繁衍生息，這片大草原是東起阿爾泰山脈，西臨多瑙河的嚴酷、乾燥的草原地帶。他們擴展的祕訣是什麼？輪子。

　　顏那亞人馴馬、造車，隨著草原往西遷徙，帶著他們的基因和語言橫越歐洲。從古代人的DNA可以知道，有另一隊人馬往東前進，並往南穿過中亞到達印度河流域。

　　這些遺傳軌跡挑戰了民族純度的概念。顏那亞人在與早期的歐洲人以及南亞人混種之前，本身就是早期草原民族與從高加索山脈往北推進的民族的混種。因此，把人類歷史視為從遠古時代到現在，一連串連續的族群混種歷程，並不是什麼重大的認知進展。

古澳大利亞

早在歐洲人到達之前，
這塊「南方大陸地」已是數百萬人棲身的家園。

　　第一批踏上澳大利亞海岸的人，大約是在五萬年前抵達的，當時海平面比現在低75米。那時，卡奔塔利亞灣（Gulf of Carpentaria）和托雷斯海峽（Torres Straits）是從澳大利亞北部海岸延伸到新幾內亞的稀樹草原。從頭髮樣本的DNA可以得知，捐贈者的祖先花了一千到五千年的時間，以順時針和逆時針方向，遷徙到今日我們所知的這塊大陸的南岸。很快就出現了各個族群，其中包括：

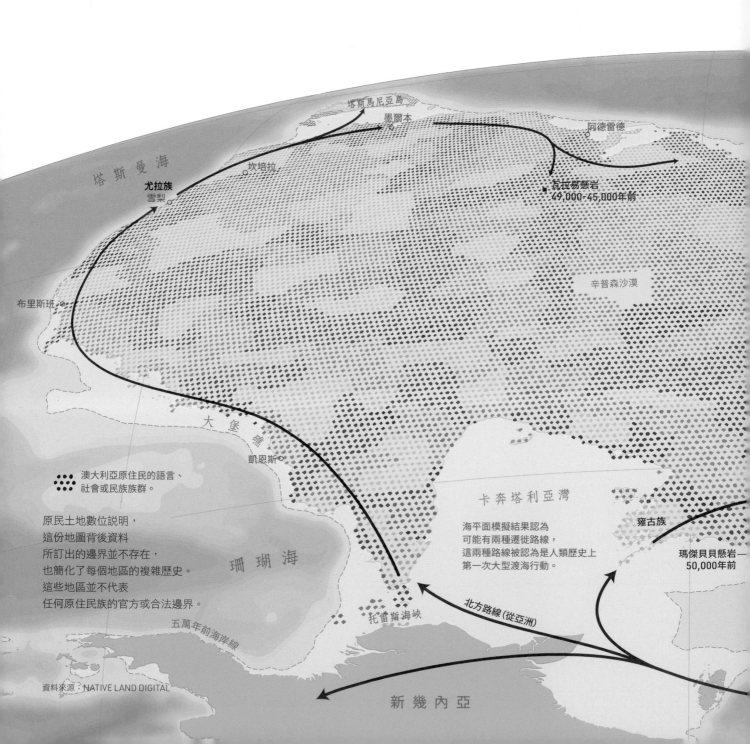

塔斯馬尼亞島

墨爾本

阿德雷德

塔 斯 曼 海

坎培拉

尤拉族

雪梨

瓦拉易懸岩
49,000-45,000年前

辛普森沙漠

布里斯班

大 堡 礁

凱恩斯

●●● 澳大利亞原住民的語言、
　　　社會或民族族群。

原民土地數位說明，
這份地圖背後資料
所訂出的邊界並不存在，
也簡化了每個地區的複雜歷史。
這些地區並不代表
任何原住民族的官方或合法邊界。

珊 瑚 海

卡 奔 塔 利 亞 灣

海平面模擬結果認為
可能有兩種遷徙路線，
這兩種路線被認為是人類歷史上
第一次大型渡海行動。

雍古族

瑪傑貝貝懸岩—
50,000年前

五萬年前海岸線

托雷斯海峽

北方路線（從亞洲）

資料來源：NATIVE LAND DIGITAL

新 幾 內 亞

居住在神聖的砂岩地標烏魯魯（Uluru）旁的皮詹加加拉族（Pitjantjatjara），有著獨特手語的雍古族（Yolngu），以及以其儀式性頭飾聞名的托雷斯海峽島民——在英國移居者出現之前，這些文化已經存在數千年之久，一直到近十八世紀末。

雪梨於1788年在尤拉族（Eora）的土地上建城，只不過是兩個世紀以來為了粉飾這張地圖的多樣性，而做的第一次出擊。最早的澳大利亞住民被歐洲傳來的疾病擊倒、土地遭到侵占，甚至帶走兒童的政策還延續到了1970年代。

今天，加拿大非營利組織「原民土地數位」（Native Land Digital）維護著一個澳大利亞392個原住民領地的線上互動地圖網頁，上面會公布關於土地所有權、語言和當地歷史的討論。他們也添加了其他國家的原住民領域邊界，如此一來，在日本、紐西蘭（毛利語為 Aotearoa）、俄羅斯、斯堪的納維亞和美洲的讀者，也可以確認他們所繼承的祖先土地。

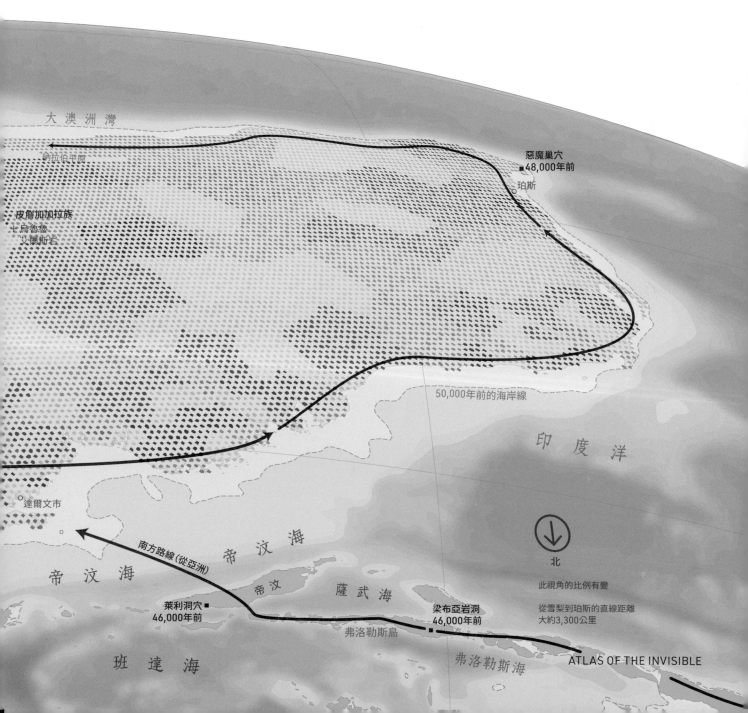

大澳洲灣

納拉伯平原

惡魔巢穴
■ 48,000年前

珀斯

皮詹加加拉族
烏魯魯
艾爾斯岩

50,000年前的海岸線

印 度 洋

達爾文市

北

此視角的比例有變

從雪梨到珀斯的直線距離
大約3,300公里

帝 汶 海

南方路線（從亞洲）

帝 汶 海

萊利洞穴
46,000年前

帝汶

薩 武 海

梁布亞岩洞
46,000年前

弗洛勒斯島

班 達 海

弗洛勒斯海

ATLAS OF THE INVISIBLE

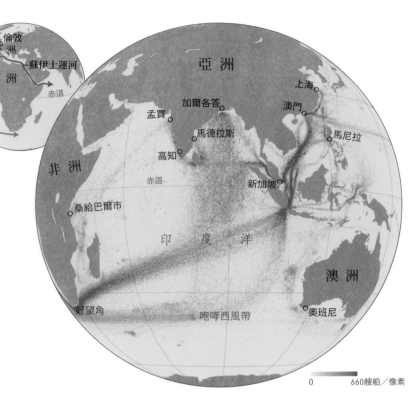

0　　　　　660艘船／像素

航海時代（1570年-1860年）
1611年由荷蘭探險家發現的「咆哮西風帶」，
把從歐洲到盛產香料的東南亞群島的航行時間縮短減半了。

資料海洋

全球經濟的起源存在於塵封的日誌中。

　　對於航運業來說，時間就是金錢。在1840
年代，美國海軍的馬修・莫里（M. F. Maury）
中尉發現到，水手們在這方面是賠了夫人又
折兵。海圖沒有畫出最好的風向和最快的航
線在哪裡，所以很多船隻都卡在緩慢的航
道上。莫里鼓勵水手，在航行途中記錄並回
報天氣觀測結果。有超過一千人遵從這項要
求。莫里反過來利用他們記錄的資料製作了
海洋圖，圖面詳細到連一名水手動身出航時
「就好像他自己以前已經航經這路線一千遍
了」。結果相當驚人。莫里的地圖把英格蘭
和澳大利亞之間的航程從250天縮短到160
天，省下了數百萬美元。

　　蒸汽和柴油出現後，並沒有影響到這種新
做法。1980年代，美國國家海洋和大氣管理
局開始把超過三個世紀以來，來自海洋浮標
和船舶日誌（包括莫里日誌）的觀測資料加
以數位化。現在科學家用這些資料來研究氣
候和洋流，而這些紀錄也描繪了現在全球縱
橫交織、更快速的航運路線的演進。現在從
英國到澳大利亞可以在80天內返回。

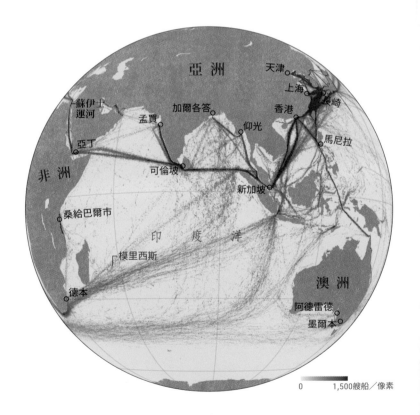

0　　　　　1,500艘船／像素

蒸氣時代（1860年-1920年）
蘇伊士運河在1869年開通，
讓蒸汽輪船能夠直接在歐洲和亞洲之間航行。

這些地圖僅呈現資料庫裡的船隻，
而不是全部的航線。還要注意的是，
航海日誌裡的位置並不見得都是準確的。

資料來源：ICOADS

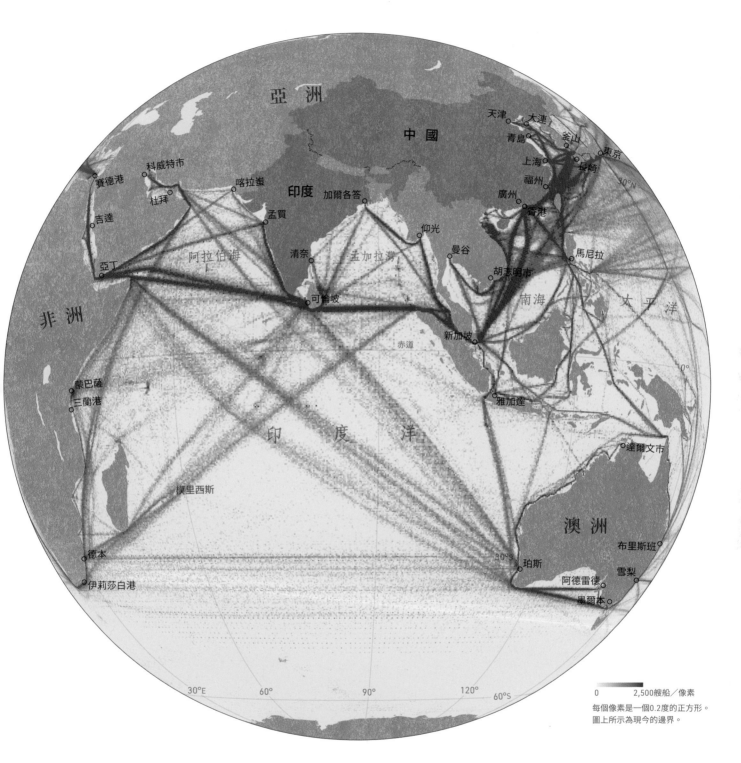

亞洲
中國
印度
非洲
阿拉伯海
孟加拉灣
南海
太平洋
印度洋
澳洲
赤道

賽德港
科威特市
杜拜
吉達
亞丁
喀拉蚩
孟買
加爾各答
清奈
仰光
曼谷
胡志明市
可倫坡
新加坡
馬尼拉
天津
大連
青島
釜山
上海
東京
福州
長崎
廣州
香港
雅加達
蒙巴薩
三蘭港
模里西斯
達爾文市
布里斯班
德本
伊莉莎白港
珀斯
阿德雷德
雪梨
墨爾本

30°N
0°
30°E
60°
90°
120°
60°S

0   2,500艘船／像素

每個像素是一個0.2度的正方形。
圖上所示為現今的邊界。

柴油時代（1920年-1970年）

從1950年代以來，廉價的柴油助長了全球航運的海嘯。
我們的海洋現在佈滿從印度運送衣物、從中東運送原油、
運送大豆到中國的船隻航線交織的條紋。

ATLAS OF THE INVISIBLE

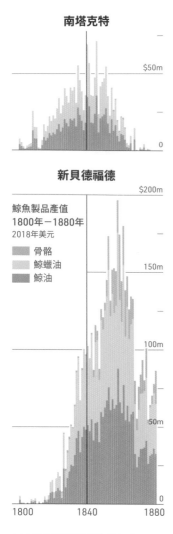

南塔克特

新貝德福德

鯨魚製品產值
1800年－1880年
2018年美元

骨骼
鯨蠟油
鯨油

由於鐵路讓運送貨物變得容易，
新貝德福德得以超越南塔克特
成為美國捕鯨之都。

這些航程中捕獲的鯨魚製品產值換算成2018年的美元

拉戈達號　14,000　3,080　120

查爾斯·W·摩根　2,297　105

染血地圖

相較於後來的大屠殺，
這張地圖所標示的汙漬實在不算什麼。

　　從1761年到1920年間，數以萬計的鯨魚命喪在美國捕鯨人手中的鏢槍之下。這張地圖標示出負責船隻的航海日誌裡，所記錄並且數位化的34,144頭鯨魚的死亡。例如，查爾斯·W·摩根（Charles W. Morgan，紫色）從南太平洋尋找鯨蠟油；拉戈達號（Lagoda，藍色）前往阿拉斯加灣尋找鯨骨來製作雨傘、束腹和箍裙。

　　到了《白鯨記》（Moby-Dick）出版的1851年，南塔克特（Nantucket）和新貝德福德（New Bedford）這些捕鯨城已經成為美國最富裕的城市了。

資料來源：WCS CANADA; AMERICAN OFFSHORE WHALING DATABASE; *WHALINGHISTORY.ORG*; KERRY GATHERS (PRODUCT DATA)

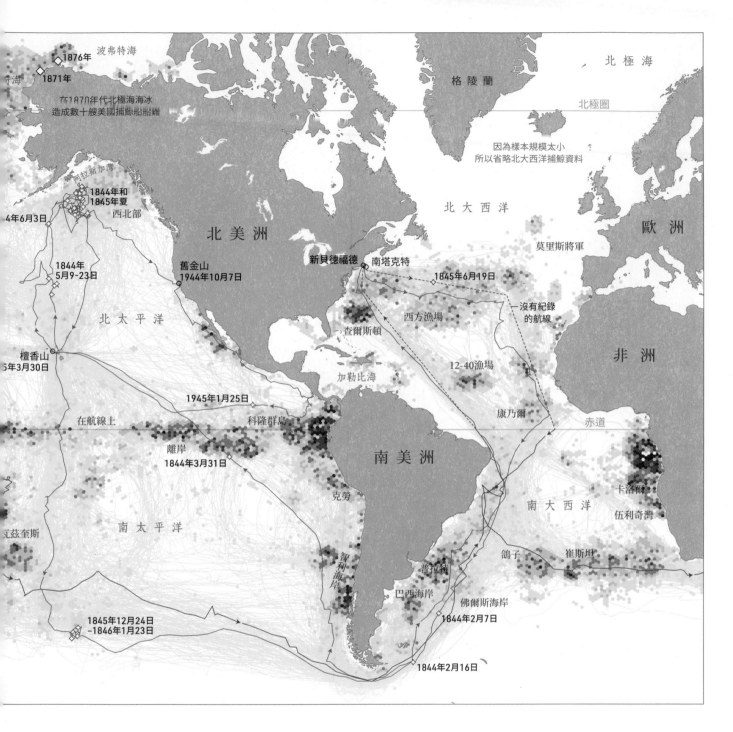

在1870年代北極海海冰造成數十艘美國捕鯨船船難

波弗特海

1876年

1871年

北極海

格陵蘭

北極圈

因為樣本規模太小
所以省略北大西洋捕鯨資料

北大西洋

歐洲

阿拉斯加灣

1844年和
1845年夏

西北部

4年6月3日

北美洲

莫里斯將軍

新貝德福德 南塔克特

1845年6月19日

舊金山
1944年10月7日

1844年
5月9-23日

沒有紀錄
的航線

北太平洋

查爾斯頓

西方漁場

非洲

檀香山

5年3月30日

加勒比海

12-40漁場

1945年1月25日

康乃爾

赤道

科隆群島

在航線上

離岸
1844年3月31日

南美洲

南大西洋

卡洛爾

克勞

伍利奇灣

瓦茲奎斯

智利海岸

普拉塔

鴿子

崔斯坦

南太平洋

1845年12月24日
-1846年1月23日

巴西海岸

佛爾斯海岸
1844年2月7日

1844年2月16日

　　在1857年的鼎盛時期，光是新貝德福德的船隊，在它的329艘捕鯨船上就雇了上萬名船員。但榮景只是短暫的。內戰、向西擴張、鐵路和其他行業，瓜分了人們對大海的注意力。美國的船隊日益減少，它們為了維持生計，更頻繁地在冰封的北極地區捕撈富含魚油的弓頭鯨。在1870年代的兩次大災難導致損失數百萬美元的漁獲、設備、船隻之後，投資者開始質疑這一行的風險，因為如今已經可以在地下找到燃油了。

　　挪威抓住這時的機會，發展出工業級的屠宰方法。蒸汽和柴油動力，讓船隊能夠捕捉到速度更快的魚種，而漁鏢槍則確保能射殺更多發現到的漁獲。現在的研究人員估計，上個世紀捕獲的鯨魚大約有290萬頭。事實上，在1962年到1972年之間所捕殺的抹香鯨，比十八世紀和十九世紀加起來的還要更多。理解到我們失去多少頭鯨魚，就是告訴我們今天的海洋可以養活多少鯨魚——這是評估它們復育情況的關鍵資料。

蘇拉威西島

新幾內亞

赤道

阿拉弗拉海

珊瑚海

印度洋

澳大利亞

珀斯

奧班尼
1845年11月13日

①

雪梨

新荷蘭海岸

塔斯馬尼亞島

在這張地圖分布的時間與地理範圍內，
查爾斯·W·摩根共進行了117次尋找鯨魚的作業，
其中73次發現鯨魚。在離開南塔克特島的五個月後，
這艘船於1845年11月抵達澳大利亞。
船員們花了將近三年在紐西蘭、東加和斐濟海岸
獵捕抹香鯨，然後在1848年8月返回老家。
瓦斯奎茲和法蘭西岩的漁場最活躍的時間在4月和5月。
當海洋在南半球冬季（6月至9月）變冷時，
這艘船就跟著鯨魚往北航向赤道。

查爾斯·W·摩根號

資料來源：WCS CANADA; AMERICAN OFFSHORE WHALING DATABASE; *WHALINGHISTORY.ORG*

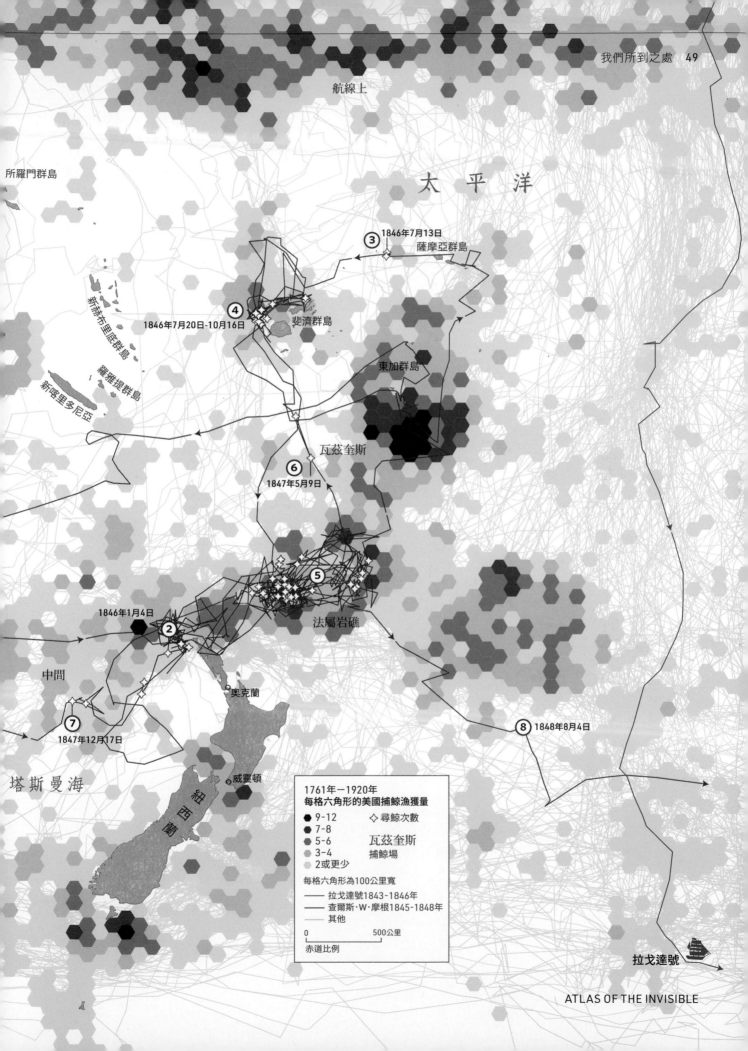

所羅門群島

太 平 洋

航線上

③ 1846年7月13日
薩摩亞群島

④
1846年7月20日-10月16日

斐濟群島

新赫布里底群島

羅雅提群島

新喀里多尼亞

東加群島

瓦茲奎斯

⑥
1847年5月9日

⑤

法屬岩礁

② 1846年1月4日

奧克蘭

中間

⑦
1847年12月17日

威靈頓

紐西蘭

塔斯曼海

⑧ 1848年8月4日

1761年－1920年
每格六角形的美國捕鯨漁獲量

◆ 尋鯨次數

9-12
7-8
5-6　瓦茲奎斯
3-4　捕鯨場
2或更少

每格六角形為100公里寬

——— 拉戈達號1843-1846年
——— 查爾斯·W·摩根1845-1848年
——— 其他

0　　　　500公里

赤道比例

拉戈達號

ATLAS OF THE INVISIBLE

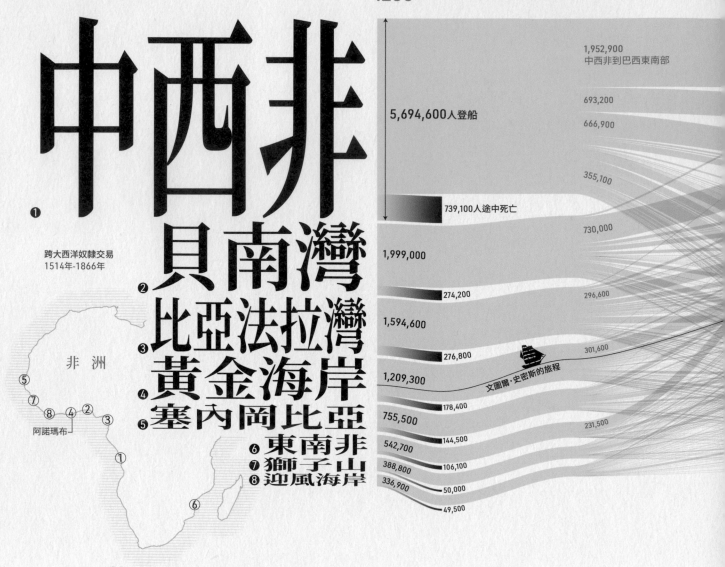

中西非 ❶

跨大西洋奴隸交易
1514年-1866年

非 洲

❺
❼
❽ ❹ ❷ ❸
阿諾瑪布
❶
❻

貝南灣 ❷
比亞法拉灣 ❸
黃金海岸 ❹
塞內岡比亞 ❺
東南非 ❻
獅子山 ❼
迎風海岸 ❽

1250萬　　　　　　　　　　　　　　　　　　中

5,694,600人登船

1,952,900
中西非到巴西東南部

693,200

666,900

355,100

739,100人途中死亡

730,000

1,999,000

274,200

296,600

1,594,600

276,800

301,600

文圖爾·史密斯的旅程

1,209,300

178,400

755,500

144,500

231,500

542,700

106,100

388,800

50,000

336,900

49,500

不人道的人口流動

把運送奴隸的航程資料從地圖抽離，
這些共犯結構的規模就現形了。

　文圖爾·史密斯（Venture Smith）本名是布羅提爾·孚若（Broteer Furro），1798年已恢復自由之身的他回顧了自己的一生。他仍然記得六十年前在阿諾瑪布（Anomabu）的那一天，那時他的身分永遠改變了：「我被買下送上了船……有人花了四加侖蘭姆酒和一塊印花布買下我，還給我取名叫文圖爾。」當時被抓走送到大西洋彼岸遭受奴役的非洲人有1,250萬人，他是其中一員；他也是少數被文字記錄在中央航路回憶錄的俘虜之一。

　為了這些未曾有人聽過其事蹟的數百萬人，

資料來源：TRANS-ATLANTIC SLAVE TRADE DATABASE, SLAVEVOYAGES.ORG

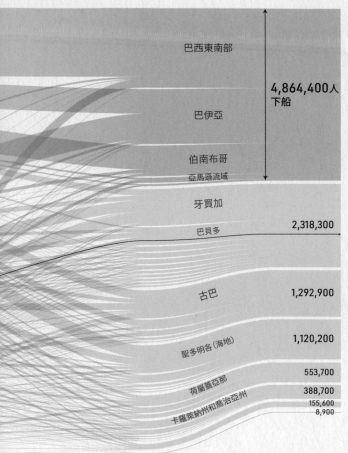

段　　　　　　　　　　1070萬　　　　　下船地區

巴西東南部

4,864,400人
下船

巴伊亞

伯南布哥

亞馬遜流域

牙買加

巴貝多　　　2,318,300

古巴　　　　1,292,900

聖多明各（海地）　1,120,200

荷屬蓋亞那　553,700

388,700

卡羅萊納州和喬治亞州　155,600

8,900

巴西❶

英屬加勒比海群島❷

西屬美洲❸

法屬加勒比海群島❹

荷屬加勒比海群島❺

美國❻

非洲與大西洋海外

歐洲

北美洲

南美洲

「除了在船上爆發的一場天花造成很多人死亡，經過一段很平常的航行之後，
我們到達了巴貝多島（Barbadoes）。」——文圖爾·史密斯

四大洲的研究人員已經聯手編寫了一個線上資料庫，當中收錄 36,000 筆橫渡大西洋的航行紀錄供人搜尋。這些從航行日誌和分類賬裡收集到的關於船隻、航程與船員的詳細資訊，以及被奴役者的年齡、性別與死亡率等資訊，為人們打開了一扇通往過去歷史的窗口——而這扇窗戶以前是封死的。

在這分布圖上，我們把這些渡海旅程按照登船和離船區域進行分類。最開始，我們把這些人口流動用箭頭畫在傳統地圖上，但英屬加勒比海的小島看起來太小了，而事實上它們是第二大的交易組。毫無疑問，比例式流量圖可以看出最惡劣的人口販子是誰。長久以來，巴西的領導人一直在遮掩該地區在奴隸交易裡的作用，這下子卻異常清晰。在被認為在中央航路中倖存的 1,070 萬非洲人，有將近一半在這個葡萄牙殖民地登陸。

對文圖爾以及其他大約四十萬人來說，第一個停靠港並不是他們的終點站。2019 年，另一組研究人員添加了 11,400 筆以前遭人忽略的航程，這些航程從啟程到終點都在美洲。在下一張分布圖裡你會看到，奴隸交易錯綜複雜的剝削網絡不僅橫越一片大洋，還遍布整個新世界。

登船地區

牙買加
巴西
巴貝多
荷屬加勒比海群島
英屬加勒比海群島
多明尼加
丹屬西印度群島
美國
波多黎各
美洲其他地區
蘭加勒比海群島
屬美洲
加勒比海其他地區
聖巴瑟米
荷屬蓋亞那
船難、在海上被賣掉或帶走

美洲內奴隸交易
1550年-1840年

在1500年代初期，歐洲帶來的疾病
在美洲印第安人之間肆虐的時候，
西班牙王室開始和其他國家簽訂合約，
為它們輸入勞動力。很多從非洲來的
船隻上或許不會飄著西班牙國旗，
不過在美洲內部的那些航程裡的
26萬名俘虜的終點站港口，
肯定看得到這面旗幟飄揚著。

牙買加是英國
奴隸交易的主要樞紐，
在送上該島
百萬名俘虜裡，
有13%的人重新登船
送到新的目的地。

50,600人
從牙買加前往
西屬環加勒比海群島

132,400人登船

9,800

30,400

5,400人途中死亡

巴西東南部　29,500

69,000　巴西其他地區

巴伊亞

伯南布哥

1,700

43,000

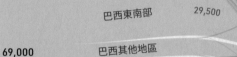
文圖爾·史密斯的旅程

1,600

31,000

39,000

1,200

安地卡島
聖基茨和尼維斯
格瑞那達
37,900　巴哈馬　聖文森
其他英屬加勒比海地區　托爾托拉島

1,900

24,500

1,000

16,300　美國　12,000

12,900　703

南卡羅萊納州

8,360　728　馬里蘭州　維吉尼亞州
美國其他地區

5,820　183

5,810　274

5,550

3,700　214　聖多明各（海地）
馬丁尼克　其他地區
1,540　伊斯帕尼奧拉島
1,490　279　西屬環加勒比海地區　古巴　其他地區
244　105

41
46
14

下船地區

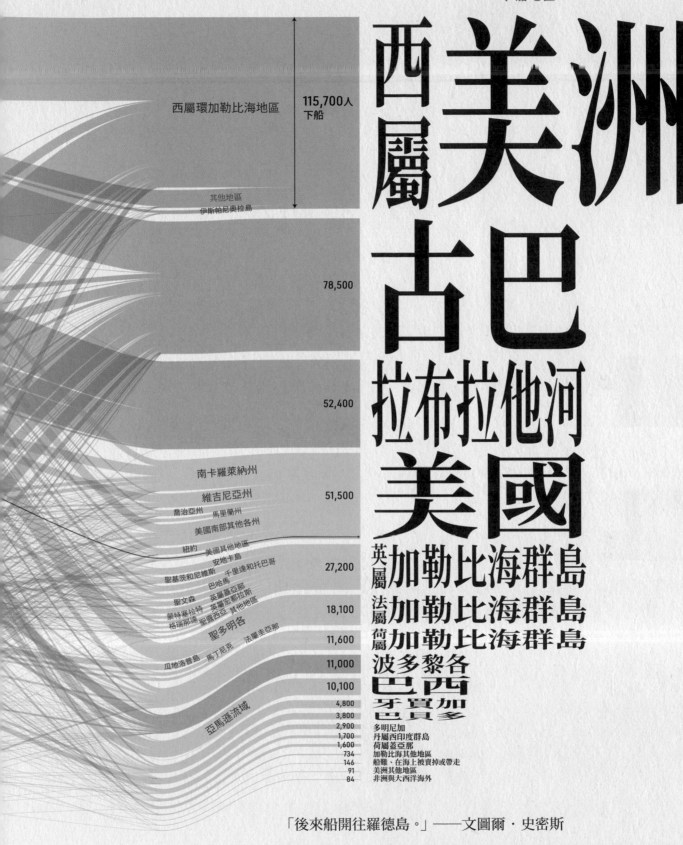

西屬環加勒比海地區

115,700人
下船

其他地區
伊斯帕尼奧拉島

78,500

52,400

南卡羅萊納州

維吉尼亞州

51,500

喬治亞州　馬里蘭州
美國南部其他各州

紐約　美國其他地區
安地卡島
聖基茨和尼維斯　千里達和托巴哥
巴哈馬
聖文森　英屬蓋亞那
蒙特塞拉特　英屬宏都拉斯
格瑞那達　聖露西亞　其他地區

27,200

聖多明各

18,100

瓜地洛普島　馬丁尼克　法屬圭亞那

11,600

11,000

10,100

亞馬遜流域

4,800

3,800

2,900

多明尼加

1,700　丹屬西印度群島

1,600　荷屬蓋亞那

734　加勒比海其他地區

146　船難、在海上被賣掉或帶走

91　美洲其他地區

84　非洲與大西洋海外

西屬美洲

西屬古巴

拉布拉他河

美國

英屬加勒比海群島

法屬加勒比海群島

荷屬加勒比海群島

波多黎各

巴西

牙買加

巴貝多

「後來船開往羅德島。」——文圖爾・史密斯

JONSSON

KORHONEN
JOHANSSON
HANSEN
JENSEN
IVANOV
TAMM
BERZINS
JANKAUSKIENE
NOWAK KOCHETKOV
MURPHY
SMITH
DEJONG
PEETERS
NOVAKOVA
KOVAC MELNYK
MARTIN DASILVA
MULLER
GRUBER
ROSSI
NOVAK
GARCIA
SILVA
TOTH
RUSU
POPA
HORVAT
IVANOV
SIMIC
JOVANOVIC
POPOVIC
BORG
GASI
HOXHA PAPADOPOULOS
YILMAZ
COHE

歐洲

在歐洲的命名方式裡，
職業和家族的影響相當大。
姓 Muller 和 Melnyk 的家族，
以前會是磨坊主人。
姓 Popovic 的以前是牧師。
從父親的名字命名的像是：
Jonsson（Jon 的兒子）、
Johansson（Johan 的兒子）等等。

英國

2020 年，每個國家人數最多的姓氏

M　M　M　M
100,000　50,000　10,000　3,000

姓氏大小依照每百萬人出現的頻率呈現

HAMDI
BRAHIMI
MOHAMED
MOHAMMED MOHAMED
BA TRAORE
ABDOU
MAHAMAT
MOHAMED
JALLOW NDIAYE
OUEDRAOGO
CHE MAHAMAT
MUHAMMAD
MENGUE
DENG ABEBE
AKELLO MWANGI
MOHAMED
DIALLO
KOUASSI
MENSAH
AKAKPO
DOSSOU
ILUNGA
ISHIMWE
NDAYISHIMIYE
JUMA
KAMARA
PHIRI
BANDA
COSSA
RAKOTONIRINA
MANUEL
MOYO
JOHANNES
MODISE
NAIDOO
DLAMINI

命名學

從我們的名字，可以看出我們出身自哪裡。

　姓名是代代相傳的身分聲明，你可能有一個可以追溯到十一世紀諾曼男爵的姓氏，或是你可能剛剛冠上配偶的姓氏。無論哪種方式，名字都很可能源自你所說的語言、你的文化、你的家庭出身或是歷史事件。例如，由於伊斯蘭教廣泛傳播，使得 Mohamed 這名字的變體在東北非廣受採用。

　而可汗的影響在巴基斯坦和阿富汗依然存在。在

資料來源：UCL WORLDNAMES DATABASE

中國

阿富汗

BERIDZE

HARUTYUNYAN

MAMMADOVA

ALI

ALIALOMARI

MOHAMMED

ALOTAIBI

ALI

ALGHAMDI THOMAS

ALI ALHINAI

ALTHANI

ATAYEW KARIMOV

KIM
MAMATOV

SHARIPOV

KHAN TAMANG DORJI

KHAN DEVI ISLAM

巴基斯坦

PERERA

BATBAYAR

KIM

SATO

WANG

CHEN

AUNG

CHANTHAVONG

DELACRUZ

NGUYEN

越南

SAE

泰國

SOK

ISMAIL

SENG

SARI JOHN

DACOSTA

SMITH

JOHN

SCOTTY

KUMAR TALAO

SMITH

非洲

伊斯蘭教姓氏
在北非沿岸最普遍。
在撒哈拉南部，姓氏反映了
非洲大陸各地語言的多樣性。

中國

有十九個姓氏就占了
全部人口的半數，其中以王姓最多。
在美國要涵蓋半數的人口
需要有兩千個各不相同的姓氏。

這些地圖裡，每個國家最受歡迎的名字，是根據其出現的頻率來呈現字體的大小。

不同國家之間也可能存在很大的差異。在泰國，排名第一的姓氏「Sae」實際上非常罕見，因為法律要求每個家族姓氏必須是獨特的。在旁邊的鄰國越南，很多人都姓阮（Nguyen），因為它既是該國最後一個王朝的國姓，也是「阮」（Ruan）的衍生詞，「阮」是兩千年前中國統治該地區時，中國官員為了朝貢目的而冊封的姓氏。

翻開這張摺頁，你會發現，在泰國人們更常使用暱稱而不是正式的名字，即使是排名第一的名字 Siriporn，也不像在天主教葡萄牙的 Maria 這名字那樣常見。

正如命名的歷史會隨不同的國家而變，公共紀錄也是如此。我們使用的數據集，是從電話簿和投票登記簿這些來源彙編的。這些來源可能會偏向特定群體，例如男性的「戶長」。因此，如果你覺得這張地圖上漏失掉一些姓名，可能就是這原因。

ROLLE
RODRIGUEZ
BROWN JOSEPH PEREZ

美國
SMITH
SMITH
HERNANDEZ
LOPEZ YOUNG
HERNANDEZ
HERNANDEZ
LOPEZ
RODRIGUEZ
GONZALEZ GONZALEZ
RODRIGUEZ PERSAUD
ZAMBRANO SILVA PINAS
FLORES MAMANI
GONZALEZ
GONZALEZ RODRIGUEZ
GONZALEZ

WILLIAMS
JOSEPH
JOSEPH
WILLIAMS
CHARLES
MOHAMMED

GI MARSTERS

美洲
殖民化和奴隸交易所
遺留下來的另一個普遍現象，
就是取歐洲式姓氏和
隨父親名取名。(例如 Gonzalez、
Hernandez、Perez 等等))

歐洲
亞洲
北美洲
非洲
南美洲
澳大利亞

歐洲

北美洲

亞洲

非洲

南美洲

澳大利亞

GIORGI
SEVINC
TIGRAN
SERDAR ULUGBEK
AIGERIM
HIROSHI
MOHAMMAD
HAJI
AZAMAT
GANBOLD JI-U
RUSTAM
WEI
MUHAMMAD
R A M
SONAM
YUTING
R A M
ABDUL
MOHAMMAD
ALIMOHAMMAD
AUNG
MOHAMMED
MOHAMMAD
ABDUL
MOHAMMED
MOHAMED
MARY
SOUKSAVANH
HUNG
SIRIPORN SOPHEAK
泰國
MOHAMED
MOHAMMED
MOHD
JUNIOR
AHMED ALI
TAN
JOHN
SITI
JOHN
JOHN
JOSE
MUNI
NOOROA
約旦
DAVID
JOHN

約旦前十多的名字裡包括了：
Mohammad、Mohammed、Mahmoud 和 Yousef。

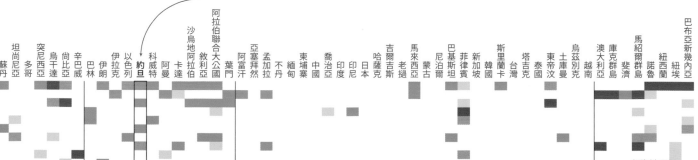

蘇丹	坦尚尼亞	多哥	突尼西亞	烏干達	尚比亞	辛巴威	巴林	伊朗	伊拉克	以色列	約旦	科威特	阿曼	敘利亞	沙烏地阿拉伯	阿拉伯聯合大公國	葉門	阿富汗	亞塞拜然	孟加拉	不丹	緬甸	柬埔寨	中國	喬治亞	印度	印尼	日本	哈薩克	吉爾吉斯	老撾	馬來西亞	蒙古	尼泊爾	巴基斯坦	菲律賓	新加坡	韓國	斯里蘭卡	台灣	塔吉克	泰國	東帝汶	土庫曼	烏茲別克	越南	澳大利亞	庫克群島	斐濟	馬紹爾群島	諾魯	紐西蘭	巴布亞新幾內亞	埃

無資料

　　中　東　　　　　　　　　　　　　　　　　亞　洲　　　　　　　　　　　　　　大　洋　洲

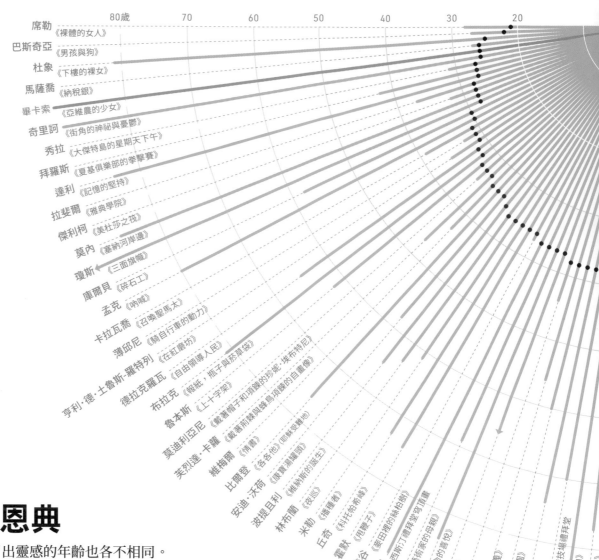

天才的恩典

即使是大師，冒出靈感的年齡也各不相同。

　　人們很容易把「天才」當作是年輕人的專利。畢竟，畢卡索在26歲時就徹底改變了畫界。雖然很出類拔萃，但是萬一他也是個例外呢？上面的放射狀漸層圖案描繪了從十三世紀到今日的88位藝術家的一生，按照他們完成代表作的年齡順序排列。這些代表作有三分之二，是這些藝術家在30、40歲左右完成的：德拉克洛瓦（Delacroix）在32歲時舉起了浪漫主義的大旗，米開朗基羅在37歲時完成了西斯汀禮拜堂的穹頂畫，凱德‧威利（Kehinde Wiley）在41歲時發表了他所繪的歐巴馬總統肖像。如果你覺得前途茫茫，振作起來：草間彌生在91歲時還在創作《無限鏡室》（Infinity Mirror Rooms）。

　　研究年齡和成就的心理學家談到，要熟習一門學科需要無數的時間；他們聲稱，要最快達到精通的程度，需要有超乎尋常的才能。儘管如此，年輕人可能被高估了。1933年，藝術評論家羅傑‧弗萊（Roger Fry）提出了有兩種類型藝術家的假設：像畢卡索這樣的挑動者，「年輕時的興奮和熱情，直接傳遞到他們所接觸到的一切事物」，以及像塞尚這樣喜歡精雕細琢的人，幾十年來大多是私底下默默做著。這兩種人都可以成為典範，而且在我們有限的樣本裡當然是後者占多數。從這個角度來看，也許是時候重新描繪傳統的「少年早成」的形象了。

資料來源：WIKIPEDIA

20　30　40　50　60　70　80歲

草間彌生
《數百萬光年外的靈魂》

希羅尼米斯·博斯
《戴荊棘王冠的基督》

法蘭西斯科·哥雅
《1808年5月3日》

保羅·塞尚
《大浴女》

雷內·馬格利特
《人子》

約瑟夫·瑪羅德·威廉·特納
《奴隸船》

耶羅尼米斯·博斯
《人間樂園》

艾爾·亞納蘇
《杜薩薩一號&二號》

約翰·辛格·薩金特
《泥鱸魚》

愛德華·霍普
《夜遊者》

阿爾伯托·賈科梅蒂
《迪亞哥》

皮特·蒙德里安
《紅藍黃的構成》

維拉斯奎茲
《侍女》

卡密爾·柯洛
《早晨：女神們的舞蹈》

艾未未
《葵花籽》

馬克·羅斯科
《橙色與黃色》

達文西
《蒙娜麗莎》

竇加
《浴缸》

卡斯巴·佛烈德利赫
《冰海》

瑪麗·卡薩特
《划船派對》

馬奈
《兩支蠟燭》

朱迪思·萊斯特
《偷快的酒徒》

馬克斯·恩斯特
《新娘的婚紗》

保羅·高更
《我們從何處來？我們是誰？我們向何處去？》

威廉·德庫寧
《女人 II》

迪亞哥·里維拉
《女神遊樂廳的吧檯》

康丁斯基
《底特律工業壁畫》

卡拉·瓦克
《埃米拉日山的牛排》

古斯塔夫·克林姆
《速寫》

大衛·霍克尼
《民特律工業壁畫》

買克·路易·大衛
《吻》

艾爾斯沃茲·凱利
《微妙》

揚·范艾克
《柏立得拼貼畫》

保羅·克利
《大衛之死》

尼古拉·普桑
《馬拉之死》

杜勒
《蛋糕》

凱德·威利
《鳥喘樓》

羅伊·李奇登斯坦
《諾埃薩寶婦女》

胡安·米羅
《構圖》

佛朗茲·克萊恩
《歐巴馬總統》

霍鐵瓦
《潘米之女》

《紅衣主教》

傑出的藝術家

—— 壽命（截至2023年6月）

● 圖中列出的作品完成時的年齡

你想知道我們怎麼決定圖表內
要列名誰和什麼作品嗎？
很簡單，我們挑選我們喜歡的作品。

1907年，青年畢卡索用《亞維農的少女》這幅畫扭轉了藝術界。立體主義運動的信條——
扁平化和多重視角——源自塞尚的畢生代表作，他在1906年以67歲之齡過世時，還在修
改他的作品《大浴女》。

我們是誰
WHO WE ARE

眾議院已經通過一項進行人口普查的法案，也提交到參議院了。其中包含了一個確定協會職業的時間表，這是立法者非常需要的一種資訊……參議院視這項法案為找碴的垃圾玩意、給了無聊人士大做文章的題材，把它給丟了出來。

——詹姆斯・麥迪遜（時任美國眾議院議員），1790年2月14日寫給傑佛遜的信。

畫下界線

在距離美國憲法簽署地二十英里外，奧利佛就讀的小學，
就像大多數的美國公立學校一樣，每天從對著國旗宣誓效忠開始，
以煞有其事的「自由正義與全體人民共享」誓言作終。
他在課堂上學到了革命、不可剝奪的權利，以及代議民主制度。
他聽到了促成美國民主實驗的自由、英勇及所有事蹟。
他沒有聽過關於人口普查的事。現在我們覺得這一點很荒謬。

　　自由和平等是革命性的詞彙。為了分配政府席次而進行人口統計？那是一個革命性的想法。從歷史上看，人口普查一直是徵稅或徵兵的工具。美國的開國元勳們想要嘗試一些新的做法。因此，在1970年8月2日，國會批准了六個人口普查問題──不包括麥迪遜提出的那個對職業的提問──十六名美國將軍和大約六百五十名副手馬上著手，開始列舉自由的白人男性、自由的白人女性和其他所有自由之身，以及可以繳稅的人。（在一項和當時的種族歧視背道而馳的妥協條件裡，蓄奴的南方各州和人口較少的北方各州同意，只有五分之三的奴隸人口會計入一個州的國會代表權。）

　　一旦人口普查員完成他們指定區域的登記，每個人就會受指示要在公共場合張貼一份「正確的副本」，用來「核對所有相關人員」。第一次人口普查的成本，比這個負債的新興國家預算裡的其他任何公共專案都還要高──而且套用華盛頓總統的話來說──要向海外的懷疑者證明「我們現在愈來愈重要」的壓力很大。他預測了全國人口有五百萬。

　　隨著結果逐漸明朗，華盛頓不得不承認「看來我們幾乎達不到四百萬人口」。儘管如此，他明白「實際人數遠遠超過了正式回報的人數；因為，出於宗教上的顧忌，有些人不會出現在他們的名單上；也因為擔心它是做為徵稅的根據，有些人隱瞞或少報了他們的人數；而且由於民眾意興闌珊，還有很多代理普查員不太積極，很多數字被省略了。」

　　到了1792年，普查結果是：十四個州和兩個特區共390萬人（排除掉五分之二的奴隸則是360萬人）。國會現在必須決定總共應該有多少個席次，以及如何分配。可惜的是，《憲法》沒有提供什麼指導。美國憲法第一條第二款只是說，總數不能超過每三萬人設置一名代表，而每個州至少有一名國會議員（參見附表）。

　　你只要把原始用辭仔細想一分鐘，就能看到問題所在：國會席次不能用共同的比例來平等分配。以馬里蘭州為例，它回報的人數是319,728人。除以三萬會產

美國眾議院議員席次分配

1789		1792
3	NH	4
8	MA	14
–	VT	2
1	RI	2
5	CT	7
6	NY	10
4	NJ	5
8	PA	13
1	DE	1
6	MD	8
10	VA	19
–	KY	2
5	NC	10
5	SC	6
3	GA	2
65		105

憲法列出了每個州最開始的席次數量（左列）。在第一次人口普查、以及佛蒙特州和肯塔基州加入之後，只有喬治亞州掉了一席（右列）。

生10.66個代表。你算到小數點以下幹嘛？亞歷山大·漢彌爾頓注意到了這個兩難問題，湯瑪斯·傑佛遜也是。漢彌爾頓主張，根據全國人口除以固定的120個眾議院席次，來設定一個可變動的比率。傑佛遜傾向於維持除以一個統一的人數，捨去尾數並讓眾議院的席次數目可以變動。

漢彌爾頓一開始比較占優勢，但是華盛頓沒有站在他這一邊。在有史以來第一次總統動用否決權，華盛頓推翻了漢彌爾頓的提案，因為他的法案對北方各州有利，並不公平。國會重新召開會議，批准了傑佛遜的方法。從那時起，國會嘗試了四種不同的公式，把每十年一次的人口計算轉換為國會席次，這表明即使是最崇高的努力也可以被操縱。

不僅僅席次的數量有關係，他們選區的規模和形狀也會有影響。如果你掌權，你可以重新繪製選舉地圖，讓自己占優勢——這是一種叫做「傑利蠑螈」（gerrymander）的選區劃分變更手法，名字取自麻州州長埃爾布里奇·傑利（Elbridge Gerry），因為他在1812年時，打造出一個像蠑螈一樣的蛇形選區。選區劃分仍然是一個簡單的想法：把支持者的鄰里社區「包」在單一的選區，以確保你自己在那裡會獲勝；然後把比較偏好競爭對手的社區「拆解」到多個選區，分散他們的影響力。在美國，人口比較多樣化的城市地區傾向支持民主黨人，而多元化程度較低的農村地區則偏好共和黨。在重新人口普查之後重新劃定選區線時，共和黨人的目標是拆散城市地區，並且把農村地區包在同一選區；民主黨人則相反。結果就會出現一張極其複雜的選區地圖，除非雙方能夠就保護現任者的「貼心的選區劃分」達成共識，否則肯定會發生法律糾紛。

共和黨政治策略家、已故的湯瑪斯·霍費勒（Thomas Hofeller）是這種操作手法的箇中翹楚。在2011年的一次選區重劃培訓課程中，他展示了一張幻燈片，上面寫著：「在會議結束之前，不要拿出地圖。一旦他們看到地圖，其他形式的溝通就會停止。」覺得有罪惡感？有一點。後悔嗎？一點也不會。霍費勒想要的是更進一步。2015年，霍費勒和共和黨領導人醞釀了一項計畫，要在2020年的人口普查中，增加一個關於公民身分的問題。此舉可能看似無害，要等你憶起美國人口普查會具有革命性意義的原因，正是其核心目的：要確定哪裡已分配了國會代表。霍費勒的策略是阻止對手據點的受訪者，從而削弱他們在國會中的人數。

美國人口普查局在1950年之前，就多次詢問過公民身分。但在2020年當時的政治氣氛下，美國人口普查局擔心，增加公民身分問題會讓西班牙裔和移民不肯回應。對於霍費勒來說，這就是重點。如果傾向投票給民主黨的大城市人口被少算了，它們的國會席次就會減少。如果美國其他地區分食了他們那部分的席次，那麼都市的席次也可能會減少。以紐約為例。在2000年和2010年的人口普查之間，該市的人口增加（2.1%），但遠低於全國（9.7%）。因此，需要重新分配國會代表時，該州失去兩席。

2010年人口普查後，
美國國會選區劃分
有了明顯變更

莫比爾
阿拉巴馬州第一選區

沙加緬度
加州第三選區

哈特福
康乃狄克州第一選區

芝加哥
伊利諾州第四選區

布魯克林
紐約州第八選區

俄亥俄州第四選區

代頓
俄亥俄州第八選區

納許維爾
田納西州第四選區

聖安東尼奧
德州第十五選區

聖安東尼奧
德州第三十五選區

這也不是第一次了。自1940年以來，紐約已經少了更多的國會議員席次——18席——比其他任何州都要多，這就是為什麼2020年人口普查接近時，該市會帶頭提起禁止提問公民身分的訴訟。想要跟上像德州和佛羅里達州這些新興的州，紐約需要把每一個能算到的公民都算進去。

　　商務部和紐約的訴訟案最後打到最高法院。首席大法官羅伯茨（Chief Justice Roberts）在他的主要觀點裡提到，雖然詢問人口統計的問題並不違法，但川普政府提出這個問題的動機是「武斷且反覆無常的」。有的人聲稱，人數被少算的擔憂被過分誇大了，對於這些人羅伯茨表示，歷史紀錄裡的回覆率證明，政府的行動確實可能對受訪者的行為產生「可預期的效應」。事實上，法院維護了人口普查的核心使命：算到全部的人。後來很快的，紐約市開始了一場協商好的作為，以贏回那些已經在懷疑、或正在懷疑人口普查的人的心（見右圖）。

　　到最後，一次成功的人口普查是信任的問題。有時候，最準確的算法來自社區內部。例如，我們可以回頭看看1880年代的芝加哥，那是個工業化和社會動蕩的時代，成千上萬的人搬到大城市尋找美國夢。1891年，此前已從康乃爾大學畢業、此時剛從蘇黎世大學畢業不久，譯有恩格斯（Engels）1845年著作《英國工人階級狀況》的美國童工問題權威佛羅倫薩・凱利（Florence Kelley），才剛離開她那家暴的丈夫，並在赫爾館（Hull House）找到避難之所；這是美國後來開辦的許多睦鄰之家裡頭的第一家。睦鄰之家試圖藉由招募像凱利這種受過教育的義工，來教學、協助比較不幸的鄰居，並且一起生活，以改善貧困的社區。

　　由於要養活三個年幼的孩子，凱利還需要一份有薪水的工作。她很快就找到一個職位，幫伊利諾州勞工統計局以及華盛頓的美國勞工局收集資料。1893年，該局向她與其他四個「時程調度員」（當時的問卷表叫做時程表）指派了工作，並詳細說明赫爾館周圍的社區調查。那年夏天時程調度員就住在赫爾館，每天晚上，這幾個同事都會把他們的發現抄錄下來，這些發現後來被歸入了針對芝加哥、紐約、巴爾的摩和費城貧民窟狀況的更廣泛研究裡。

　　隨著時間一週一週過去，他們累積了愈來愈多的資料，凱利和赫爾館創辦人之一珍・亞當斯（Jane Addams）看到了推廣社會變革的新方法，其靈感來自查爾斯・布斯（Charles Booth）手工上色的同時代的倫敦貧困地圖。他們拿著他們所收集的關於鄰里社區家戶的族裔出身、工資和就業歷史的資料，製作了一系列細緻的地圖（參見第69頁）。集結這些地圖推出的出版品《赫爾館地圖與論文》（*Hull House Maps and Papers*），具有一種特殊的真實感，因為地圖製作者就來自相關社區。有一些在地圖上記錄的東西，在成書的過程中幫了不少忙。

　　珍・亞當斯在一張寫有引文的便條中寫道：「（我們）提出這些地圖和報告……不是要當作詳盡的論文，而是當作記錄下來的觀察，這些觀察很可能極具價值，因為它們是第一手的，是熟悉已久的成果。」她看待豐富的社會資料的價值，和

到最後，
一次成功的人口普查
是**信任**的問題。
有時候，最準確的
算法來自**社區**內部。

資料來源：US CENSUS BUREAU

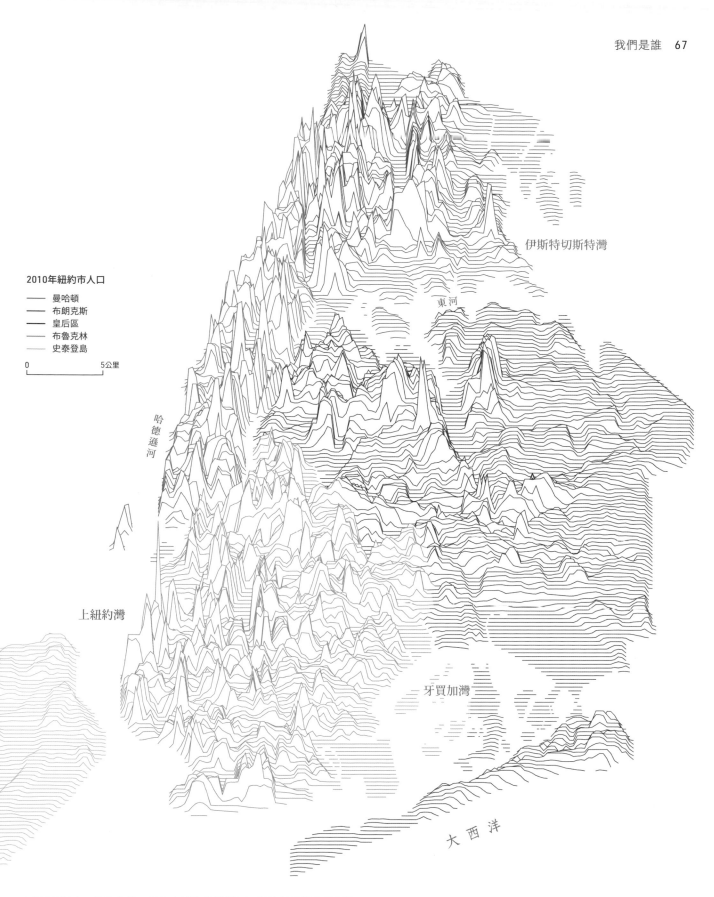

2010年紐約市人口

——— 曼哈頓
——— 布朗克斯
——— 皇后區
——— 布魯克林
——— 史泰登島

0　　　　　5公里

伊斯特切斯特灣

東河

哈德遜河

上紐約灣

牙買加灣

大西洋

在2020年人口普查之前，紐約市博物館舉辦了一場資料視覺化的展覽，
藉以說明這個十年一次的普查有什麼價值。我們的貢獻，是把該市人口數的高低起伏繪製成人口地景圖。
住在布魯克林山區的人（250萬人），比該州其他每個城市的人加起來還要多（220萬人）。

麥迪遜的想法很相似。沒有第一手收集的社會實況，你要怎麼開始解決愈來愈多的社會弊病？在赫爾館這個例子裡，他們發現的事實——用首席大法官羅伯茨的話來說——既不「武斷」，也沒有「反覆無常」。居民從未忘記他們被詢問的問題有多敏感。在地圖附的註釋裡，他們寫道：

> 即使是由政府官員出面，堅持查探窮人的生活仍勢必有些強人所難……而因好奇的興趣所引起的聳動悸動既沒有效果，也毫無道理可言。若不是因為堅信公眾良知被喚醒時，必定會要求為最不活躍和長期受苦的公民提供更好的環境，那麼極瑣細的調查的傷人特性，以及很多提問對個人的冒犯，勢必會讓人難以忍受、也難以饒恕。

在美國婦女取得投票權的三十年前，在赫爾館的女性已經創造了佛羅倫薩・凱利的傳記作者凱瑟琳・斯克拉（Kathryn Kish Sklar）所說的「在1900年以前的美國女性社會科學家最重要的一部作品」。但改革並沒有就此止步。凱利為了女性的公平工時、最低工資法，以及聯邦對嬰兒與母親醫療保健的補助，到處奔走著，而且她還是全國有色人種進步協會（National Association of the Advancement of Colored People）第一屆理事會的成員[1]，同時珍・亞當斯為了終結第一次世界大戰，成立了國際婦女和平自由聯盟（WILPF，Women's International League for Peace and Freedom），並且成為第一位獲得諾貝爾和平獎的美國女性。

　　唉，在社區裡挨家挨戶訪問後繪製地圖，這種作法經過長期的考驗已證明是成功的，但這仍不足以減緩我們遠離這種方法的速度。付費請成千上萬的普查員上門敲門做調查，仍然相當昂貴；2020年的普查估計要花費156億美元。可以理解的是，有些政府會尋找替代方案，尤其是如果發現的結果預期會偏袒不支持執政黨的團體。今日我們要面對的挑戰，仍舊和1790年的麥迪遜相同：要怎麼在沒有背後插手的情況下，蒐集看不見的和「極其必要」的資料？要如何製作更完美的人口普查？

　　在過去的十年裡，人類產生的資料，要比在那之前的一百年產生的資料還要多。行動電話、衛星和電腦模擬所提供的模式，可以告訴我們個人的身分、以及在社會裡的身分。這些工具沒辦法提供赫爾館地圖的真實感或人口普查的細節，但是其廣度和資料收集的頻率是革命性的。在本章中，我們會呈現行動電話如何讓每一季度、或災難發生後的人數清點更便利；我們研究了我們的跨境移動模式，可以怎麼協助地區性的政策或疾病大流行的應對措施；我們使用衛星資料來觀測戰爭、貿易和城市化的影響；我們評估世界各地能取得基本服務的程度。這些範例只是一個有可能發生的樣本，但是它們也提供了足夠的資訊「供無所事事的人可以寫出一本書」。

在過去的十年裡，人類產生的資料，要比在那之前的一百年產生的資料還要多。

1　W.E.B.杜波依斯（W. E. B. Du Bois）是全國有色人種進步協會的宣傳和研究主任，1932年他向凱利致悼詞時回想道：「儘管佛羅倫薩・凱利犯下許多違反傳統的罪行，但當中沒有一樣——包括她的社會主義與和平主義，她對性別平等與宗教自由的擁護，她為兒童與民主而戰——沒有一樣，要比她為一千兩百萬美國黑人爭取權利損失更多酒肉朋友了。

(NORTH)

NATIONALITIES MAP NO.I.—POLK STREET TO TWELFTH,
HALSTED STREET TO JEFFERSON, CHICAGO.

赫爾館地圖所呈現的生動的城市街區，構成了一種追求清晰而非精確的地圖集。在這張圖裡，居住地是依國籍上色來強調居住模式，
例如有一塊義大利人（藍色）住的地方就位在波爾克街和猶因街。色塊大小代表每塊居住地每個族群的比率。

每平方公里人口變化
2007年5月-8月
增加
■ 超過1,000
■ 501–1,000
■ 101–500
■ 51–100
■ 11–50
□ +/- 10人
■ 11–50
■ 51–100
■ 101–500
■ 501–5,000
■ 超過5,000
減少

0　　　100 km

量身打造的人口普查

有了手機資料，隨時隨地都可以估算人口。

　　一個國家要進行人口普查，一般是每十年進行一次，規畫好形式、郵寄、填寫完成、寄回、製成表格和進行分析。整個過程需要花費數年——還有不少金錢。2011年英國人口普查的成本為4.82億英鎊。有些國家負擔不了這樣的成本。即使可以，十年一次的數人頭也只是定格照片。傳統的人口普查藉由詢問我們的居住地，最後會產生一張我們睡覺地點的地圖，而不是我們白天工作或走過的地方。它也不會顯示出季節性的變化，或是突發的災難、衝突事件或者大流行病對一個國家會有怎樣的影響。

　　2014年，南安普頓大學的研究人員證明，手機紀錄可以填補這種缺口。他們使用人口普查數字做為導引，改進了一種把匿名電話資料密度轉換成可信的人口密度的方法。為了證明這個概念，該團隊把法國夏季月分期間，從城市到海灘的人口流動繪製成地圖。現在，他們正在為近期沒有進行過人口普查的國家開發快速、廉價與幾近實時的工具。例如，在2015年尼泊爾發生地震時，他們就能夠偵測到失散的人，並且直接提供援助。並不是說傳統的人口普查過時了。我們仍然需要填好這些表格，以取得額外的細節，像是年齡、性別和種族，這些細節不僅可以告訴我們房間裡有多少人，還可以知道有誰在這裡。

資料來源：WORLDPOP; DEVILLE ET AL. (2014)

佩爾桑

阿斯特克遊樂園

利勒亞當

利勒亞當森林

瓦茲

蓬圖瓦茲

戴高樂機場

塞納河

勒布爾熱機場

聖日耳曼森林

烏爾克運河

薩特魯維爾

尚布爾西

維勒蒙布勒

巴　黎

聖日耳曼
昂萊莊園

馬恩河

艾菲爾鐵塔 巴黎聖母院

聖克盧國家園區

凡爾賽莊園

伊夫里堡壘

伊夫林省
聖康坦運動場

奧利機場

耶爾河

帕萊索

塞納河畔
維尼厄

塞納爾森林

尚羅賽

法國人湧向機場和火車站
以逃離「法國本土」（the Hexagon）的夏天。
他們出國的目的地包括馬丁尼克島、
塞席爾和摩洛哥。在離家比較近的地方，
公園、森林和河畔有助於巴黎人抵抗酷暑。

艾松

塞納河

—— 鐵路

阿爾帕容

0　　　　　　　　8公里

美國版大逃亡

我們的手機會記錄我們的一舉一動。
在我們陷入危險的時候,這是一件好事。

2017年9月颶風瑪麗亞侵襲波多黎各時,救援人員爭相確認最需要援救的地區。由於樹木倒塌和道路被沖毀,使得進出受到限制,他們不得不依靠遙測來了解颶風的影響。光探測衛星讓島上斷電的地方一覽無遺,而一種新穎的手機資料運用,可以知道島上迷路的人在什麼地方。

有一家叫做Teralytics的公司,利用把不知名的用戶與距離他們最近的基地台進行配對,能夠粗略地估算在瑪麗亞颶風肆虐之後的人口變化。大部分時間都在波多黎各的基地台附近活動的用戶,被視為當地居民。如果這些居民在風暴過後,開始會連接到美國本土的基地台,Teralytics就會認為他們已經逃離該島。雖然這種方法沒有辦法找到所有人,但它提出了一個合理的代表性。在最初的四個月,在波多黎各的330萬居民中,偵測到有超過30萬人在新地點出現。就像這張擴散圖上的紅色移民弧線所顯示的,光是佛羅里達州進來的移民就占了將近一半,其中許多人在邁阿密和奧蘭多落地。一直到2018年1月,才比較頻繁記錄到波多黎各人連接上家鄉的基地台。

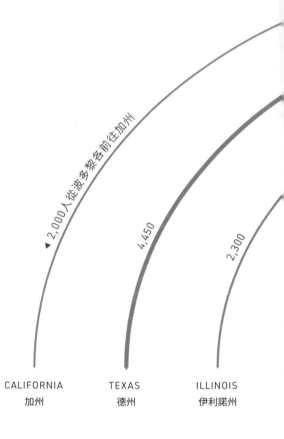

波多黎各居民行動電話位置變化
2017年9月-2018年1月

▶ 2,000人從波多黎各前往加州

4,450

2,300

CALIFORNIA
加州

TEXAS
德州

ILLINOIS
伊利諾州

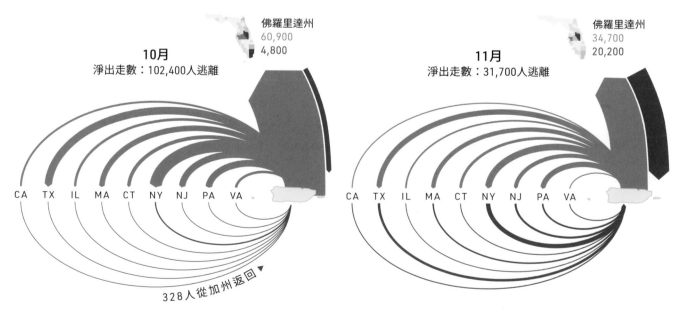

佛羅里達州
60,900
4,800

10月
淨出走數:102,400人逃離

CA　TX　IL　MA　CT　NY　NJ　PA　VA

328人從加州返回 ▶

佛羅里達州
34,700
20,200

11月
淨出走數:31,700人逃離

CA　TX　IL　MA　CT　NY　NJ　PA　VA

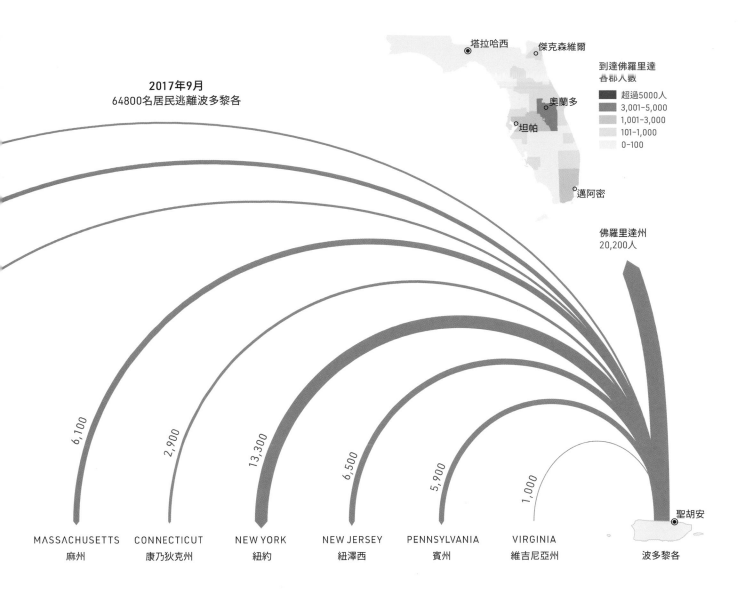

2017年9月
64800名居民逃離波多黎各

到達佛羅里達
各郡人數
超過5000人
3,001–5,000
1,001–3,000
101–1,000
0–100

塔拉哈西　傑克森維爾
奧蘭多
坦帕
邁阿密

佛羅里達州
20,200人

聖胡安

6,100　2,900　13,300　6,500　5,900　1,000

MASSACHUSETTS　CONNECTICUT　NEW YORK　NEW JERSEY　PENNSYLVANIA　VIRGINIA
麻州　康乃狄克州　紐約　紐澤西　賓州　維吉尼亞州　波多黎各

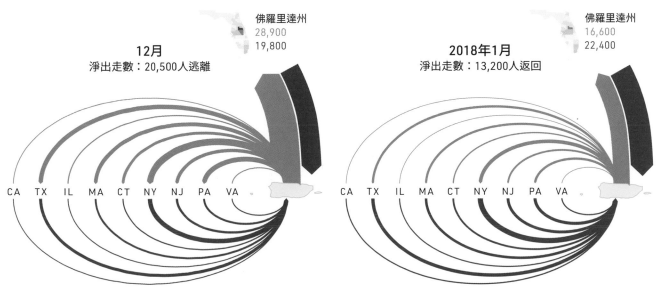

佛羅里達州
28,900
19,800

12月
淨出走數：20,500人逃離

CA　TX　IL　MA　CT　NY　NJ　PA　VA

佛羅里達州
16,600
22,400

2018年1月
淨出走數：13,200人返回

CA　TX　IL　MA　CT　NY　NJ　PA　VA

在湯瑪斯‧傑佛遜所提出，
俄亥俄河和密西西比河之間各州
在高度或寬度上應該保持一致的建議
無人理會之後，國會就把他這個概念
套在西部的幾個州上，
像懷俄明州和科羅拉多州。
在這張根據通勤模式繪製的地圖上，
那些很明確的彎角就隱沒在
Sacagawea、Zebulon 和 Cibola
不平整的廣闊土地上。

2006年-2010年
人口普查區之間
通勤產生的大型分區
○ 區域中心

0 　　　　　　400公里

聯合通勤

每天多達四百萬的行車次數，透露了比州界更深的連結。

　　美國大陸的州界是由地緣政治劃分而成，通常沿著緯度、河流和山脈連結起來的。每個形狀的背後都有一個故事。然而，這樣的歷史源起很難反映出州民當前的需求。如果我們今天要重新劃定州界，該怎麼做？

　　2016年，地理學家蓋瑞特‧尼爾森（Garrett Nelson）和阿拉斯戴爾‧瑞（Alasdair Rae）提出了一個解答。他們利用把四百萬個美國人的住家和工作地點連接起來，產生很多通勤的交通樞紐。接著他們透過一種社區偵測演算法來運算這些樞紐，這個演算法會把連接程度高的連接點做編組。結果，費城和匹茲堡這兩個在一座山脈兩側的城市，不再被歸在同一個州。看似假設性的運用，引發了具有現實意義的問題。如今，如果俄亥俄州比密西根州更注意它的道路，那麼通勤者必定每天都會感受到，俄亥俄州的托利多和密西根州的底特律兩者之間道路坑洞的差異。但如果像這張地圖那樣重新繪製邊界，那麼整個通勤勢必要由地圖上方的昂特勒拉克（Entrelacs）交通部管理。

　　依據人們實際過日子的地點劃定的邊界，可以讓主事者著眼在前方的道路，來規劃地區的交通、電網與住宅，而不是往後看。

資料來源：NELSON AND RAE (2016); AMERICAN COMMUNITY SURVEY

當德克薩斯州和加利福尼亞州
在1840年代打算加入美國時，
兩者都有足夠的政治或經濟影響力
來履行其重要的主張。
今天，通勤者把這兩大州
都分別細分成七個小地理區。

密西根州上半島以前
是威斯康辛領地的一個分支，
在1836年為了補償密西根把托利多邊界帶
割讓給俄亥俄州，而讓渡給密西根州。
在這張地圖裡，上半島變成自成一國，
而托利多又回歸到下半島。

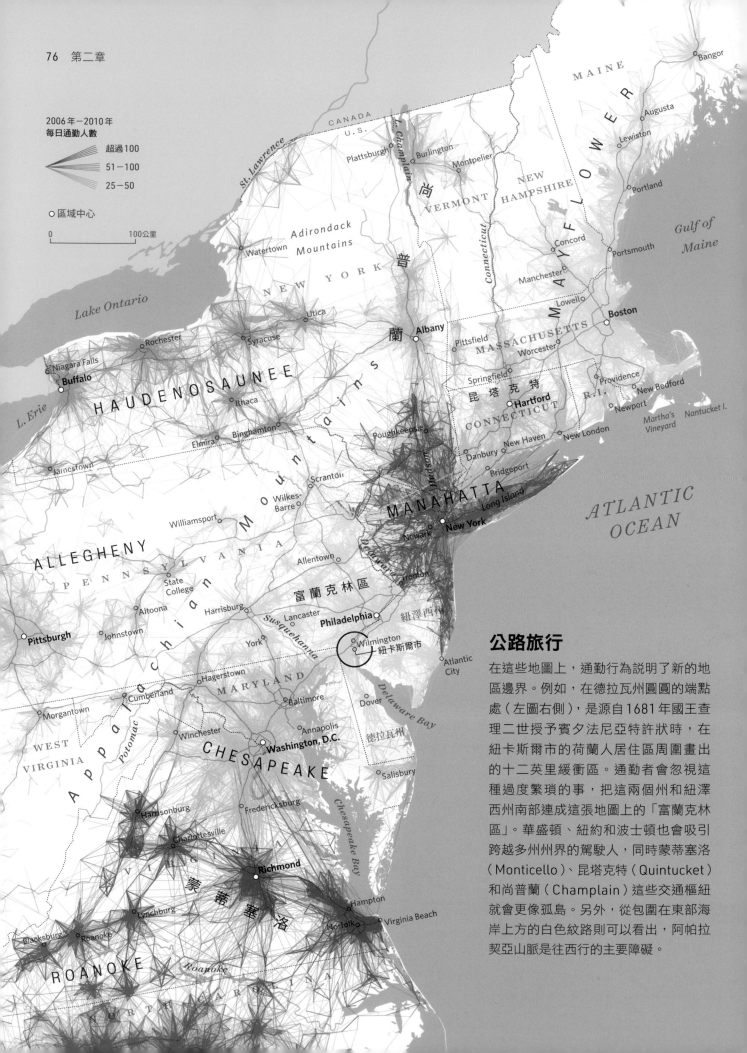

2006年－2010年
每日通勤人數

超過100

51－100

25－50

○ 區域中心

0　　　　　　100公里

CANADA
U.S.

St. Lawrence

Plattsburgh

L. Champlain

Burlington

Montpelier

MAINE

Bangor

Augusta

Lewiston

尚

VERMONT

NEW
HAMPSHIRE

Concord

Portland

Portsmouth

Gulf of
Maine

Watertown

Adirondack
Mountains

普

Manchester

Lowello

NEW YORK

蘭

Utica

Albany

Pittsfield

MASSACHUSETTS

Worcester

Boston

Rochester

Syracuse

Springfield

昆 塔 克 特

Hartford

Lake Ontario

Niagara Falls

Buffalo

Ithaca

HAUDENOSAUNEE

CONNECTICUT

Providence

R.I.

New Bedford

L. Erie

Elmira

Binghamton

Danbury

New Haven

New London

Newport

Martha's
Vineyard

Nantucket I.

Jamestown

Poughkeepsie

Bridgeport

Scranton

Hudson

MANAHATTA

Long Island

ATLANTIC
OCEAN

Williamsport

Wilkes-
Barre

Newark

New York

ALLEGHENY

Allentown

Delaware

Mountains

PENNSYLVANIA

State
College

富 蘭 克 林 區

Trenton

Altoona

Harrisburg

Lancaster

Philadelphia

紐 澤 西 州

Pittsburgh

Johnstown

York

Susquehanna

Wilmington
紐卡斯爾市

Atlantic
City

Morgantown

Hagerstown

MARYLAND

Dover

Delaware Bay

Cumberland

Baltimore

德 拉 瓦 州

Appalachian

Potomac

Winchester

Annapolis

WEST
VIRGINIA

Washington, D.C.

CHESAPEAKE

Salisbury

Chesapeake Bay

Harrisonburg

Fredericksburg

Charlottesville

VIRGINIA

蒙
蒂
塞
洛

Richmond

Hampton

Lynchburg

Blacksburg

Roanoke

Norfolk

Virginia Beach

ROANOKE

Roanoke

NORTH CAROLINA

公路旅行

在這些地圖上，通勤行為說明了新的地區邊界。例如，在德拉瓦州圓圓的端點處（左圖右側），是源自1681年國王查理二世授予賓夕法尼亞特許狀時，在紐卡斯爾市的荷蘭人居住區周圍畫出的十二英里緩衝區。通勤者會忽視這種過度繁瑣的事，把這兩個州和紐澤西州南部連成這張地圖上的「富蘭克林區」。華盛頓、紐約和波士頓也會吸引跨越多州州界的駕駛人，同時蒙蒂塞洛（Monticello）、昆塔克特（Quintucket）和尚普蘭（Champlain）這些交通樞紐就會更像孤島。另外，從包圍在東部海岸上方的白色紋路則可以看出，阿帕拉契亞山脈是往西行的主要障礙。

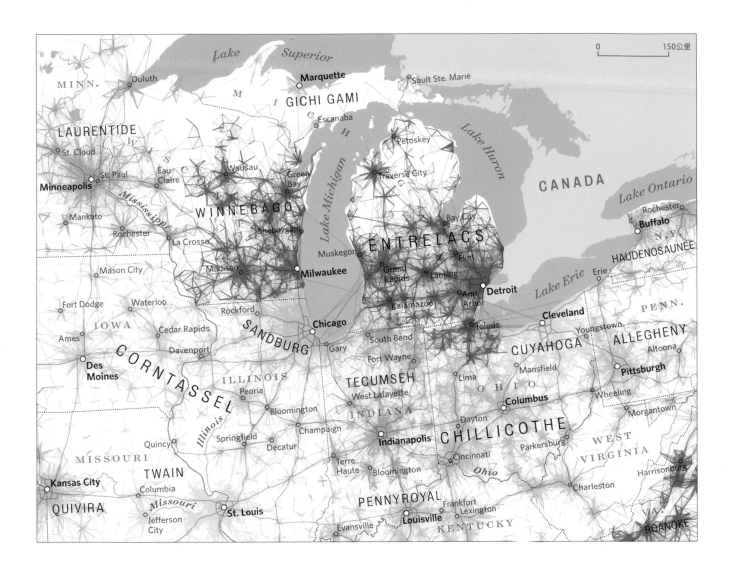

中西部的通勤者每天
都會跨越現有的州界，
和 Corntassel、Chillicothe
這些地區產生頻繁的連結。
相反的，路易斯安那州
和密西西比州南部的居民
則對自己的家鄉很忠心。

資料來源：NELSON AND RAE (2016); AMERICAN COMMUNITY SURVEY

ATLAS OF THE INVISIBLE

撒

諾克少　★

茅利塔尼亞

大西洋

塞內加爾

馬里共和國
一名女孩和祖母
參加了幾內亞的一場葬禮之後，
搭乘公車沿著 N6 高速公路返家，
把伊波拉病毒一起帶回家鄉。

卡伊
2014年10月

達卡
2014年8月　★

馬里共和國

塞內加爾
由於塞內加爾反應迅速，
它的疫情得以控制到只有
一個患者——一名幾內亞的學生，
他在科納喀里大學暑假期間
由陸路前往達卡。這名年輕人
從他最近去過獅子山共和國的兄弟
感染到伊波拉病毒。

甘比亞　★班竹

巴馬科　★

幾內亞比索
比索　★

科里馬里

錫吉里

幾

內

N6

康康

2014－2016年
伊波拉病毒
在道路網絡聚落的擴散

科納喀里
福雷卡里亞

□　道路網絡聚落
■　疫情爆發開始的聚落
◇　零號病人
→　傳播路線

自由城　★

基西杜古

亞

馬森塔

獅子山

梅利安鐸村
2013年12月
★ 零號病人

象牙海岸

0　　　　　300公里

傳到西班牙
2014年10月
英國
2014年12月
義大利
2015年5月

賴

比

瑞

亞

雅穆索戈　★

蒙羅維亞

傳到美國
2014年9月

復原之路

對於商業活動和疾病傳播，各地之間的聯繫最為重要。

　　2013年12月，在幾內亞南部梅利安鐸村（Meliandou）的一名蹣跚學步的孩子發了高燒。四天之後，他去世了。現在流行病學家認為，這個男孩埃米爾·奧阿毛諾（Emile Ouamouno）是2014至2016年間西非伊波拉疫情裡的「零號病人」。在埃米爾死後的一個月內，他的母親、姊姊和祖母也相繼去世。一名參加了他祖母葬禮的女人也病倒了，並且把病傳染給了一名醫護人員，後者又把病傳給她在馬森塔的醫生，這個醫生又把病傳給了他在基西杜古（Kissidougou）的兄弟。一

直到有足夠能力檢測、培訓、追蹤接觸者並進行社區教育來壓制病毒時，幾內亞、賴比瑞亞和獅子山已經有超過11,000人死亡。

　　如果疫情是在一個島上爆發的，遏制的措施會相對直接：篩檢任何要離開的人。但是在西非這種緊密交織的地理環境下，要在內陸地區每次過境都進行篩檢，實際上並不可行。有一種可能的解決方法：事先找到一個地區最有可能的傳播途徑。

　　麻省理工學院的研究人員借助演算法，把非洲的

資料來源：STRANO ET AL. (2018); CDC (CHART)

阿加德茲

死亡總人數，2014-2016年西非伊波拉病毒疫情　　■ = 10人死亡

15人 其他
8人 奈及利亞
6人 馬里
1人 美國

賴比瑞亞 4,810人　　　　　　獅子山共和國 3,956人　　　　　　幾內亞 2,544人

瓦加杜古

吉納法索

非　　　洲

貝　南

奈　及　利　亞

阿布加

迦　納

多哥

沃爾特湖

新港
柯多努　　拉哥斯
洛美　　　　　　2014年7月
阿克拉

喀　麥　隆

馬拉博　　　　　雅溫德

渡船

赤道幾內亞

自由市　　　　　　　　　　　赤道

加　彭

奈及利亞
迅速的監控、培訓和接觸者追蹤，
讓非洲這座數一數二的大城市
能夠及時擋下一名被感染的飛機乘客，
得以倖免於難。

道路網絡劃分成大約一百個商業活動和人員
流動頻繁的聚落。由於這些看不見的活動島嶼
會跨越國界，看不見的病原體也一樣。因此，
與其在邊境設置檢查哨，不如瞄準這些聚落之
間的重要道路更有效。例如，伊波拉病毒從基
西杜古經由N6高速公路傳播到幾內亞北部和
馬里共和國。藉著在康康市（Kankan）做密集
篩檢，往後的病毒可能會在隨著相同路徑傳播
之前，就被揪出來。

剛果共和國
ATLAS OF THE INVISIBLE
布拉薩市

大西洋

英國
愛丁堡
丹麥
哥本哈根
莫斯科

都柏林
愛爾蘭
倫敦
布魯塞爾
比利時
巴黎

柏林
華沙
波蘭
明斯克
白俄羅斯

德國
萊茵河
維斯瓦河
基輔
烏克蘭

歐　洲

法國
米蘭
羅馬尼亞
貝爾格勒
布加勒斯特
塞爾維亞
多瑙河
黑　海

葡萄牙
馬德里
西班牙

羅馬
義大利
希臘
伊斯坦堡
安卡拉
土耳其

里斯本

阿爾及爾
突尼斯
雅典

卡薩布蘭卡
突尼西亞
的黎波里
地　中　海
敘利亞
放大區域

摩洛哥
伊拉

亞歷山卓
開羅
沙烏

阿爾及利亞
利比亞
埃及
尼羅河
麥地那

撒　哈　拉
亞斯文
吉達
麥加
紅　海

非　洲
尼日
查德
蘇丹
卡土穆

尼日河
尼阿美
恩將納

奈及利亞
阿迪斯阿貝巴

迦納
衣索比亞

拉哥斯

阿克拉

哈科特港

亮度

一顆新衛星在黑暗中照亮我們人類。

　　1972年12月7日，阿波羅十七號上的太空人在前往月球的途中，看著地球漸漸沒入太空的黑暗裡，並拍下一張永遠改變了我們看地球方式的照片。這張具象徵性的照片被稱為「藍色大理石」。四十年後，美國NASA的科學家揭開了「黑色大理石」的面紗──由地球夜景照片拼貼起來的馬賽克，再次震撼了我們的觀點。

　　最近幾年，由於出現了革命性的光感應器，以及消除月光及其他自然變數的演算法，讓衛星照片能夠從一夜一夜和一年一年進行比較。在這張摺頁右邊（第84、85頁），我們結合了2012年和2016年的發光資料，來呈現有開燈的地方（黃色）、已經變暗的地方（藍色），以及維持原樣的地方（灰色）。從這些模式有可能看到戰爭、經濟發展、城市化和能源效率提高以及人類活動突然變化所產生的影響。例如，美國NASA會在颶風過後提供停電的圖像，以幫助最早回覆的人，並呈現委內瑞拉連續數天停電的程度（參見第108頁）。翻頁看看區域衝突怎麼讓中東變暗。

發光變化
2012-2016年

較暗　　　　　較亮

西歐

儘管歐洲的能源使用量可能仍在增加，但向下照射的路燈、LED燈泡、智慧感應器和其他許多措施，已經減少了許多城市的光害。

奈及利亞

拉各斯從2010年以來，已經成長了30%以上。擁有超過1,400萬名居民，現在是非洲第二大都會區（第一大城市是開羅，有2,100萬人）。

撒哈拉地區國家

據估計，尼日、查德和蘇丹總共有8,000萬人居住，但是在首都以外的地區，卻鮮少有燈光出現。由於電力供應有限，人們使用固體燃料來取暖和照明，這使得NASA的光定位衛星探測不到它們。

俄羅斯

西伯利亞大鐵路沿線的發展，形成了一個從莫斯科到貝加爾湖，再到蒙古、中國，乃至海參崴的星座。

沙烏地阿拉伯

該國政府已經持續投資數十億美元在促進旅遊業。2017年，他們宣布了要在紅海沿岸建造一座超級大城的計畫，這座城市的面積是孟買的四十倍，將使海岸充滿燈光。

敘利亞

由於許多原因，敘利亞內戰期間阿勒坡受到的重創，使它成為地圖上最黑暗的地方之一。埃及、伊拉克、約旦、黎巴嫩和土耳其接收了數百萬難民。營地在敘利亞邊境附近和伊拉克北部創造了光池，伊拉克戰爭結束後，那裡的夜生活開始恢復。

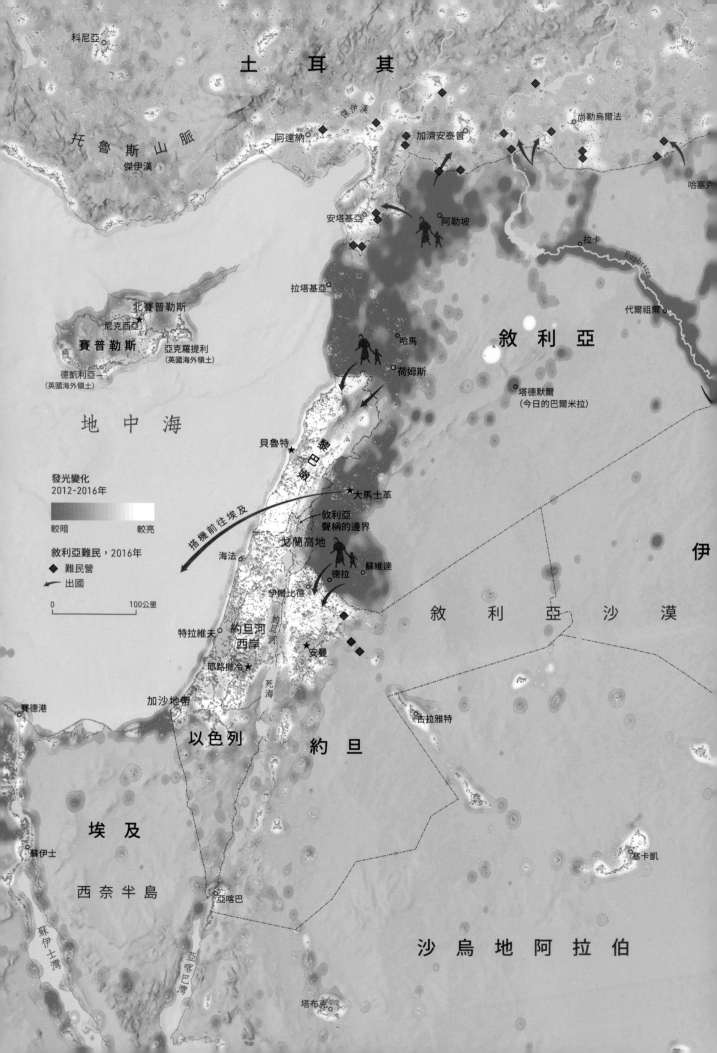

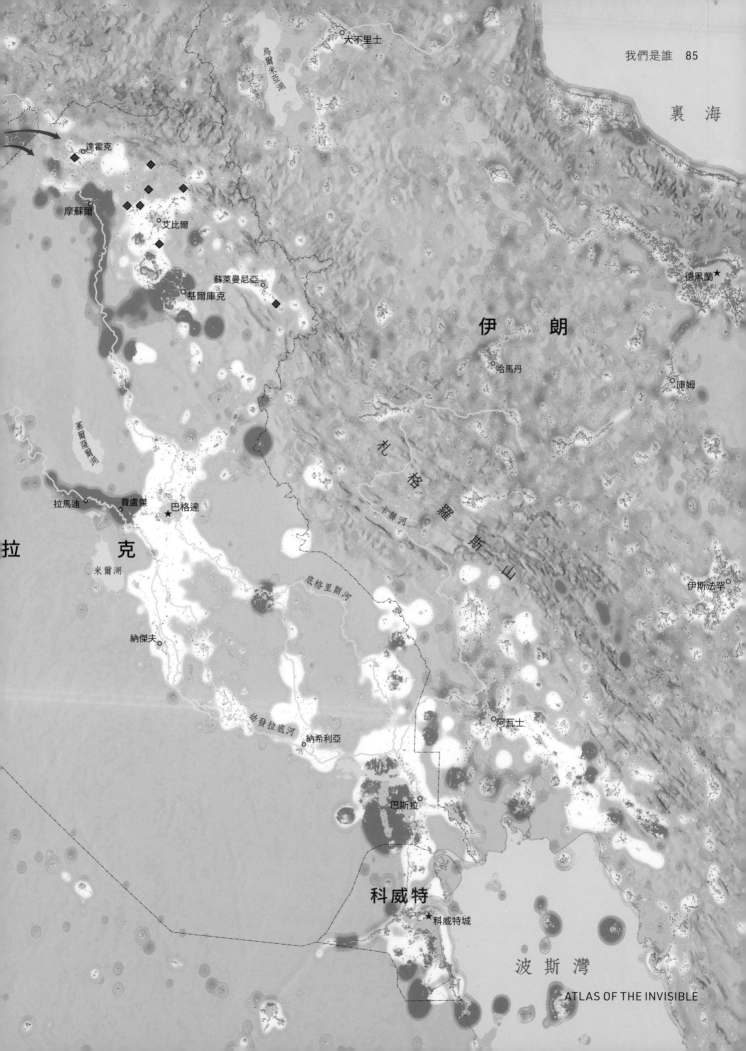

裏 海

大不里士

烏爾米亞湖

達霍克

摩蘇爾

艾比爾

蘇萊曼尼亞

基爾庫克

德黑蘭★

伊 朗

哈馬丹

庫姆

札 格 羅 斯 山

卡赫河

拉 塞爾薩爾湖

拉馬迪 費盧傑 巴格達

克 米爾湖

伊斯法罕

底格里斯河

納傑夫

幼發拉底河

納希利亞

阿瓦士

巴斯拉

科 威 特

科威特城★

波 斯 灣

ATLAS OF THE INVISIBLE

1975－2050年
人口變化

預估 ▶

10億

總 人 口

5億

80%
11億

61%
8.75億

17%
1.6億

都 市 人 口

0

1975　　　　　　2020　　　2050

聯合國預計，到2050年，
有五分之四的中國人會成為都市人。大概超過十億人口。

1975－2015年
人口變化
增加

■ 超過500,000
■ 250,001－500,000
■ 100,001－250,000
■ 50,001－100,000
■ 25,001－50,000
■ 5,001－25,000
□ +/- 5000人
□ 5,001－25,000
□ 超過25,000
減少

0　　　　　300公里

—— 標有影線的地區人煙稀少，
幾乎沒有什麼變化。

哈薩克

吉爾吉斯

天　山

烏魯木齊

喀什地區

塔 里 木 盆 地

印度聲稱的邊界

和田地區

格爾木市

中國聲稱的邊界

喜
馬
拉
雅

尼
泊
爾

布拉馬普特拉河

拉薩

不丹

中國聲稱的邊界

孟加拉

印　度

緬　甸

泰　國

城市的誘惑

有一個農業國家正在轉型。

　　在世界各地，人們搬到都市，以尋求更多的工作機會、
市場、學校和醫療保健。這樣的吸引效果，沒有任何地方會比
中國更明顯了，自1975年以來，中國有將近一半的人口（約7.15億人）
已經城市化了。

　　在這張人口變化地圖上，我們的眼睛會直接看到三個最紅的地方：
北京／天津、上海／杭州和廣州／深圳。但是要了解中國轉型的真正
規模，就要看看全國各地成長的情況。中國現在擁有312個人口至少有
50萬的都市區。美國領土面積跟中國差不多大，這樣的都市有96個。

　　中國的繁榮從1970年代末、1980年代初開始，當時中國政府在北海
到大連的十八個沿海城市建立了「經濟特區」。稅賦優惠和較寬鬆的國
家管制吸引了外國企業。有了工作機會，工人就來了。第一個經濟特
區深圳，從1980年33萬人定居的農村和城市，快速成長成今天超過
1,300萬人的科技中心。要看這座城市從綠色山谷變成「中國矽谷」的
戲劇性轉變，請翻頁。

資料來源：EUROPEAN COMMISSION GLOBAL HUMAN SETTLEMENT LAYER; UN POPULATION DIVISION (CHART)

亞洲
蒙古
中國
太平洋
印度洋

大慶市
哈爾濱
長春
俄羅斯

包頭市
呼和浩特市

銀川

西寧市
蘭州

太原
石家莊

邯鄲市
濟南

北京
天津

瀋陽

大連

煙台
青島

黃海

朝鮮

韓國

中 國

黃河

西安
鄭州

成都

重慶

武漢
岳陽

長江

合肥
南京
無錫
上海
杭州
寧波

長江

南昌

長沙
衡陽

貴陽

溫州

昆明

福州

廈門

臺灣

放大圖區域

廣州
深圳
香港
珠江三角洲
澳門

汕頭

北海市

南寧

湛江

南中國海

越南

東京灣

海南

北京
這個中國首都與天津市，正在一起發展成為擁有1.3億人口的京津冀超級大城市。

上海
在長江三角洲的幾個城市，已經合併成一個面積和人口都超過北京的特大都會區。

珠江三角洲
如果把它視為單一的實體，這個都會區（不包括香港）將會超過東京，成為世界面積最大、人口最多的行政區（參見下一頁）。

成都
自從1991年中國政府把首批國營高科技園區其中一個設立在成都，截至目前已經有600萬人口和數千家公司來到此地落腳。

ATLAS OF THE INVISIBLE

珠江

中 國

珠江河口

後海灣

香 港
特別行政區

澳 門
特別行政區

1988

地表植被的變化
1988-2018年

0 _____ 10公里

資料來源：NASA LANDSAT

填海造地

珠江三角洲曾經是一片死水的農場和濕地，如今已經是填海造地的溫床。在上圖中由沖積沉積物形成的藍綠色斑紋的地方，土地開發商整建形成了稜角分明的海岸線和人工島，還包括了香港國際機場。

突如其來的蛻變

1988年，廣州、東莞、深圳、中山等城市的市中心還處於剛發展的階段。隨著它們愈來愈繁榮，它們削弱了較低海拔的地方。現在廣東香港澳門大灣區的居民人數，已經超過了加拿大和澳大利亞的人口總和。

廣州

東莞

深圳寶安國際機場 ✈

中山

深圳中山大橋
（興建中）

深圳

鹽田區 ⚓

蛇口集裝箱(貨櫃)碼頭 ⚓

香港國際機場 ✈ 香港過境處

國際港珠澳大橋

隧道

香港
迪士尼樂園

珠海

澳門過境處

澳門國際機場 ✈

南 中 國 海

2018

出口口岸

蛇口港在1989年開通，五年後鹽田港開通。它們一起把深圳變成全球第三繁忙的貨櫃港，在2013年超越香港。從港口出去的貨櫃有十分之九是要出口的，其中大約有一半是要運往北美。

搭建橋梁

如果珠江三角洲的對外聯絡能夠四通八達，那就完全能夠像一座大都市運作了。港珠澳橋梁隧道系統在2018年開通時，為滿足這個需求的方向邁出了一大步—— 55公里。另一個超長跨度的系統正在興建，此系統能把河口區域的通勤時間縮短到三十分鐘。

ATLAS OF THE INVISIBLE

革命性的交通方式

共享單車曾經是個邊緣概念，但現在已成為趨勢。

　　1965年，荷蘭的無政府主義團體「普羅沃」（Provo），宣布了一項讓阿姆斯特丹擺脫汽車的計畫。他們設想街道上沒有「機動化資產階級的瀝青恐怖活動」，他們要求設置一萬輛白色自行車，不要上鎖，可以自由騎行。普羅沃提供了最開始的五十輛自行車，但這些自行車立即被警方以防止被竊的理由扣押。

　　六十年過去了，普羅沃顯然走在時代尖端。如今，共享單車已經成為任何希望獲得綠色城市認證的市長的必備品。到了2020年，全球有超過三千個共享單車系統在運行，使其成為成長最快的都市交通方式之一。就像這一頁所呈現的壅塞狀況，並不是所有共享單車系統都走對方向。一個健康的都市，比如紐約市，有很多一天可以多次使用的自行車。這些系統會出現在我們示意圖的右上角。那些比較落後的都市自行車比較少，很少有人使用。奧克蘭和基督城可能想要關閉它們自己的系統，同時推銷給像里約這類比較適合的中等城市。

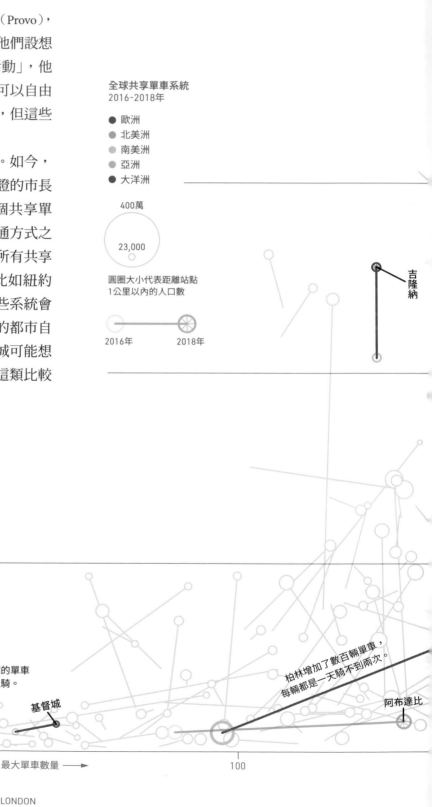

全球共享單車系統
2016-2018年
● 歐洲
● 北美洲
○ 南美洲
● 亞洲
● 大洋洲

400萬

23,000

圓圈大小代表距離站點
1公里以內的人口數

2016年　　　2018年

每輛單車每天騎兩趟

1

0

奧克蘭　　紐西蘭的單車
　　　　　很少人騎。

基督城

柏林增加了數百輛單車，
每輛都是一天騎不到兩次。

阿布達比

吉隆納

10　　　　　← 最大單車數量 →　　　　　100

資料來源：JAMES TODD AND OLIVER O'BRIEN, UNIVERSITY COLLEGE LONDON

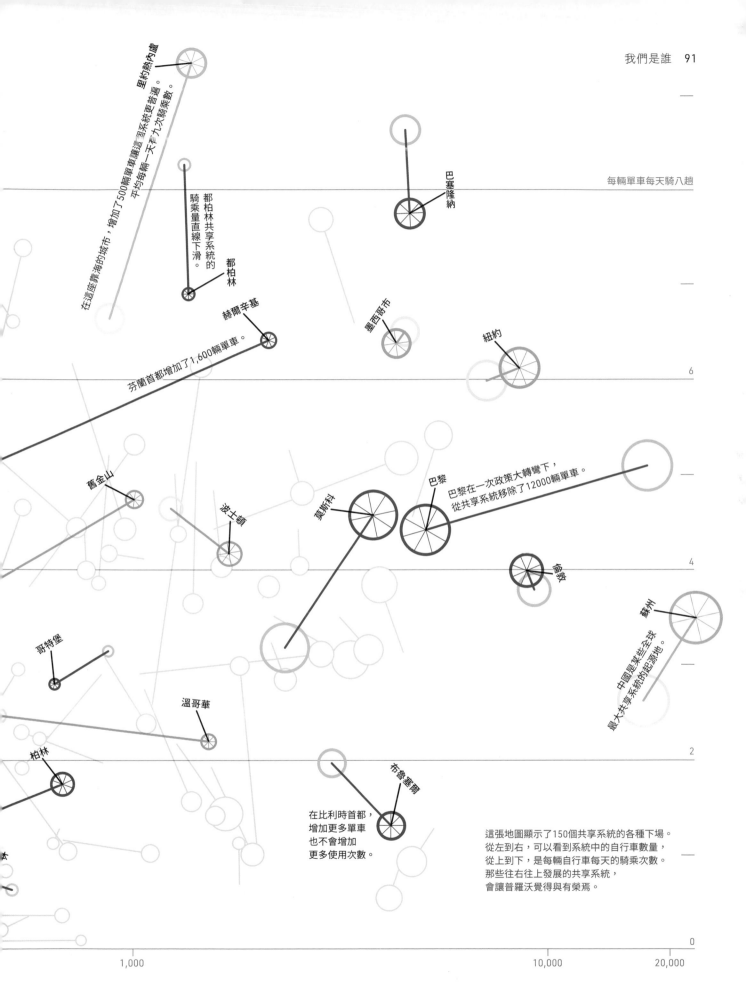

每輛單車每天騎八趟

里約熱內盧

在這座靠海的城市，增加了500輛單車讓這套系統更普遍。平均每輛一天騎九次騎乘數。

都柏林共享系統的騎乘量直線下滑。

都柏林

巴塞隆納

赫爾辛基

芬蘭首都增加了1,600輛單車。

墨西哥市

紐約

6

舊金山

波士頓

莫斯科

巴黎

巴黎在一次政策大轉彎下，從共享系統移除了12000輛單車。

4

渝

蘇州

哥特堡

中國是某些全球最大共享系統的起源地。

溫哥華

2

柏林

布魯塞爾

在比利時首都，增加更多單車也不會增加更多使用次數。

這張地圖顯示了150個共享系統的各種下場。
從左到右，可以看到系統中的自行車數量，
從上到下，是每輛自行車每天的騎乘次數。
那些往右往上發展的共享系統，
會讓普羅沃覺得與有榮焉。

1,000

10,000

20,000

0

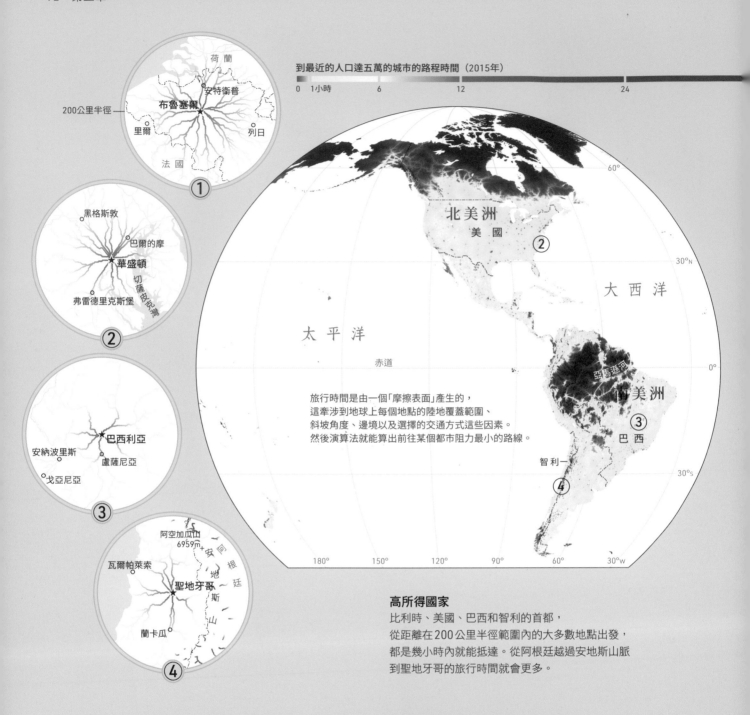

到最近的人口達五萬的城市的路程時間（2015年）

0　1小時　　　6　　　12　　　24

①
荷蘭
安特衛普
布魯塞爾
200公里半徑 ——
里爾
列日
法國

②
黑格斯敦
巴爾的摩
華盛頓
切薩皮克灣
弗雷德里克斯堡

③
巴西利亞
安納波里斯
盧薩尼亞
戈亞尼亞

④
阿空加瓜山
6959m
安阿
地根
斯廷
瓦爾帕萊索
聖地牙哥
山脈
蘭卡瓜

北美洲
美國
②
60°
30°N

太平洋

赤道

旅行時間是由一個「摩擦表面」產生的，
這牽涉到地球上每個地點的陸地覆蓋範圍、
斜坡角度、邊境以及選擇的交通方式這些因素。
然後演算法就能算出前往某個都市阻力最小的路線。

大西洋

亞馬遜河
南美洲
③
巴西

智利
④
0°
30°S

180°　150°　120°　90°　60°　30°w

高所得國家
比利時、美國、巴西和智利的首都，
從距離在200公里半徑範圍內的大多數地點出發，
都是幾小時內就能抵達。從阿根廷越過安地斯山脈
到聖地牙哥的旅行時間就會更多。

發達的交通網路
鄰近程度的最佳量測標準是時間，而不是距離。

隨著電話會議取代長途移動，很難不同意許多宣稱「地理終結」和「距離之死」的未來主義者的觀點。不過，如果你生活在距離學校、市場和醫療機構需要花一天多路程的地方，可能就不這麼認為了。這些地圖呈現了地球上一些最偏遠的地區，從這些地區，到至少有五萬人的最近城市的路程，可能得花上幾天，而不是幾小時或幾分鐘而已。上圖紫色

資料來源：WEISS ET AL. (2018)

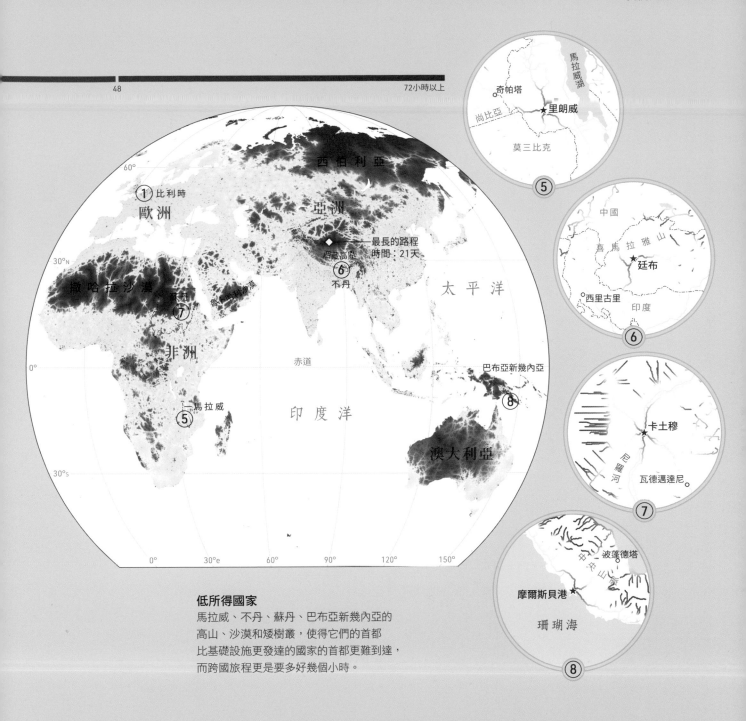

48　　　　　　　　　　　　72小時以上

⑤

奇帕塔　尚比亞　★里朗威　馬拉威湖　莫三比克

⑥

中國　喜馬拉雅山　★廷布　西里古里　印度

⑦

★卡土穆　尼羅河　瓦德邁達尼

⑧

波蓬德塔　摩爾斯貝港★　珊瑚海

西伯利亞　歐洲　①比利時　亞洲　撒哈拉沙漠　蘇丹　⑦　非洲　西藏高原　最長的路程　時間：21天　⑥　不丹　太平洋　赤道　印度洋　巴布亞新幾內亞　⑧　馬拉威　⑤　澳大利亞

60°　30°N　0°　30°S　0°　30°e　60°　90°　120°　150°

低所得國家
馬拉威、不丹、蘇丹、巴布亞新幾內亞的
高山、沙漠和矮樹叢，使得它們的首都
比基礎設施更發達的國家的首都更難到達，
而跨國旅程更是要多好幾個小時。

和橘色對應的是偏遠地區，包括撒哈拉沙漠、亞馬遜河流域、西伯利亞、澳大利亞內陸和喜馬拉雅山；在西藏的某個地方，是要步行二十天加上從最近的城市拉薩開一天的車。（航空旅行和高速鐵路基本上是連結大城市的，所以沒有考慮在內，因為要使用這些交通方式，你可能已經在市區內了。）

高所得國家有91%的人口住在距離城市一小時路程以內的地方，低所得國家只有51%的人口是如此。這個統計資料，反映了在城市地區更有可能存在取得服務方面的差異。研究人員是從橫跨52個國家、近200萬筆調查結果，創建了這些地圖背後的模型，他們還發現，「接近城市」與家戶財富、教育與醫療保健之間存在明顯的相關性。換句話說，如果你可以找到工作、上學和看醫生，幸福就會改善。

許多國家正在使用行動電話技術來跨越舊的障礙。
在過去十年中，奈及利亞已經從
擁有100萬個啟用的固網電話用戶，
變成今天擁有1.8億個行動電話話用戶。

非 洲

撒 哈 拉 沙 漠

歐 洲

亞 洲

印 度 洋

澳 大 利 亞

約翰尼斯堡
拉哥斯
奈及利亞
奈羅比
開羅
倫敦
杜拜
德黑蘭
莫斯科
西伯利亞大鐵路
孟買
印度
新德里
中國
烏蘭巴托
北京
香港
上海
日本
東京
新加坡
雅加達
雪梨
奧克蘭

俄羅斯
中國
朝 鮮
鴨綠江
平壤
非軍事區
首爾
韓 國
濟州島
日 本

0 100公里

我們用一個開放的、群眾外包的
網絡基礎設施資料庫，繪製出這張地圖。
雖然不夠全面，卻也確實說明了地緣政治現實。
在韓國那一行列出了五十萬個「細胞」呢？二十個。
至於在它北方的威權鄰國呢？二十個。
手機在朝鮮變得更常見了，但是價格很昂貴，
而且無法和外面更廣闊的世界聯繫。

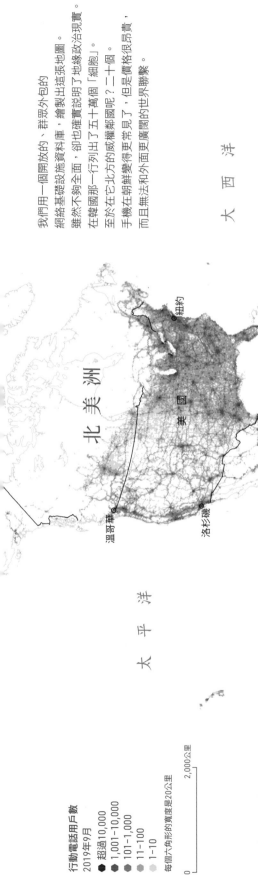

行動電話用戶數
2019年9月
● 超過10,000
● 1,001–10,000
● 101–1,000
● 11–100
● 1–10

每個六角形的寬度是20公里

0　　　2,000公里

大西洋

太平洋

北美洲

南美洲

美國

溫哥華
洛杉磯
墨西哥市
紐約
聖胡安
波哥大
聖保羅
布宜諾斯艾利斯

安地斯山
泛美公路

連通性之河

有些地區的資訊流動要比其他地區多。

每當你在照片設定地標、重新整理天氣應用程式或叫車時，你的電
子裝置不需要靠衛星就能知道你的位置。它可以根據附近手機基地台
的相對信號強度，來確定你在哪裡。它偵測到的基地台愈多、你的位
置就愈準確（而且你的連線綠強度愈強）。把視野拉遠到看到全球範圍，
就可看到這個無形網絡蜿蜒曲不規則的輪廓。

這張地圖上的微小彩色六邊形，代表一個地區內不同數量的行動電
話連結點（或稱之為「細胞」）。美國有超過600萬個這種細胞。似乎反
映出每條道路、城鎮和城市都有（可翻頁仔細看看特寫圖）。日本、印度
和西歐等人口稠密的地方，也是同樣的情況。在其他地區，網路分布
不均等的現象比比皆是：沿著西伯利亞大鐵路和泛美高速公路的覆蓋範
圍運河；奈羅比、拉各斯和約翰尼斯堡的湧泉，為非洲的數位革命提
供了動力；中國的數位流動是斷斷續續的；而朝鮮共和國則是把這條
河完全堵死了，只是不知道能堵多久。

資料來源：MOZILLA LOCATION SERVICE

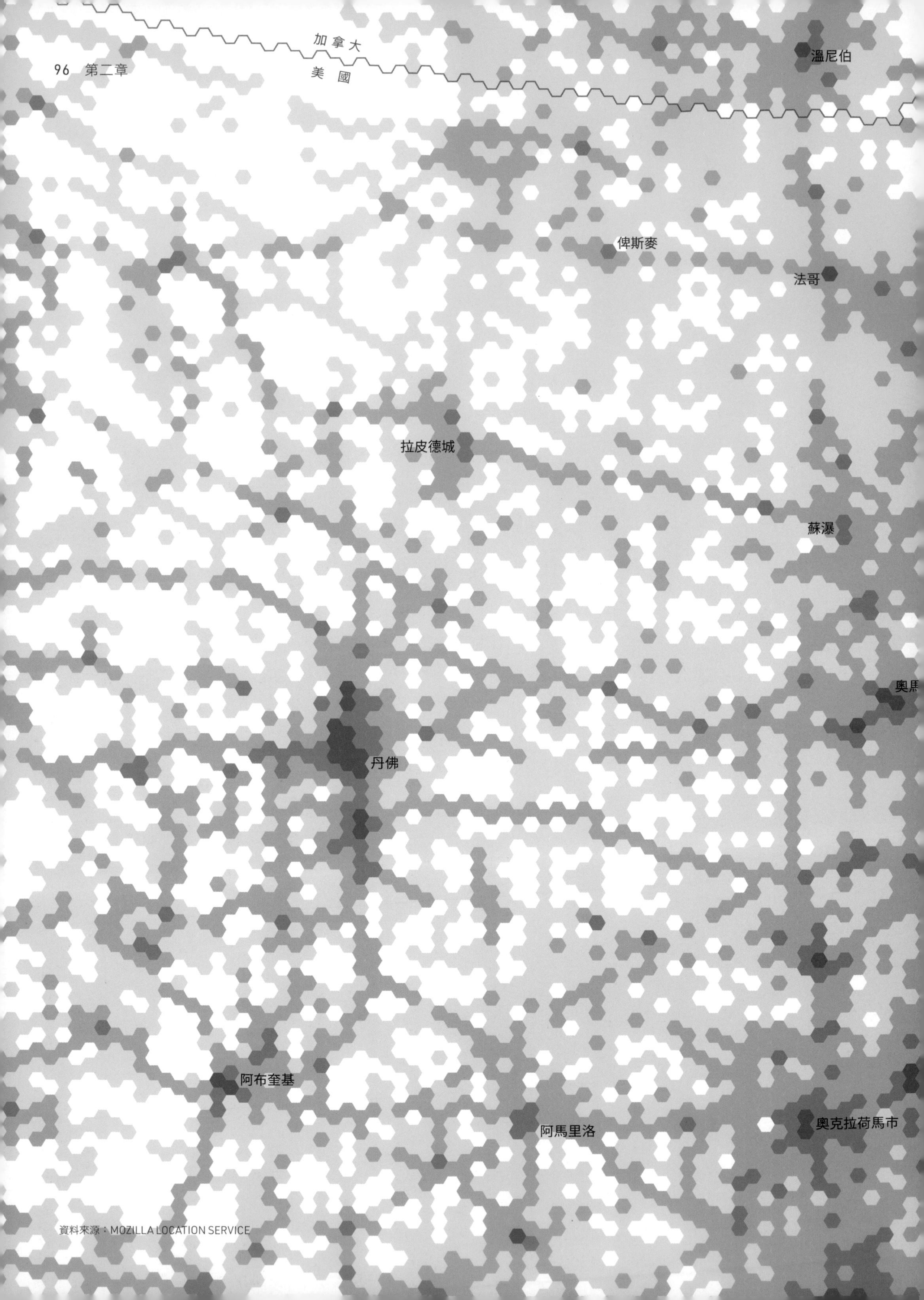
加拿大
美國
溫尼伯
俾斯麥
法哥
拉皮德城
蘇瀑
奧馬
丹佛
阿布奎基
阿馬里洛
奧克拉荷馬市

資料來源：MOZILLA LOCATION SERVICE

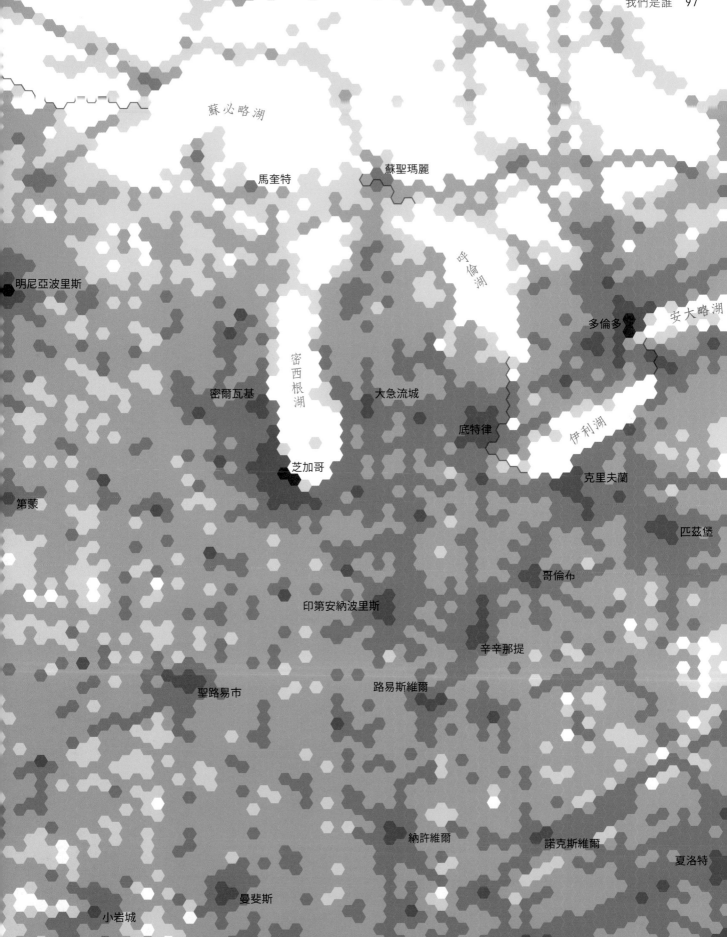

章魚花園

網路存在於海底。

　　1969年10月29日，加州大學洛杉磯分校的一名年輕程式設計員，試圖連線到350英里外史丹佛研究所的另一台電腦。他才打下「login」的前兩個字母，系統就當掉了。儘管如此，這兩個按鍵編碼的資料已經上路往北傳到帕羅奧圖，在史書裡留下了紀錄：它是經由電腦網絡傳送的第一條訊息。

　　這些最初的位元組沿著電話線銅線以每秒50 kb的容量傳輸。以這樣的速度，在當年稍晚首次發行的披頭四熱門單曲〈Come Together〉，需要22分鐘才能下載完。預見到聯結日益頻繁的地球日後將需要傳輸更多數據，電信商開始建設更快速的線路。今天，幾乎我們在網路上所做的所有事情，都是經由海底穿梭在各大洲之間的400根光纖纜線完成的。最長的SEA-ME-WE 3（右圖紅色部分）連接了東南亞、中東和西歐的33個國家。傳輸速度最快、每秒200 TB的電纜（紫色），可以把披頭四賣出的全部2.8億張唱片，在你讀完這句話的時間裡，從美國傳送到西班牙。

　　海底領域現在由科技巨頭Google、Facebook、微軟和亞馬遜統治，大部分的海底電纜傳輸流量是在為這些公司服務的，隨著愈來愈多的人和設備連上網路，可以預期這樣的趨向會增加。Facebook正在協助出資鋪設一條電纜（黃色），該電纜的總容量幾乎會是目前非洲在使用的所有海底電纜的三倍。完成之後，它會繞過好望角和非洲之角，然後繞回歐洲，再進入英國海域，一起服務其他十億人。

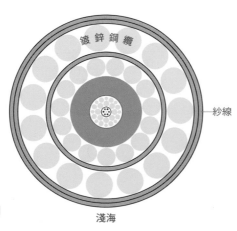

不同種類海底電纜的實際尺寸

銅　光纖　深海

鍍鋅鋼纜　紗線　淺海

為了防止海水的腐蝕作用，
深海光纜中的纖細光纖採用鋼、銅
與塑料製造的護套。
鍍鋅纜線和浸過焦油的紗線，
則為淺水區的電纜提供額外的保護。

太平洋

●━○ SEA-ME-WE 3（2000）
●━○ MAREA（2017）
○━○ 2AFRICA（已規劃）

其他依年分鋪設的海纜
── 1989-2014
── 2015-2020

這張投影圖的比例尺會變動

從維吉尼亞海灘到畢爾包
的直線距離約6050公里

資料來源：TELEGEOGRAPHY; CARTER ET AL. (2009)

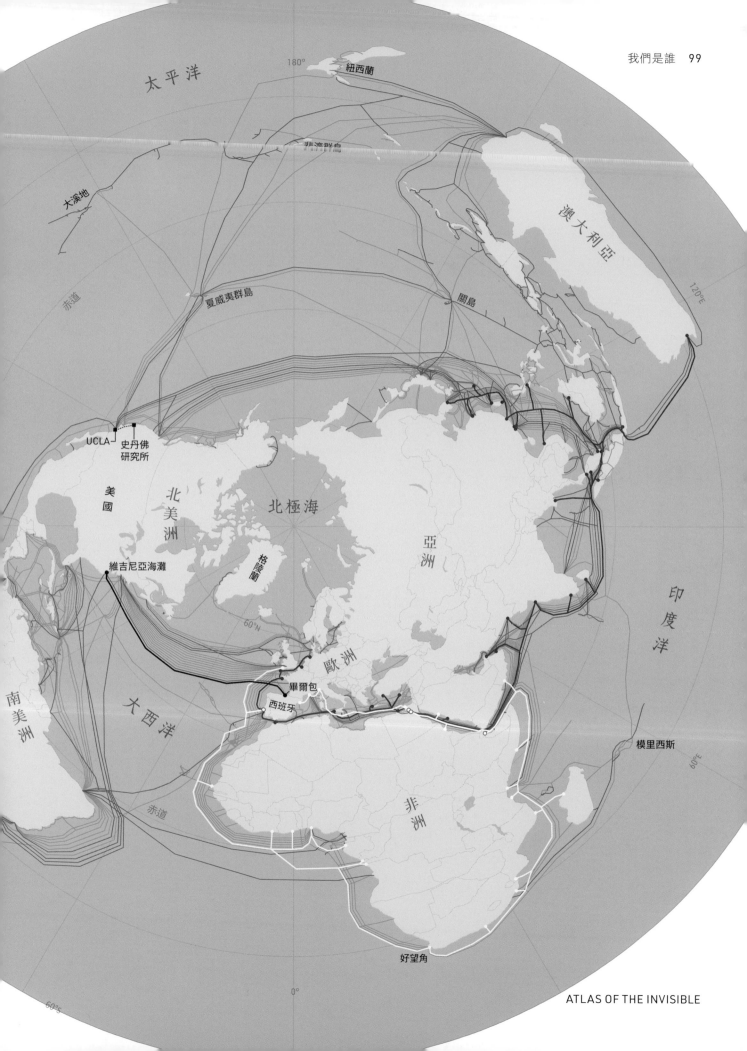

太平洋

紐西蘭

180°

非洲群島

大溪地

澳大利亞

赤道

夏威夷群島

關島

120°E

UCLA

史丹佛
研究所

美國

北
美
洲

北極海

亞
洲

印
度
洋

格陵蘭

維吉尼亞海灘

60°N

歐洲

南
美
洲

大
西
洋

畢爾包

西班牙

模里西斯

60°E

非
洲

赤道

好望角

0°

60°S

我們表現得怎麼樣
HOW WE'RE DOING

我曾經認為世人想要了解真相是不言自明的，如果費盡心思的
去追求近乎準確的真相，世人會很樂意支持這樣的付出。
　　　　——摘自 W・E・B・杜波依斯 1940 年的自傳，《黎明的黃昏》(*Dusk of Dawn*)

對權力說真話

長期以來，大家一直認為，地圖提供了一種權威性的世界觀。

因此，有資源製作地圖的人就時常藉此來鞏固自己的優勢。

就算只是粗略研究過資料收集與製圖的歷史，也會發現

以前的製圖師的錯誤、偏見、不公和歧視等，至今還困擾著我們的地圖。

所有大陸都被加上線條和標籤來宣告所有權；所有民族也被納入。

從帝國主義到任性無知，從渴望獲得的土地到預期的風暴路徑，例子比比皆是。

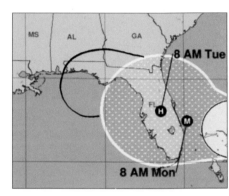

2019年9月，美國總統改動了一張地圖，堅稱颶風多里安可能會走向他所說的地方。

　　當然，單就地圖本身而言，並沒有實權能做什麼。只有在人們按照地圖行動時，它才算有用處。法國哲學家布魯諾‧拉圖爾（Bruno Latour）把地圖的影響力比喻為像是「某人說服其他人接受某種說法、把這種說法傳出去、讓這個說法更像事實的方式」。他用一則和法國探險家拉彼魯茲伯爵讓－弗朗索瓦‧德‧加洛（Jean-François de Galaup）有關的軼事，來說明這一點，拉彼魯茲伯爵在1785年被路易十六派遣到遠東，以繪製該地區更完善的地圖。1787年8月，拉彼魯茲伯爵在俄羅斯東海岸、現今的庫頁島登陸，並詢問當地人他是否到了一座島或是半島上。一名老人在沙地上畫了一幅地圖。對老人來說，這幅圖顯然不怎麼重要，因為馬上就會被海水沖掉。然而，拉彼魯茲伯爵看法不同。他的任務是把資訊送回法國，讓國內可以攤開地圖討論該帝國擴張的問題。雖然拉彼魯茲伯爵再也沒回到法國，不過他的航海日誌送回了法國。日誌裡所記載的「發現」出現在1798年的一張地圖上，該地圖確實呈現了那個地區明確的樣貌，其中包括現在被稱為拉彼魯茲海峽（La Pérouse Strait）的地區（亦稱宗谷海峽）。

　　對於當權者來說，地圖是所有權文件，可以像在玩全球性的大富翁遊戲那樣交易地產。從1884年11月到1885年2月，歐洲列強齊聚在柏林，互相承認各自宣稱在非洲的主權（如右圖）。這種自行劃地為王的傲慢行徑，為非洲大陸接下來的幾世紀裡下了衝突的種子。其中一個就是奈及利亞和喀麥隆的邊界爭端，直到2006年才得到解決。英國外交官寶納樂爵士（Sir Claude Macdonald）曾經向皇家地理學會講述了邊界起源的故事：「在當時，我們只是拿了一支藍色鉛筆和一支尺，在舊卡拉巴爾（Old Calabar）下筆，往上畫一條藍線到約拉（Yola）。」約拉在往內陸415英里的地方。寶納樂回憶說，和統領該地區的埃米爾（穆斯林國家的統治者）會面時，他心裡想：「他不曉得我已經用藍色鉛筆畫了一條線穿過他的領土，這樣子非常好。」

資料來源：MICHAEL REYNOLDS/EPA-EFE/SHUTTERSTOCK (HURRICANE); DEUTSCHES HISTORISCHES MUSEUM

美國喬治亞州亞特蘭大市150個黑人家庭的收入與支出

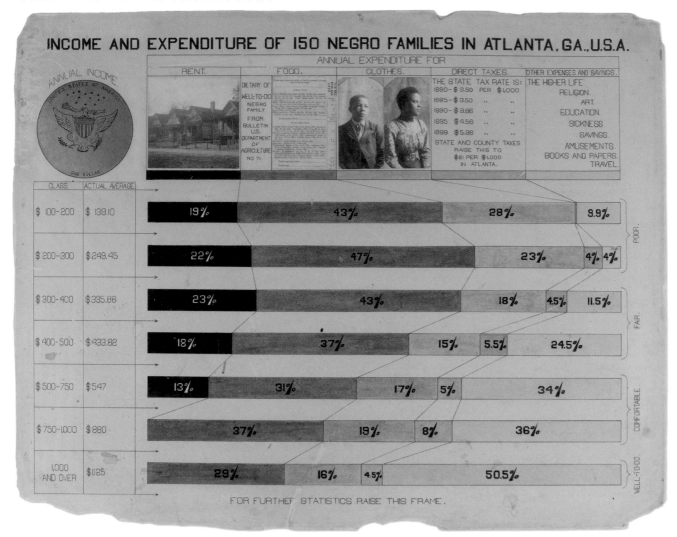

當殖民主義者在輪番講述他們怎麼製造分裂的故事，非裔美國社會學家先驅、民權運動者杜波依斯（W.E.B. Du Bois）正在努力消除它們。從政治和商業到知識分子和社交生活等等，在社會的各個方面幾乎都被一分為二，他看到了佛瑞德里克·道格拉斯（Frederick Douglass）曾經稱之為「膚色線」的東西——一種把黑人和白人生活分開的社會學結構。在他1903年的辯論文章《黑人的靈魂》（*The Souls of Black Folk*）中，杜波依斯評述道：「幾乎在每個南方社區都能夠在地圖上繪製出一條真正的膚色線，其中一邊是白人，另一邊是黑人。」

掌權者幾乎只對白人社區的前途感興趣，而他們的地圖也如實反映了這一點。通常在繪製黑人社區的地圖時，目的是要進一步邊緣化他們。黑人社區被認為是犯罪區，不值得研究——這種感知框架最終會導致隔離、畫紅線區（一種經濟歧視的作法，如右圖）和重新分區政策（參見第128-129頁）。

杜波依斯不這麼認為。他希望透過細膩的統計分析來呈現黑人社區，從而使白

在1900年巴黎世界博覽會上，杜波依斯展出了一系列地圖和資料圖，這張圖表是其展覽的一部分，依照社會階級細分了來自喬治亞州亞特蘭大市的150個黑人家庭的開支。食物是貧困家庭最大的支出，而「富人」則是把一半的收入花在過「更高級的生活」上。

人族群受益，受到芝加哥赫爾館地圖啟發（參見第69頁），他親自詢問了八千名住在費城的人，製作出一份充滿地圖、名為《費城黑人》（The Philadelphia Negro）的報告。這份報告在1899年出版，其目的是要呈現非裔美國人的地理分布、職業和家庭生活，以及「最重要的，是他們和數百萬白人同胞公民的關係」。他的信念是「對於（非裔美國人的）這些狀況我們不能再用猜的，我們必須去了解。」

　　天有不測風雲，人有旦夕禍福。1899年春天，喬治亞州的一名男子山姆‧霍斯（Sam Hose）遭一群暴徒追捕。霍斯承認因為自衛而殺死了他的雇主，但否認了強姦指控。由於案件的全部事實仍然不確定，並且喧囂的暴徒愈來愈多，杜波依斯試圖藉由為《亞特蘭大憲法報》寫一篇「謹慎且合理的聲明」讓事態降溫。他在交稿的路上聽聞霍斯被抓到並處以私刑，而且有人在販售他燒焦的屍體的一部分。杜波依斯因為震驚而當場打消念頭。從那一刻起，他開始堅信，單憑統計數據不足以改變白人的想法：

此後有兩個考量影響了我的工作，而且最後打亂了它：第一，在黑人被處以私刑、殺害和挨餓時，人們沒有辦法成為沉著、冷靜和超然的科學家；第二，我曾經很有把握地認為，社會不久之後就會需要我在做的那種科學著作，實則不然。我曾經認為世人想要了解真相是不言自明的，如果費盡心思的去追求近乎準確的真相，世人會很樂意支持這樣的付出。當然，這只不過是年輕人的理想主義，絕不是錯誤的，但也絕不是普遍正確的。

「其解藥，」他總結道，「不僅是要告訴人們真相，還要誘導他們根據事實行事。」杜波依斯開始在他的著作裡加入了社會運動的優點，一年後，他在1900年巴黎世界博覽會上，憑著他製作的一系列關於跨越膚色線生活的地圖和資料圖，獲得了金牌（參見左圖）。這是個得之不易的成就：

在經費拮据、時間有限，而且沒有什麼人看好的情況下，要準確地依照膚色，完成這五十多張圖表的細節，是非常困難的。我在完成之前都飽受神經衰弱之苦，而且剩下沒多少錢可以買船票前往巴黎，也沒有小屋可以賣掉換錢。但如果我不去那裡，展覽就功虧一簣了。所以在最後一刻，我買了客輪票價最低的統艙的船票，過去擺設好作品。

一市界

紅線（經濟歧視）
一社區

北區

西區

里　奇　蒙

扇區

東區

市中心
維吉尼亞州
議會大廈

南區

曼徹斯特

與城市環境相比，
夏季平均溫度的差異，
2014-2017年

+2℉
無差異
-2℉

0　　　　　　3公里

像許多美國城市一樣，
在維吉尼亞州的里奇蒙，
實際上的「膚色線」
以畫紅線區的幌子存在著。
1930年代，美國政府
把城市地區的投資風險
從「最佳」到「危險」分級。
有色人種社區的風險評分
不成比例的落在「危險」級別。
白人社區可以申請興建公園，
而黑人社區則成為興建
吸熱高速公路、倉庫
和國民住宅的地方。
到了今日，缺乏綠色植物
導致夏季氣溫升高
和健康風險更高。

資料來源：RICHMOND DIGITAL SCHOLARSHIP LAB; NASA LANDSAT (TEMPERATURES)

隨著聲望愈來愈大，杜波依斯從美國勞工局獲得了資金，得以投入他認為是他「最好的社會學著作」，這是在1906年一項對阿拉巴馬州一個實施種族隔離的郡所做的研究，阿拉巴馬以前是蓄奴州，在制度上剝奪了黑人的權利。儘管「在該郡的某些地方受到生命威脅」，但杜波依斯和他的人手為了顧及「勞動力的分布；房東與房客的關係；政治組織、家庭生活和人口分布」，還是調查了六千多個家庭。提交最終報告後，杜波依斯詢問何時會發表。結果讓他大失所望，他被告知因為「涉及政治問題」所以不會發表。勞工局的主管階層已經換了人。他們不是把調查結果封存起來，而是銷毀了唯一的一份報告。

在一個計畫被隱藏起來時，另一個計畫逐漸獲得能見度。美國記者艾達・貝爾・韋爾斯（Ida B. Wells）認知到輿論的作用，以及改變輿論的證據的影響力，一直在收集資料來證明私刑是有遵循膚色界線的。她最早發表的相關文章是1892年的〈南方的恐怖：所有時期的私刑法〉（Southern Horrors: Lynch Law in All Its Phases），然後是1895年的〈血紅記錄〉（Red Record）──這些作品的出色之處在於，它把私刑問題視為一個全國性問題，而不是一連串的獨立事件。當地法律是不夠的；這種規模的不公義需要聯邦等級的行動。

1909年韋爾斯於全國黑人會議（National Negro Conference）上發表演說，其間提出了一個明確、資料導向的論點：

> 從1899年到1908年這最近十年裡，被私刑處死的有959人。其中102人是白人，而有色人種受害者有857人……年復一年，有統計數字發表，有會議在舉行，有通過決議，但私刑仍在繼續。公眾情緒確實顯著降低了暴民法的影響力，但是……唯一確定的補救措施是訴諸法律。必須讓違法者知道人的生命是神聖的，而且這個國家的每個公民其身分首先是美國公民，其次才是他所屬的州的州民。

在一年之內，「全國黑人會議」變成了「全國有色人種進步協會」（NAACP），韋爾斯和杜波依斯是創始成員。有了資料為助力，他們開始為反私刑立法進行大規模的遊說工作，而且很快找到了密蘇里州國會議員李奧尼達斯・C・戴爾（Leonidas C. Dyer）這個盟友，後者接受了NAACP成員亞伯特・E・皮爾斯伯里（Albert E. Pillsbury）起草的法案。看到資料證明私刑沒有止息的跡象，戴爾邀請NAACP分享他們最近的數據，好為他主張的「有必要加以立法」的論點背書。

這項法案在委員會裡擱置了多年，最後在1922年1月提交眾議院。（反對反私刑法案的）南方民主黨人試圖逃離眾議院以妨礙投票，但議長下令鎖門，並派軍隊士官去尋找那些失蹤的人。旁聽席聚集了數百名渴望見證歷史的非裔美國人。在整個議程期間，認為聯邦政府不應該介入阻止私刑的那些國會議員，在議場上

◆

年復一年，
有統計數字發表，
有會議在舉行，
有通過決議，
但**私刑**仍在繼續。
公眾情緒確實
顯著降低了
暴民法的影響力，
但是……唯一確定
的補救措施
是訴諸**法律**。

各地理分區遭受私刑的人數
1889-1918年

南部
2,834

北部
219

西部
156

阿拉斯加
與其他
15

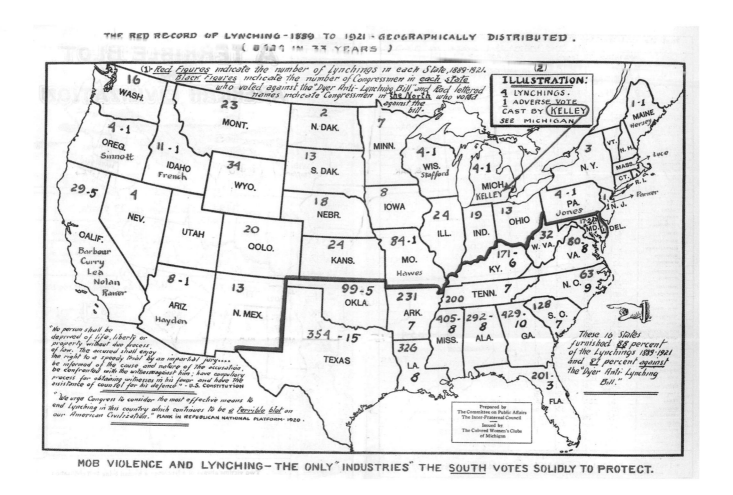

嘲諷立場相反的人士，但這些議員愈來愈絕望、論點也愈來愈站不住腳。當該法案最後以231票比119票通過時，歡呼聲響徹整個會議廳。終於，非裔美國人的聲音被聽到了。

　　這樣的興奮很快變成了沮喪。儘管哈定總統全力支持該法案，但南方民主黨的議員在它要通過成為法律之前，就在參議院把它擋下了。當時，NAACP在一則廣告裡表示，美國未能把私刑視為違法是「美國的恥辱」。這種恥辱一直存在。自1900年以來，已經有近兩百次嘗試立法通過反私刑。2018年，《私刑受害者正義法案》最終在參議院獲得通過，只不過共和黨控制的眾議院無視它。民主黨在奪回眾議院優勢之後，在2020年2月再次嘗試闖關。這一次，共和黨領導的參議院又沒有作為。也許大家會覺得很震驚，不過在二十一世紀的美國，私刑依舊不算是聯邦罪行。

　　儘管不斷有人次試圖抹殺掉杜波依斯和韋爾斯的作品──包括對杜波依斯進行聯邦調查（其報告的結論是：（a）他「沒有說過自己是共產主義者」和（b）「他這些付出的主要目的是改善有色人種的地位」）──現在大家普遍認為，杜波依

1921年，密西根州的有色人種婦女團體製作了上圖，顯示每個州的私刑數量（紅色），以及投票反對一項禁止私刑法案的國會議員人數（黑色）。然而，儘管南方的反對者是失敗的部分原因，但該團體關注的不是這些人，而是北方個別的少數人，他們用和私刑處死人數同樣的紅色字體來點名這些人。

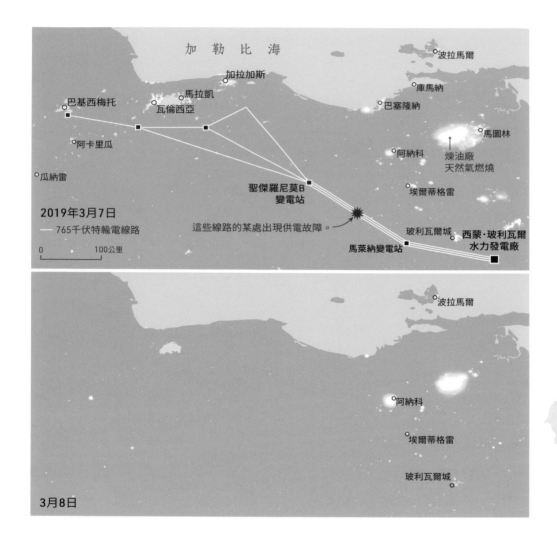

加 勒 比 海

波拉馬爾

加拉加斯

庫馬納

馬拉凱

巴基西梅托

巴塞隆納

瓦倫西亞

阿卡里瓜

馬圖林

煉油廠
天然氣燃燒

阿納科

瓜納雷

埃爾蒂格雷

2019年3月7日
—— 765千伏特輪電線路

聖傑羅尼莫B
變電站

這些線路的某處出現供電故障。

0   100公里

玻利瓦爾城

**西蒙‧玻利瓦爾
水力發電廠**

馬萊納變電站

波拉馬爾

阿納科

埃爾蒂格雷

3月8日

玻利瓦爾城

★加拉加斯

委 內 瑞 拉

地圖區域

斯是現代社會學的奠基人。他創新的資料圖表和最近被數位化的論文,持續啟發新的讀者。韋爾斯是個不屈不撓的資料新聞學記者,她遺留的作品持續獲得更多讚譽。儘管她在1931年過世時,沒有得到全國媒體同行重視,不過最後終於在2018年以《紐約時報》刊登的訃告,為它們可恥的漠視做出彌補。2020年,韋爾斯因為她「出色而勇敢的報導」而獲得追授普利茲獎。

現今,由於數位工具普及,我們得以不用「面對生命威脅」蒐集與傳播資料。例如,多虧了眾包飛行追蹤網站ADS-B Exchange,使得在每次的「黑人的命也是命」抗議活動(Black Lives Matter)中,Buzzfeed不需要為了追蹤軍用直升機在頭頂盤旋的位置,而每次都派記者到現場。同樣的,任何人若需要研究在美國被警察槍殺的人數(2020年每天近三人),都可以查閱《華盛頓郵報》的免費線上資料庫。甚至衛星也可以讓政府承擔責任,像委內瑞拉電力網出現故障(如上圖)那次那樣。

這只是開端。資料開放運動已經讓大家看到無窮無盡可供挖掘的故事礦脈。阿根廷報紙《國家報》(La Nación)藉著把一名政府司機筆記本裡的手寫細節,和線上公共紀錄連結起來,揭露了一起牽連甚廣、涉及數十名官員的賄賂醜聞,其中

2019年3月7日,委內瑞拉的西蒙玻利瓦(Simón Bolívar)水力發電廠高壓電線路發生故障,造成停電,導致該國大部分地區停電好幾天。衛星圖像顯示在停電前各都市發出光線的樣子(上圖),和一天後陷入黑暗的樣子(下圖)。

資料來源:NASA-NOAA SUOMI-NPP VIIRS

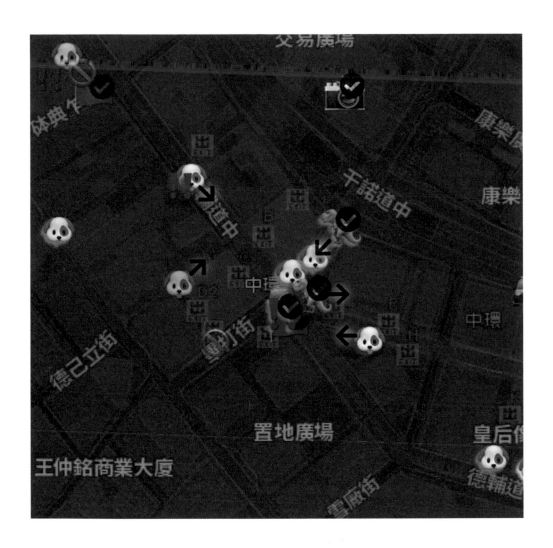

還包括一位前總統。在新冠肺炎大流行初期，英國《金融時報》的資料組開始發布每日曲線圖，顯示哪些國家疫情正趨於平緩、哪些國家還沒，而變成全球爭相效法的對象。

　　科技也能讓公民比較容易更有效率地組織起來。2010年代初，在手機和社群媒體的助攻下，北非和中東掀起了一波示威潮，造成當地政府垮台。十年後，香港的示威者使用以表情符號為主的線上地圖，實時傳送警力的位置（上圖）。中國政府亟欲關閉該應用程式，這證明了它的影響力，也提醒了人們科技無法取代權力。

　　資料視覺化可以成為民主的重要盟友，因為它把資訊整合組織過；地圖和圖形匯集了各不相同的事實，把它們變成令人難忘、有能力改變大眾輿論的圖案。在這一章裡，我們調查了幸福感、無償勞動與汙染程度這些方面的不平等。我們揭露人類同胞生命受到驅逐、性別為主的暴力，以及未爆彈所威脅的地方。然而，就像韋爾斯和杜波依斯所發現到的，只憑藉地圖並不能糾正錯誤。這就是為什麼，我們針對印度女性發起史上規模空前的和平示威活動，特地做了一篇專文。要對強權說真話，人們需要「根據實情行動」。

2019年8月，
香港發布了一張眾包地圖，
以幫助示威者實時預測
和回應警察的行動。
在混亂的街道上，
表情符號表達得更清楚：
狗和恐龍符號代表
警察和戰術小隊出現了；
驚嘆號代表大叫危險。

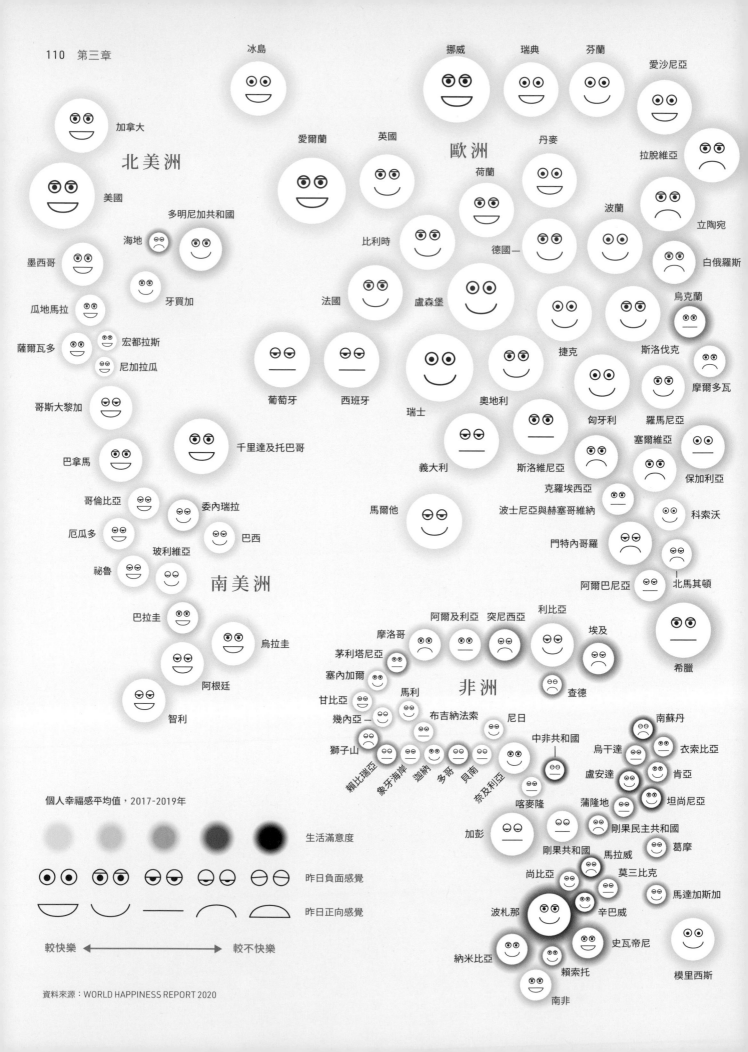

冰島

挪威　瑞典　芬蘭

愛沙尼亞

加拿大

北美洲

愛爾蘭　英國

歐洲

丹麥

拉脫維亞

美國

荷蘭

波蘭

多明尼加共和國

立陶宛

墨西哥

海地

比利時

德國一

白俄羅斯

牙買加

烏克蘭

瓜地馬拉

法國　盧森堡

捷克　斯洛伐克

薩爾瓦多　宏都拉斯

摩爾多瓦

尼加拉瓜

葡萄牙　西班牙

瑞士　奧地利

匈牙利　羅馬尼亞

哥斯大黎加

塞爾維亞

千里達及托巴哥

義大利　斯洛維尼亞

保加利亞

巴拿馬

克羅埃西亞

哥倫比亞　委內瑞拉

波士尼亞與赫塞哥維納

科索沃

厄瓜多　巴西

門特內哥羅

玻利維亞

馬爾他

祕魯

南美洲

阿爾巴尼亞　北馬其頓

巴拉圭

利比亞

烏拉圭

阿爾及利亞　突尼西亞

埃及

摩洛哥

希臘

茅利塔尼亞

阿根廷

塞內加爾

非洲

智利

甘比亞

馬利

查德

幾內亞一

布吉納法索

尼日

南蘇丹

中非共和國

烏干達　衣索比亞

獅子山

盧安達　肯亞

賴比瑞亞

象牙海岸　迦納　多哥　貝南

喀麥隆

蒲隆地　坦尚尼亞

奈及利亞

剛果民主共和國

加彭

葛摩

剛果共和國　馬拉威

尚比亞

莫三比克

波札那

辛巴威

馬達加斯加

史瓦帝尼

納米比亞　賴索托

模里西斯

南非

個人幸福感平均值，2017-2019年

生活滿意度

昨日負面感覺

昨日正向感覺

較快樂 ←———————→ 較不快樂

資料來源：WORLD HAPPINESS REPORT 2020

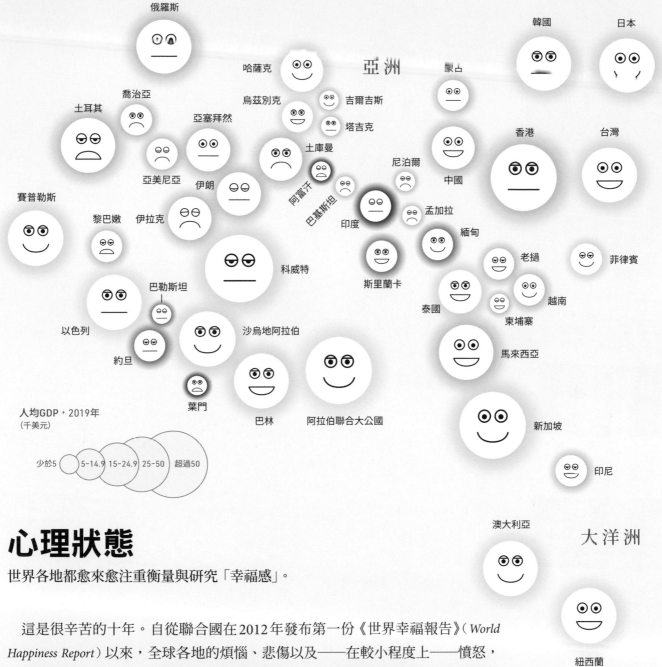

心理狀態

世界各地都愈來愈注重衡量與研究「幸福感」。

　　這是很辛苦的十年。自從聯合國在2012年發布第一份《世界幸福報告》（World Happiness Report）以來，全球各地的煩惱、悲傷以及——在較小程度上——憤怒，一直在穩定升高。每年，研究人員都會詢問一百五十多個國家的個人，請他們對自己的生活進行評分，其中最高的分數代表可能的最好的生活，最低的分數代表可能的最差的生活。他們還會詢問受訪者，在前一天的大部分時間裡是否感到幸福、歡笑、享受或負面情緒。在這張地圖上，我們把每個國家在三年裡平均的回覆分數，連結上不同的表情特徵，並根據人均收入來決定人頭的大小。人頭較大通常更快樂，正反映出收入好壞想當然耳會關係到生活滿意度。例如，繁榮的斯堪地納維亞半島，比人口稠密的南亞有更高的生活滿意度。在其他地方，自2008年金融危機以來，東歐的心情有所好轉，而阿富汗、印度、葉門和許多非洲南部國家，因經濟、政治和社會的壓力，而呈現愁雲慘霧的紫色。

這份報告顯示，較低的收入拉低了整體前景，不過自由程度與包容程度是比較適當的正面情緒預測指標。至於負面情緒，那些生活在自由和值得信賴的社會，擁有朋友和親戚的生活安全網的人，比較不會擔心。

護照檢查

有些國家的旅行文件遠比其他國家的更有用。

　　公元前445年，波斯國王阿爾塔薛西斯（Artaxerxes）派他信任的助手尼希米（Nehemiah）帶著一份不尋常的文件前往耶路撒冷。這文件是一封「安全通行證」，請求能夠安全通過該地區。如果是在現在，尼希米要嘗試從伊朗前去以色列，他可能走不了多遠。沿途各國——伊拉克、約旦和以色列——的政府要求伊朗護照持有人要事先取得簽證。

　　為了比較二十一世紀的旅行證件，我們使用了193個國家和六個地區的簽證要求資料庫，把截至2018年的護照從最有效力到最沒效力、從最不好客到最熱情友好的國家，排列做成圖表。圓圈大小由GDP決定。來自較富裕國家的公民，往往更容易到他國旅行（參見圖表的上部），而較貧窮的國家通常較熱情友好客（最右邊）。有時候，一個國家的開放度的分數，比較大的程度是受官僚體系因素影響，而非熱情好客的程度。例如，阿爾及利亞（位於右圖左下角）打算引入電子簽證，但是還沒有實施。

　　在新冠肺炎大流行之前，新加坡的護照優於德國，是效力最高的護照。持有該國護照者，可以自由前往166個國家。新加坡也是相當熱情好客的國家，它允許162個國家的旅客毋須事先申請許可就可前往該國。阿富汗只有對30個國家開放自由通行，而且沒有國家允許該國護照可以免簽證入境；該國在這兩項指標中排名都是墊底。

北美洲　歐洲　亞洲
非洲
南美洲　澳大利亞

資料來源：PASSPORT INDEX; INTERNATIONAL MONETARY FUND (GDP DATA)

公民可以自由前往166個國家旅行

美國
澳大利亞

100
75
50
25

○ 無資料

依照購買力平價計算的人均GDP，2018（千元國際元）

○ 非洲
○ 亞洲
○ 歐洲
○ 北美洲
○ 南美洲
○ 大洋洲

俄羅斯

護照效力

150

↑ 較易前往旅遊
↓ 較難前往旅遊

100

沙烏地阿拉伯　諾魯　中國

古巴　蒙古

不丹　獅子山

阿爾及利亞　幾內亞

土庫曼　馬利

50

(A)

朝鮮　埃及利亞
利比亞　葉門
蘇丹
敘利亞
伊拉克　巴基斯坦

阿富汗

(A) 非洲10國

蒲隆地
喀麥隆
中非共和國
查德
剛果共和國
剛果民主共和國
赤道幾內亞
厄利垂亞
賴比瑞亞
南蘇丹

公民無法自由出國旅行

沒有國家能未經事先許可而到訪

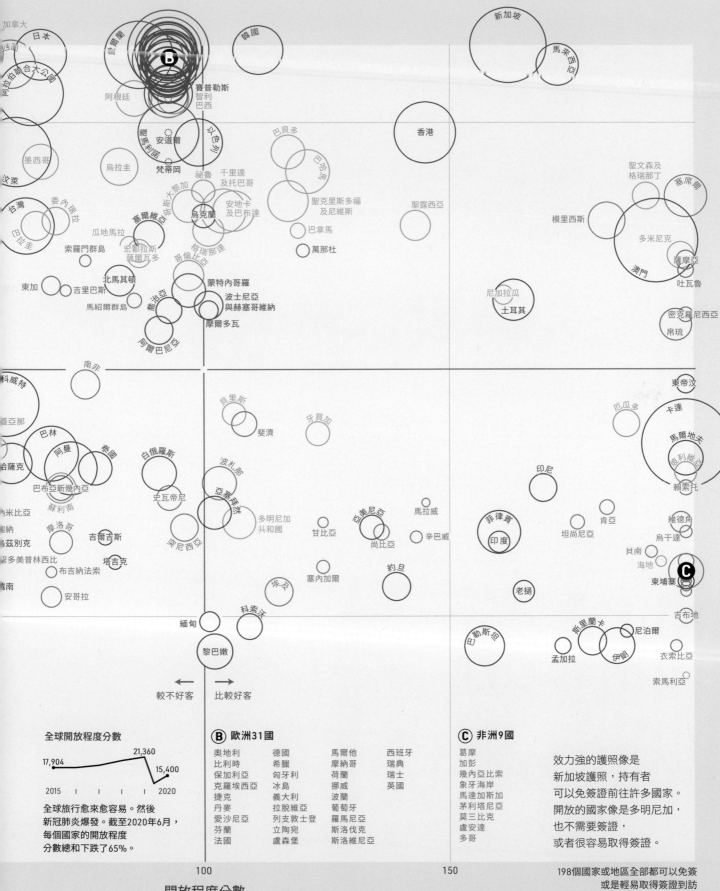

加拿大
日本
阿拉伯聯合大公國
訊爾蘭
阿根廷
賽普勒斯
智利
巴西
韓國
聖馬利諾
安道爾
以色列
梵蒂岡
烏拉圭
墨西哥
汶萊
巴貝多
巴哈馬
香港
新加坡
馬來西亞
聖文森及格瑞那丁
塞席爾
模里西斯
多米尼克
台灣
委內瑞拉
巴拉圭
索羅門群島
瓜地馬拉
塞爾維亞
烏克蘭
千里達及托巴哥
安地卡及巴布達
聖克里斯多福及尼維斯
巴拿馬
萬那杜
聖露西亞
薩摩亞
澳門
吐瓦魯
密克羅尼西亞
帛琉
北馬其頓
蒙特內哥羅
尼加拉瓜
土耳其
東加
吉里巴斯
馬紹爾群島
哥倫比亞
格瑞那達
波士尼亞與赫塞哥維納
摩爾多瓦
阿爾巴尼亞
東帝汶
南非
科威特
蓋亞那
貝里斯
牙買加
斐濟
尼瓜
卡達
馬爾地夫
玻利維亞
賴索托
巴林
阿曼
泰國
白俄羅斯
波札那
亞塞拜然
印尼
肯亞
維德角
烏干達
巴布亞新幾內亞
蘇利南
史瓦帝尼
多明尼加共和國
亞美尼亞
馬拉威
菲律賓
坦尚尼亞
納米比亞
摩洛哥
吉爾吉斯
突尼西亞
甘比亞
尚比亞
辛巴威
印度
貝南
海地
哥
聖多美普林西比
塔吉克
老撾
柬埔寨
越南
布吉納法索
吉布地
安哥拉
科索沃
埃及
塞內加爾
約旦
斯里蘭卡
尼泊爾
緬甸
巴勒斯坦
孟加拉
伊朗
衣索比亞
黎巴嫩
索馬利亞

← 較不好客　比較好客 →

全球開放程度分數

17,904　21,360　15,400

2015　　2020

全球旅行愈來愈容易。然後新冠肺炎爆發。截至2020年6月，每個國家的開放程度分數總和下跌了65%。

B 歐洲31國

奧地利	德國	馬爾他	西班牙
比利時	希臘	摩納哥	瑞典
保加利亞	匈牙利	荷蘭	瑞士
克羅埃西亞	冰島	挪威	英國
捷克	義大利	波蘭	
丹麥	拉脫維亞	葡萄牙	
愛沙尼亞	列支敦士登	羅馬尼亞	
芬蘭	立陶宛	斯洛伐克	
法國	盧森堡	斯洛維尼亞	

C 非洲9國

葛摩
加彭
幾內亞比索
象牙海岸
馬達加斯加
茅利塔尼亞
莫三比克
盧安達
多哥

效力強的護照像是新加坡護照，持有者可以免簽證前往許多國家。開放的國家像是多明尼加，也不需要簽證，或者很容易取得簽證。

100　　　　　150

開放程度分數

198個國家或地區全部都可以免簽或是輕易取得簽證到訪

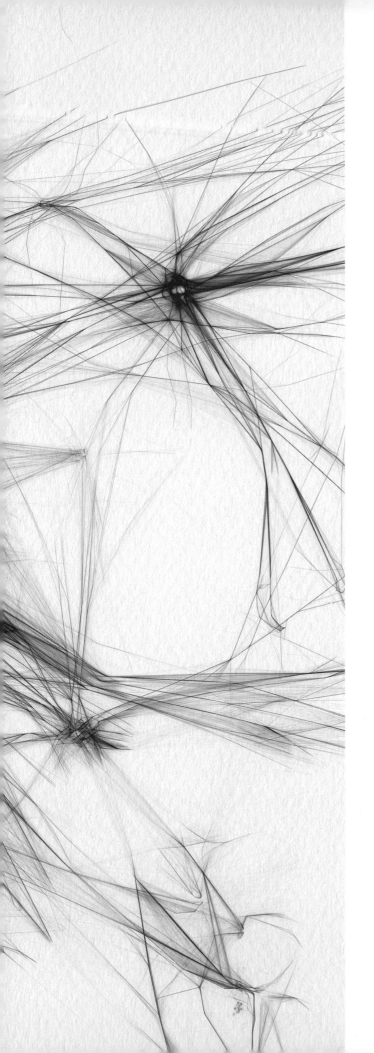

頭頂上的碳足跡

頭頂上有個我們看不到的飛機尾氣網。

　　當我們仰望藍天，看到一架銀色飛機拖著一條白色羽毛狀的尾巴時，會覺得航空旅行似乎沒什麼壞處，甚至還蠻賞心悅目的。然而一個更黑暗的事實正在浮現。搭機飛行，是一個人所能選擇的碳濃度數一數二的交通選項。每一名乘客搭乘飛機往返大西洋兩岸一趟，對大氣造成的負擔，相當於兩年以食肉為主的飲食、八年沒有進行回收利用，或四輪生命週期的塑膠袋。令情況變本加厲的是，在大多數客機飛行的高度，那些排放出來的水蒸氣氣流和溫室氣體會保存熱量，這會讓飛機碳排放的暖化效應加倍。科學家在這幾十年來已經知道這個狀況。直到最近，旅行者才開始注意到這些影響有多嚴重。

　　近年來，瑞典氣候活動家格蕾塔・通貝里（Greta Thunberg）推廣了「以搭飛機為恥」（flygskam）這個詞，期望促使人們覺得內疚而選擇更環保的作法，例如搭火車旅行或採用電話會議。到目前為止，這做法仍然有用。2019 年，瑞典機場的搭機人數有下降，而該國鐵路的乘客人數則創下新高。一個新詞也開始流行起來：「我搭火車我驕傲」（tagskyrt）。

這張地圖描繪了
在歐洲上空一週的航班。
從倫敦到伊斯坦堡的
回程航班，排放的二氧化碳
比許多國家一般公民
一年的排放量還要多——
這還不包括飛機凝結尾
的加倍效應。

由於這些飛行路線是由
地面上的接收器記錄的，
所以一旦飛機飛出範圍，
這些線就會變淡。

資料來源：ADS-B EXCHANGE

ATLAS OF THE INVISIBLE

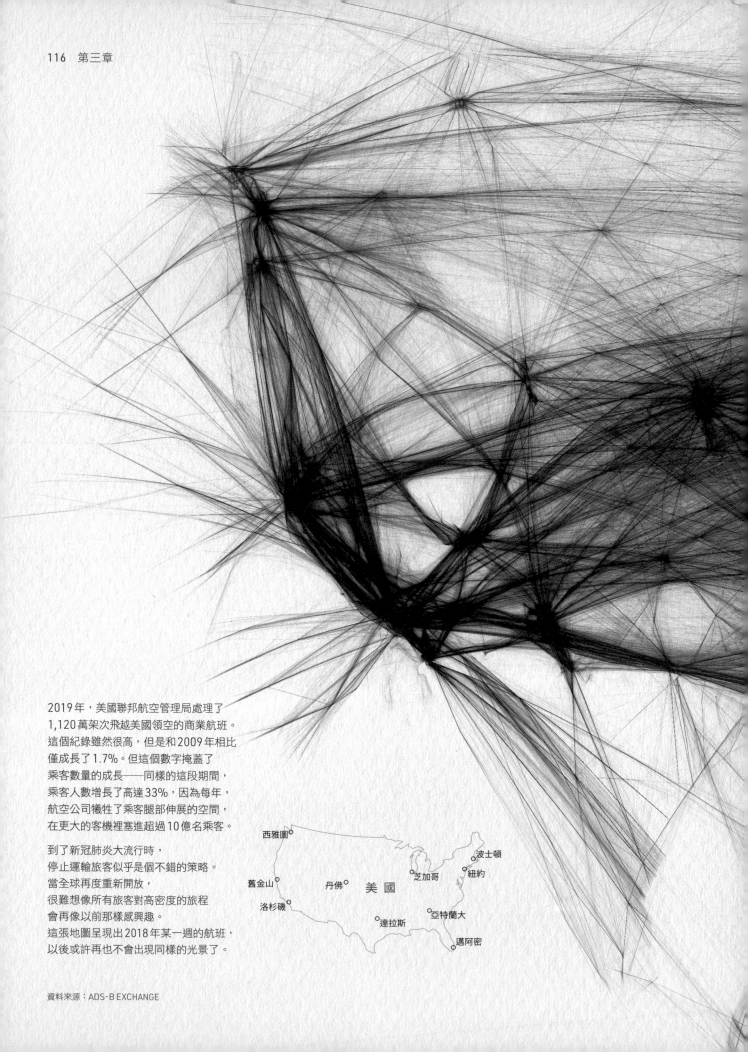

2019年，美國聯邦航空管理局處理了
1,120萬架次飛越美國領空的商業航班。
這個紀錄雖然很高，但是和2009年相比
僅成長了1.7%。但這個數字掩蓋了
乘客數量的成長——同樣的這段期間，
乘客人數增長了高達33%，因為每年，
航空公司犧牲了乘客腿部伸展的空間，
在更大的客機裡塞進超過10億名乘客。

到了新冠肺炎大流行時，
停止運輸旅客似乎是個不錯的策略。
當全球再度重新開放，
很難想像所有旅客對高密度的旅程
會再像以前那樣感興趣。
這張地圖呈現出2018年某一週的航班，
以後或許再也不會出現同樣的光景了。

西雅圖

波士頓

芝加哥
紐約

舊金山　　丹佛　美 國

洛杉磯
亞特蘭大

達拉斯

邁阿密

資料來源：ADS-B EXCHANGE

二氧化氮濃度

2019年7月25日，格林威治標準時間正午

30e⁻⁵莫耳／平方米
25
20
15

灰濛濛的夏季天空通常代表
有空氣汙染。在這裡，
我們展示了2019年北歐
最暖的一天的二氧化氮氣流。

10

5

此投影圖的比例尺會有變化

從馬德里到巴格達的
直線距離約為4,300公里。

挪威
瑞典
芬蘭
愛沙尼亞
拉脫維
立陶宛
波羅的海
柯尼斯堡
(俄羅斯)
波蘭
英國
北海
丹麥
愛爾蘭
曼徹斯特
華沙
伯明翰
荷蘭
柏林
倫敦
阿姆斯特丹
德國
維斯瓦河
布魯塞爾
比利時
杜塞道夫
法蘭克福
布拉格
捷克
英吉利海峽
萊茵河
斯洛伐克
歐
大　西　洋
巴黎
盧森堡
多瑙河
維也納
奧地利
匈牙利
羅馬
法　國
瑞士
阿爾卑斯山
斯洛維尼亞
貝爾格勒
米蘭
克羅埃西亞
塞爾維亞
波赫
葡萄牙
蒙特內哥羅
科索沃
保加利
馬德里
馬賽
義
里斯本
巴塞隆納
羅馬
北馬其頓
阿爾巴尼亞
西　班　牙
大
那不勒斯
利
希　臘
雅典
直布羅陀(英國)
卡薩布蘭加
阿爾及耳
突尼斯
地
摩洛哥
中
海
突尼西亞
的黎波里
阿　爾　及　利　亞
茅利塔尼亞
利比亞
非
洲
馬利
撒
哈
拉
尼日
查德

資料來源：COPERNICUS SENTINEL-5

讓空汙一覽無遺

衛星幫我們看清楚自己吸進了什麼東西。

　　2015年，空氣汙染據估造成了890萬人死亡，其中光是歐洲就占了79萬人。這些數字裡包括致命的支氣管炎、哮喘和肺功能下降病例。地形和天氣會讓事態變得更嚴重。例如，阿爾卑斯山會造成工業汙染物在義大利北部聚積；馬賽需要有風來吹散遊輪上的煙霧；而高氣壓可能會使都市的廢氣在英國上空盤旋不散。

　　雖然我們的肉眼可能很難看見這種威脅，不過並沒有忽視它。2018年，歐盟委員會控訴英國、法國、德國、匈牙利、義大利和羅馬尼亞一再違反法定二氧化氮濃度，而且沒有實施可靠的減量排放計畫。歐洲太空總署的對流層監測儀（Tropospheric Monitoring Instrument; Tropomi）提供了輔助監測。自從2017年以來，它對全球每日大氣中的二氧化氮、二氧化硫和微粒濃度的讀數，提供了從煙囪和運輸大量湧出的化學物質的清晰視圖。在地區層級上，Tropomi可以協助預測空氣品質最毒、不適合做戶外運動的時間。其更廣的視野讓高汙染的行業和政府無所遁形。

莫斯科
俄羅斯
白俄羅斯
頓河
烏克蘭
伏爾加河
頓涅茨克
摩爾多瓦
黑海
裏海
高加索山脈
喬治亞
亞塞拜然
亞美尼亞
伊斯坦堡
土耳其
埃爾比勒
底格里斯河
敘利亞
伊朗
巴格達
伊拉克
尼科西亞
塞浦路斯
貝魯特
大馬士革
黎巴嫩
幼發拉底河
科威特城
科威特
特拉維夫
以色列
安曼
約旦
波斯灣
達曼
開羅
沙烏地阿拉伯
利雅德
埃及
紅海
尼羅河
阿卜杜拉國王金融城
吉達
蘇丹

儘管在這張地圖上，中東的油田是汙染程度最嚴重的地區（深褐色色塊），但阿姆斯特丹和倫敦之間那些有害物質的痕跡，很大程度上是航空旅行造成的。

往印度 →

安達曼群島
(印度)

布萊爾港

曼谷

柬埔寨

緬甸

奧拉山
1,813m

金邊

湄公河

胡志明

越南

2010年，
每平方米排放克數

0 ————————— 2,000

2005-2016年，
每年每平方公里閃電次數

0 ————————— 17

0 ————————— 250公里

尼科巴群島
(印度)

泰國

泰國灣

馬來西亞

塔哈山
2,187m

往斯里蘭卡，非洲，歐洲 →

安達曼海

麻六甲海峽

班達亞齊

阿邦阿邦山
2,985m

棉蘭

★ 吉隆坡

印度洋

新加坡

蘇門答臘

巴東

電流

船隻的航線不只擾動大海，也會攪動天空。

葛林芝火山
3,805m

巨港

　　閃電不會打在同一個地方兩次？在麻六甲海峽，閃電可能
經常打在同一個地方兩次。這條水路從蘇門答臘島北端延伸到
新加坡市，也是世界上相當繁忙的航道。華盛頓大學和美國太空
總署的研究人員認為這並不是巧合。

　　當水滴和冰晶在雷雨雲中碰撞時，就會產生閃電。每次碰撞都會
產生靜電荷。當這些靜電累積起來，雲就變成了一個巨大的電池，
以突然發出閃電來釋放電能。大家都知道，暴風雨雲會聚集在山區
和其他自然地形上方。但是現在看來，人類可能也會有影響。水滴
會附著在船隻排出的廢氣的氣溶膠上，並凝聚成雲。更多的水滴代
表有更多的電荷，會產生更多閃電。不斷通過麻六甲海峽進入印度
洋的船隻，為研究人員提供了一個獨特的機會，能夠更了解氣溶膠
在風暴生成過程裡的作用。他們表示，氣溶膠排放量增加，很可能
已經造成某些地區形成了更多閃電。這對人類的生命財產、以及大
氣成分與氣候，都有影響。

班達楠榜

喀拉喀托火山

雅加

資料來源：NASA GHRC DAAC (LIGHTNING); EUROPEAN COMMISSION EDGAR (POLLUTION)

往中國→　往日本↗

南中國海

錫布延海

菲律賓

怡朗

加拉杏火山　宿霧市
2,435m

保和海

巴拉望島

蘇祿海

民答那峨島

三寶顏市

達沃

阿波火山
2,954m

京那巴魯山
4,095m

蘇祿群島
（菲律賓）

斯里巴加萬港

汶萊

西里伯斯海

塔拉卡恩

馬來西亞

古晉

卡普阿斯河

婆羅洲

哥隆塔洛

武吉拉雅山
2,278m

沙馬林達

巴里巴伴

托米尼灣

望加錫海峽

麻六甲海

帕盧

蘇拉威西島

布魯島

蘭特孔博拉山
3,478m

爪哇海

巴里巴里

望加錫

澤勒邁火山
3,078m

印　　　尼

默拉皮火山
2,911m

泗水

爪哇島

峇里海

弗洛勒斯海

往玻里尼西亞→

峇里島

松巴哇島

弗洛勒斯島

帝利

東帝汶

松巴島

帝汶島

古邦

往澳大利亞↓

超細微顆粒物質暴露 (PM2.5)
2019年4月2-17日

2019年4月上旬，北風
把這家工廠排出的顆粒物質
吹到上面圖片裡的1到3號
感測器。在4月17日，
風向反過來，造成4號感測器
的數值突然飆高。

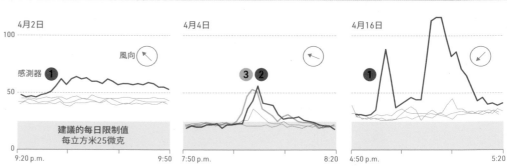

資料來源：CAMEO.TW; BING (SATELLITE IMAGE)

超細微顆粒
物質暴露 (PM2.5)
2019年2月

70 µg/m³

35
25 — 日平均*
10 — 年平均*
0
*WHO上限

桃園　　　基隆
台北
新竹
92 µg/m³

左上圖區域

台灣

嘉義
市區

台南

高雄
278 µg/m³

監測空氣

在台灣，有數千個空氣品質感測器在監視著。

　　看著黃昏時分的城市天際線，你可能會看到霧霾籠罩的建築物。從遠處看，空氣汙染似乎是單一的一團氣體，以相同的程度影響著底下的居民。但有毒的物質總是會有變化的。在許多城市，盛行風把汙染物微粒吹到比較不富裕的地區，而較富裕社區的樹木和公園則會把天空中的碳吸走。一整天下來，也可能有很大的差異。在高峰時段，道路上充滿了霧霾，發電廠為了努力滿足用電需求，在夜間噴出更多煙霧。

　　為了密切注意特定社區的狀態，主管機關通常仰賴抽查和各行業自行回報。這麼一來想也知道，有很多問題都沒辦法查出來。近年來，台灣環保署在全國各地共安裝了九千個空氣品質感測器。演算法從它們連續的汙染讀數中，確認出高峰值並標記下來（即使這些汙染只持續幾分鐘），以供進一步調查。藉由加入其他指標，例如風向，環保署可以鎖定汙染源。2018年，台中市工業園區的一家裝瓶廠，因為謊報不正確的空氣汙染讀數，而且超過當地空汙標準，被環保署處以近八百萬美元的罰款。裁決後，該工廠花費了三百五十萬美元升級設備，為錯誤的做法洗白，也讓空氣乾淨些。

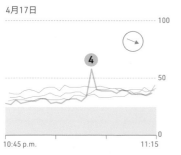

4月17日

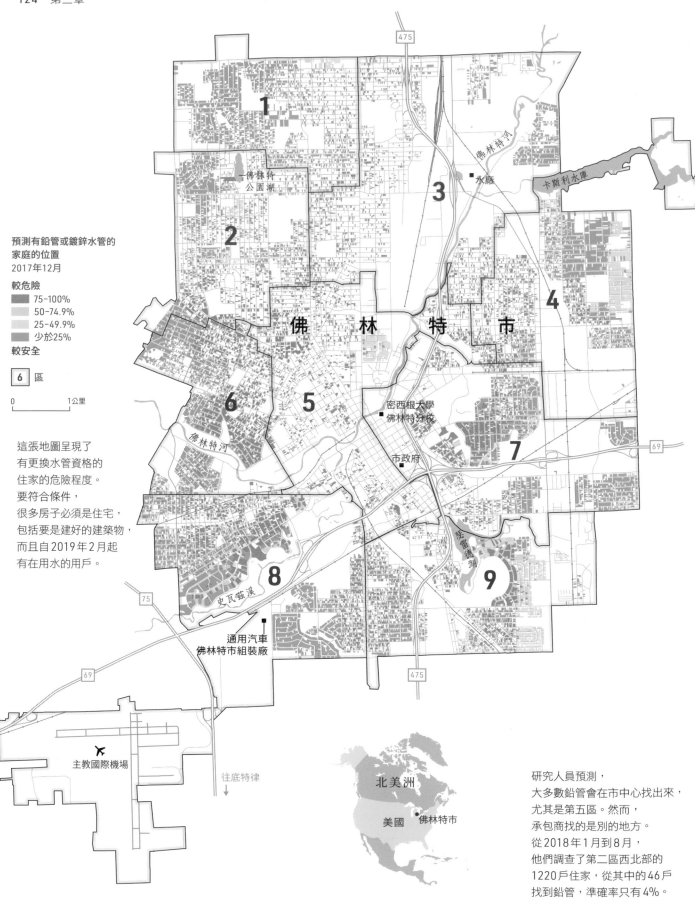

預測有鉛管或鍍鋅水管的
家庭的位置
2017年12月
較危險
75-100%
50-74.9%
25-49.9%
少於25%
較安全

6 區

0 —— 1公里

這張地圖呈現了
有更換水管資格的
住家的危險程度。
要符合條件,
很多房子必須是住宅,
包括要是建好的建築物,
而且自2019年2月起
有在用水的用戶。

北美洲

美國 ● 佛林特市

研究人員預測,
大多數鉛管會在市中心找出來,
尤其是第五區。然而,
承包商找的是別的地方。
從2018年1月到8月,
他們調查了第二區西北部的
1220戶住家,從其中的46戶
找到鉛管,準確率只有4%。

資料來源:JACOB ABERNETHY, ALEX CHOJNACKI, ARYA FARAHI, ERIC SCHWARTZ AND JARED WEBB, UNIVERSITY OF MICHIGAN

找出有問題的鉛管

解決佛林特市水質危機的關鍵，是相信資料，而不是無頭蒼蠅般地亂挖。

　　2014年4月，密西根州把佛林特市（Flint）的水源從休倫湖改為佛林特河，以節省經費。被數十年的工業廢水逕流酸化、未經處理過的水，開始腐蝕該市老舊的水管。居民們很快就注意到他們的水龍頭流出惡臭、褐色的水。一直到2015年9月，當時的測試證實，數百個家庭和兒童體內的鉛含量已達到「嚴重」程度，官員們卻還否認有這個問題。

　　密西根大學的電腦科學家提出了一個解決方案。在都市記錄員協助下，他們匯編了該市住家的屋齡與市值資料，並設計了一個模型，來預測哪些住家最有可能擁有鉛製或鍍鋅供水管。這些住家（左圖棕色部分）是研究人員建議優先檢查的地方。該市起初聽從了他們的建議，也非常成功的找出問題水管。但低風險地區（綠色部分）的居民也一直在要求更換新水管。因此在2017年末，市長聘請了一家國內企業來接手減低危害的工作，最後並命令他們挖掘任何還有在用水的住家，不管資料是怎樣。可以預見的結果是：挖愈多住家，發現的鉛管愈少。更換水管的有效成本飆升。了解到這一點之後，該市在2019年恢復了依照資料行動的模式。現在佛林特的每個家庭，都有安全的水管和乾淨的水可以飲用。

依照屋齡進行的開挖數量

2018年的做法

依資料行動的模型

1910　1950　2000

研究人員預測在1950年以前興建的住宅風險最高

開挖結果　■ 發現鉛管或鍍鋅水管　■ 發現安全材料

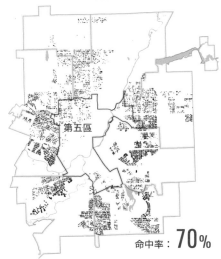

第五區

命中率：**70**%

2016年6月至2017年12月
密西根大學的模型預測了哪些住家處於危險之中。以模型為指導，有70%挖掘到了鉛管。

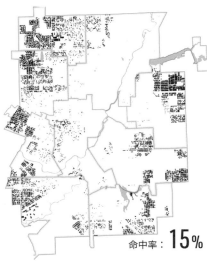

命中率：**15**%

2018年1月至2019年2月
迫於民眾壓力，該市在較富裕的外圍地區挖掘比較新的住家水管，事倍功半又勞民傷財。

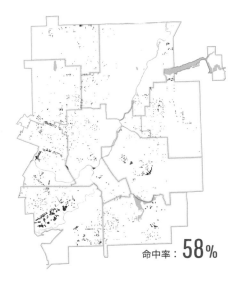

命中率：**58**%

2019年3月至9月
看到他們的成效不彰，該市恢復了依照資料行動的模式。到了2019年底，幾乎所有問題鉛管都已更換。

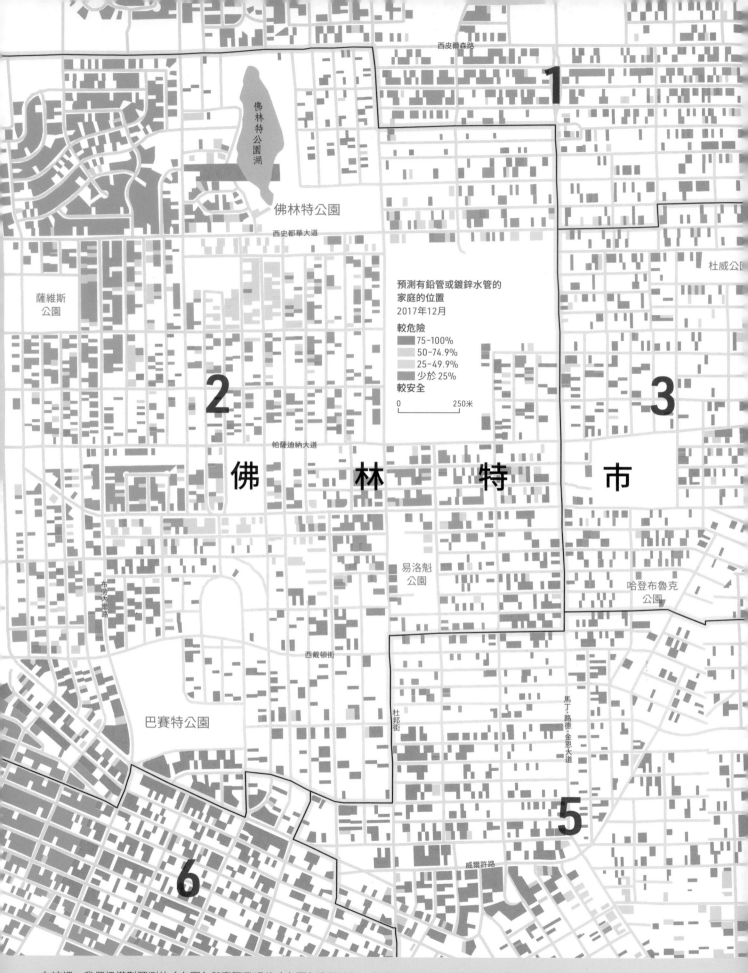

西皮爾森路

1

佛林特公園湖

佛林特公園

西史都華大道

薩維斯
公園

預測有鉛管或鍍鋅水管的
家庭的位置
2017年12月

較危險
75-100%
50-74.9%
25-49.9%
少於25%
較安全

0   250米

杜威公

2

3

佛　　林　　特　　市

帕薩迪納大道

市勞內爾路

易洛魁
公園

哈登布魯克
公園

西戴頓街

巴賽特公園

杜邦街

馬丁·路德·金恩大道

5

6

威爾許路

在這裡，我們把模型預測的（左圖）與實際發現的（右圖）進行比較。基礎設施老化並不是佛林特市獨有的問題。
所以市長們要注意了。當每一戶開挖更換水管的成本高達5,000美元時，依照資料去做是值得的。

開挖結果
2016年6月-2019年9月
■ 發現鉛管或鍍鋅管
■ 發現安全材料

佛林特
山園湖

馬克斯布蘭登
公園

1 英伍德（Inwood）

在2018年，該市在曼哈頓最後一個低收入者負擔得起的社區進行區域重劃時，該區居民反彈並獲勝。一名紐約的法官認同該市「未能認真審視」有些種族流離失所的風險，但七個月後，上訴法院推翻了這一決定，認為該市不必「對請願者提出的每個子問題照單全收」。

2 南布朗克斯

多年來，居民們一直在抵制房地產經紀人試圖用「SoBro」或「鋼琴區」等名稱來重塑該地區的名號。洋基體育館和福特漢姆大道（Fordham）之間的傑羅姆大道（Jerome Avenue）在2018年進行區域重劃之後，一些人認為該行政區會變成他們最害怕的地方：另一個布魯克林。

3 法拉盛（Flushing）

在2008年金融危機期間，美國銀行對放貸猶豫不決時，中國土地開發商開始投資這個以亞商族群為主的地段。在之後的十年內，法拉盛興建了3,075間公寓，使得該地房價中位數上漲了86%。

4 貝德福德-斯泰佛森特（Bed-Stuy）

這個歷史悠久的黑人社區，在2010年代出現了該市第四高的租金中位數，此外房價中位數也隨之升。自2000年以來，貝德福德-斯泰佛森特的人口結構，從黑人變成了白人的比例將近30%。

5 聖喬治（St. George）

史坦頓島的租金水準比其他行政區少，因此不太會受到仕紳化所影響。儘管如此，仍有許多人想方設法要取得北岸的土地，從曼哈頓可搭乘免費渡輪到達這裡。

紐約

右圖區域

↗ 約翰·F·甘迺迪
國際機場

北美洲
美國
●紐約

難以維持的條件

對於許多紐約人來說，土地開發就意味著要流離失所。

不要責怪咖啡店店員。早在倒出一杯大豆拿鐵之前，仕紳化的根就從上住下長出來了。官員進行區域重劃，銀行借出資金，土地開發商提高租金以償還這些貸款。租金穩定政策是有幫助，但是阻止不了房東想方設法逼迫居客離開。

房東施壓的一種方法是忽視。2018年，紐約市服務熱線在一星期內，就收到一萬一千通的住宅投訴電話，通常是投訴沒有暖氣或熱水。確認過的違規行為會加進資料庫，我們在此處使用了該資料庫來標記需要改進（橘色）或認為無法接受（紅色）的屬性。把這些地點疊加在高級的（藍色）、正在進行的（藍綠色）和可能的仕紳化（黃色）的人口普查區域上，顯示出居住條件和收入的密切關係。重新分區二十年之後，隨著仕紳化完成，長島市幾乎沒有紅色標記，而布魯克林到處都是藍綠色和黃色區塊。

有些事情必須改變。在2020年，市長辦公室開始重新考慮要在哪裡重新分區。其中一個提案，是在蘇活區（SoHo）和郝瓦納斯（Gowanus）等當富裕的白人居住區興建平價住宅。這是一種邀請人們入住、而不是把人趕走的方法。

貴族化 2016年
高級
正在進行
有潛力

出租等級 2019年3月
需要改進
無法接受

公共住宅

0　　　2里
　　　　2公里

資料來源：RENTLOGIC（GRADES）; URBAN DISPLACEMENT PROJECT（GENTRIFICATION）

冷漠的南方地區

美國氾濫的強制遷出，早在流行病疫情之前就存在。

要解決一個問題，了解其嚴重程度是有幫助的。這就是為什麼保留失業、疾病和其他社會弊病相關的統計資料，非常的重要。然而，就在過去十年裡，美國的研究人員才開始彙編全國有關法院下令遷出的資料。由於有許多州和郡的紀錄仍然不完整，這項工作還在持續進行。

根據普林斯頓大學「強制遷出實驗室」的資料，2016年至少有九十萬戶家庭被強制遷出，這裡所示的十個州有超過三分之一，法律往往有利於地主。這樣的苦惱困擾著都市裡各種住屋大小和租金範圍的租客。對黑人人口占多數的社區、家庭暴力的受害者以及有孩子的家庭尤其更不利，特別是有色人種的貧困婦女。就像強制遷出實驗室的創始人馬修‧戴斯蒙（Matthew Desmond）所說：「如果坐牢已經是貧困黑人社區出身的男性人生中的家常便飯，那麼這些社區出身的女性在人生裡被趕來趕去，也就見怪不怪了。」

幸運的是，新冠肺炎期間暫停強制遷出，讓一百多萬個家庭可以稍微喘口氣，但這並不代表威脅已經消失。要一直到薪資上漲、房租不再獅子大開口，需要住屋的人都買得起房子的時候，才有可能擺脫這種困境。住房補貼不僅能讓更多美國人留在家中，還能讓他們繼續工作和上學。

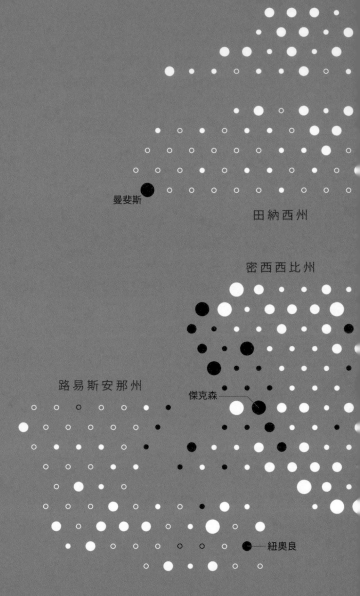

路易斯維爾

曼斐斯

田納西州

密西西比州

路易斯安那州

傑克森

紐奧良

最高強制遷出率，2016年

大城市		中等大小城市		小城市和鄉村地區	
南卡羅萊納州北查爾斯頓	16.5%	南卡羅萊納州聖安德魯斯	20.7%	密西根州羅賓‧格倫-印第安敦	40.7%
維吉尼亞州里奇蒙	11.4	維吉尼亞州彼得斯堡	17.6	密西根州西門羅	37.2
維吉尼亞州漢普頓	10.5	南卡羅萊納州佛羅倫薩	16.7	佛羅里達州家園基地	29.2
維吉尼亞州紐波特紐斯	10.2	維吉尼亞州霍普維爾	15.7	南卡羅萊納州東加夫尼	28.6
密西西比州傑克森	8.8	維吉尼亞州樸茨茅斯	15.1	密西根州狼湖	27.2
維吉尼亞州諾福克	8.7	喬治亞州里登	14.0	南卡羅萊納州應許之地	26.3
北卡羅萊納州格林斯伯勒	8.4	密西西比州霍恩湖	11.9	科羅拉多州安泰地產公司	26.0
南卡羅萊納州哥倫比亞	8.2	喬治亞州尤寧城	11.7	北卡羅萊納州福克蘭群島	25.7
密西根州沃倫	8.0	喬治亞州東點	11.3	印地安那州滑鐵盧	24.4
維吉尼亞州乞沙比克	7.9	南卡羅萊納州安德森	11.2	南卡羅萊納州拉德森	24.0

十分之一　　　　五分之一

資料來源：EVICTION LAB, PRINCETON UNIVERSITY

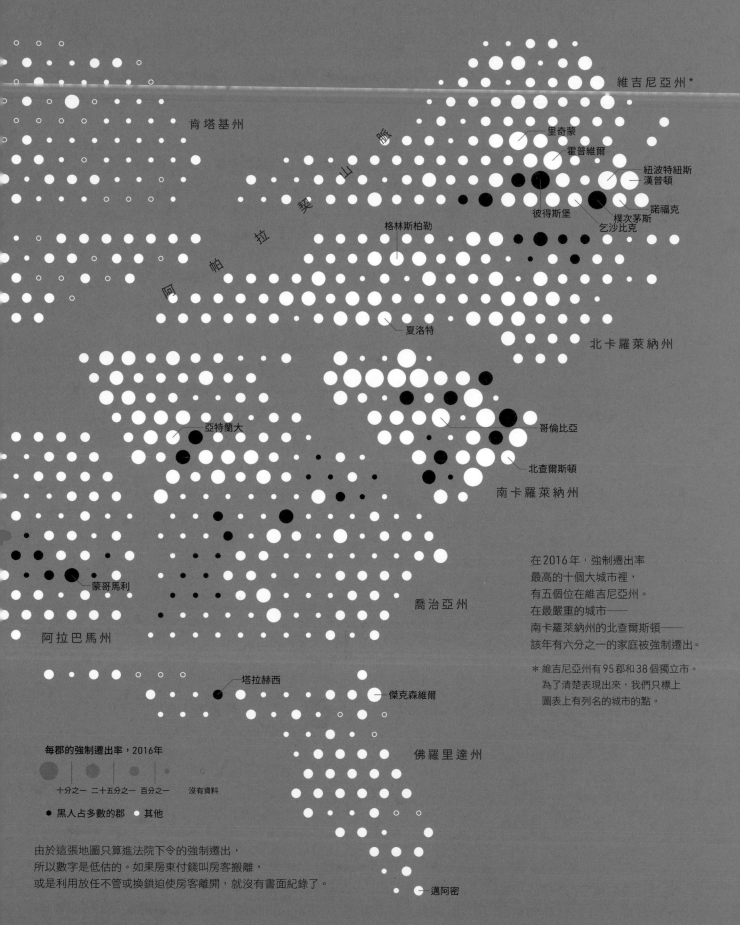

維吉尼亞州 *

肯塔基州

里奇蒙

霍普維爾

紐波特紐斯
漢普頓

彼得斯堡　　　　樸次茅斯　　諾福克
乞沙比克

格林斯柏勒

夏洛特

北卡羅萊納州

哥倫比亞

亞特蘭大

北查爾斯頓

南卡羅萊納州

蒙哥馬利

喬治亞州

阿拉巴馬州

在2016年，強制遷出率
最高的十個大城市裡，
有五個位在維吉尼亞州。
在最嚴重的城市——
南卡羅萊納州的北查爾斯頓——
該年有六分之一的家庭被強制遷出。

＊維吉尼亞州有95郡和38個獨立市。
　為了清楚表現出來，我們只標上
　圖表上有列名的城市的點。

塔拉赫西

傑克森維爾

佛羅里達州

每郡的強制遷出率，2016年

十分之一　二十五分之一　百分之一　　沒有資料

● 黑人占多數的郡　● 其他

由於這張地圖只算進法院下令的強制遷出，
所以數字是低估的。如果房東付錢叫房客搬離，
或是利用放任不管或換鎖迫使房客離開，就沒有書面紀錄了。

邁阿密

ATLAS OF THE INVISIBLE

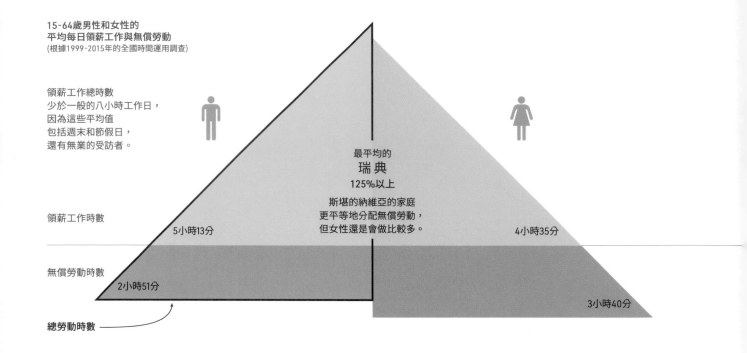

15-64歲男性和女性的
平均每日領薪工作與無償勞動
(根據1999-2015年的全國時間運用調查)

領薪工作總時數
少於一般的八小時工作日，
因為這些平均值
包括週末和節假日，
還有無業的受訪者。

領薪工作時數

最平均的
瑞典
125%以上
斯堪的納維亞的家庭
更平等地分配無償勞動，
但女性還是會做比較多。

5小時13分　　　　　　　　　　　　　　　　　　　　　　4小時35分

無償勞動時數

2小時51分　　　　　　　　　　　　　　　　　　　　　　　3小時40分

總勞動時數

不平等的擔子

即使在先進的國家，女性所肩負的日常重擔依舊多過男性。

　　上圖呈現了三十個國家的勞動年齡層男性與女性的每日平均勞動量。超過左
側細線上方的時數是有薪酬的，細線下方的時數是無償的。在經濟合作與發展組
織的經濟學家看來，無償勞動可能包括了從做飯、打掃清潔到照顧小孩與長輩的
所有工作。如果可以付錢給別人來做，那就是工作。按照這個標準，瑞典是最平
等的國家；據報告，當地的女性每天比男性多做了五十分鐘的無償勞動。在印
度，男女的無償勞動時間相差超過了四倍。我們按照性別平等的順序列出了其他
國家。例如，雖然韓國和日本的女性報告的無償勞動時間不多，但這兩國男性的
無償勞動時間要少更多。就全球來看，每四個小時無償勞動就有三小時是女性做
的。唯一主要由男性負責的勞動是住家修繕。

　　新冠肺炎使得這種不均衡狀況更嚴重了。隨著學校停課以及能得到的外來助力
愈來愈少，無償的家事愈來愈多。2020年9月，聯合國的一份報告表示，積壓的
家事相當於讓女性多了數個月的勞動量。「儘管危機的影響明顯男女有別，但回
應和復原工作往往會忽視婦女和女孩的需求，直到為時已晚。我們需要有更好的
做法。」聯合國婦女署首席統計師帕帕・塞克（Papa Seck）說道。

即使在拉脫維亞和墨西哥
這些男性和女性的工時
都很長的國家，
以及法國和義大利
這些總工時比較短的國家，
女性的無償勞動時間
也比男性多。

資料來源：OECD

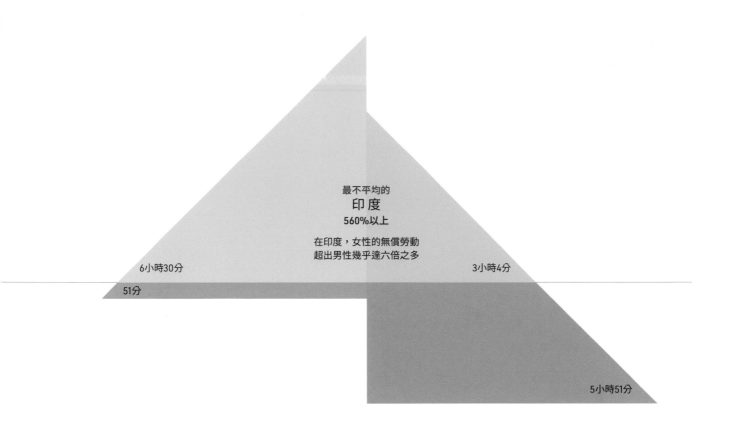

最不平均的
印度
560%以上

在印度，女性的無償勞動
超出男性幾乎達六倍之多

6小時30分

51分

3小時4分

5小時51分

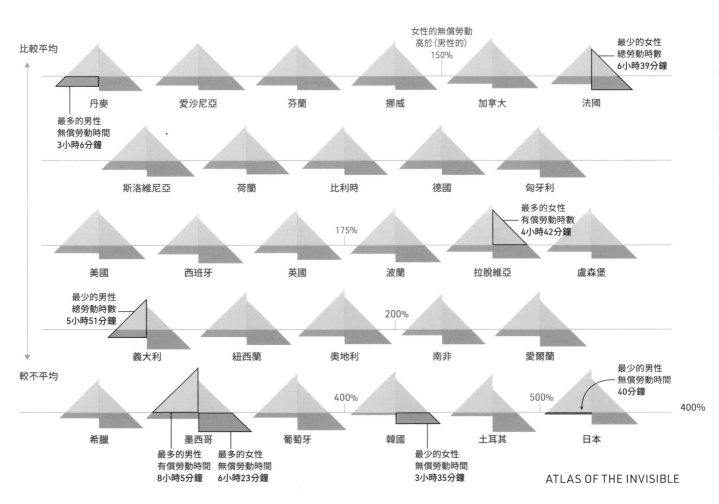

女性的無償勞動
高於（男性的）
150%

最少的女性
總勞動時數
6小時39分鐘

比較平均

丹麥　愛沙尼亞　芬蘭　挪威　加拿大　法國

最多的男性
無償勞動時間
3小時6分鐘

斯洛維尼亞　荷蘭　比利時　德國　匈牙利

最多的女性
有償勞動時數
4小時42分鐘

175%

美國　西班牙　英國　波蘭　拉脫維亞　盧森堡

最少的男性
總勞動時數
5小時51分鐘

200%

義大利　紐西蘭　奧地利　南非　愛爾蘭

較不平均

最少的男性
無償勞動時間
40分鐘

400%

500%

400%

希臘　墨西哥　葡萄牙　韓國　土耳其　日本

最多的男性
有償勞動時間
8小時5分鐘

最多的女性
無償勞動時間
6小時23分鐘

最少的女性
無償勞動時間
3小時35分鐘

ATLAS OF THE INVISIBLE

自卑的爆發

厭女症助長了一連串以性別為主的暴力行為。

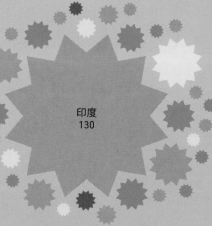

ACLED涵蓋的地區，2019年

非洲　　　拉丁美洲
亞洲　　　無資料
歐洲

　　不應該只因身為女人就要處在危險之中。然而，在很多國家，
以性別為主的暴力行為發生率呈現爆炸式成長。「武裝衝突地點與
事件資料計畫」（ACLED）是由國際資助的非營利組織，它保存著一個有
150多個國家地區的政治暴力與示威活動的資料庫。他們從國際媒體和在地
的合作夥伴處取得報導，記錄下數百萬個活動的日期、地點和參與者。圖中這些
爆炸的星星，代表了2019年專門針對女性的事件；依照其手法分組，以顏色區
分各大陸。在剛果民主共和國最常見的是性暴力；墨西哥和巴西則是因槍擊事件
疲於奔命；在中國的人權請願者經常被消失；印度婦女最有可能成為暴徒暴力的
受害者。害怕引起強烈反對、法律的限制以及心理創傷，有可能導致報告不夠完
整，因此，真正的總數可能遠高於最強大的資料收集工作所能揭露的數字。

　　施暴者可能認為，他們令人髮指的行為會使婦女退縮，不敢參政；實際上，他
們只是暴露了自己的自卑與懦弱。印度有近七億女性。她們經歷了兩性的無償勞
動時數最大的差距（參見第132-133頁），回報了某些最低程度的幸福感（參見第
110-111頁），而且她們想要改變。她們正在以創紀錄的人數組織遊行。而且，就
像我們在下一篇文章所呈現的那樣，她們正在呼籲全世界來了解這些虐待行為。

100起回報

50

10

1

回報的針對女性的
暴力事件，2019年

7 起爆炸事件

可怕但是很少見：武裝分子
炸毀了阿富汗的一所女子學校；
希臘和索馬利亞的女性政治人物
則是遭遇汽車炸彈攻擊。

17 起財損事件

在學校放火；寺廟、教堂
和清真寺被夷為平地；
汽車受到破壞，以及修道院遭搶劫
──這一切都是因為
它們是女性擁有或經營的。

印度
130

212 起暴力集團事件

暴力集團是南亞的性別暴力
最常見的加害者。
其中有女性或受害者家屬
參與的也不少。

資料來源：ACLED

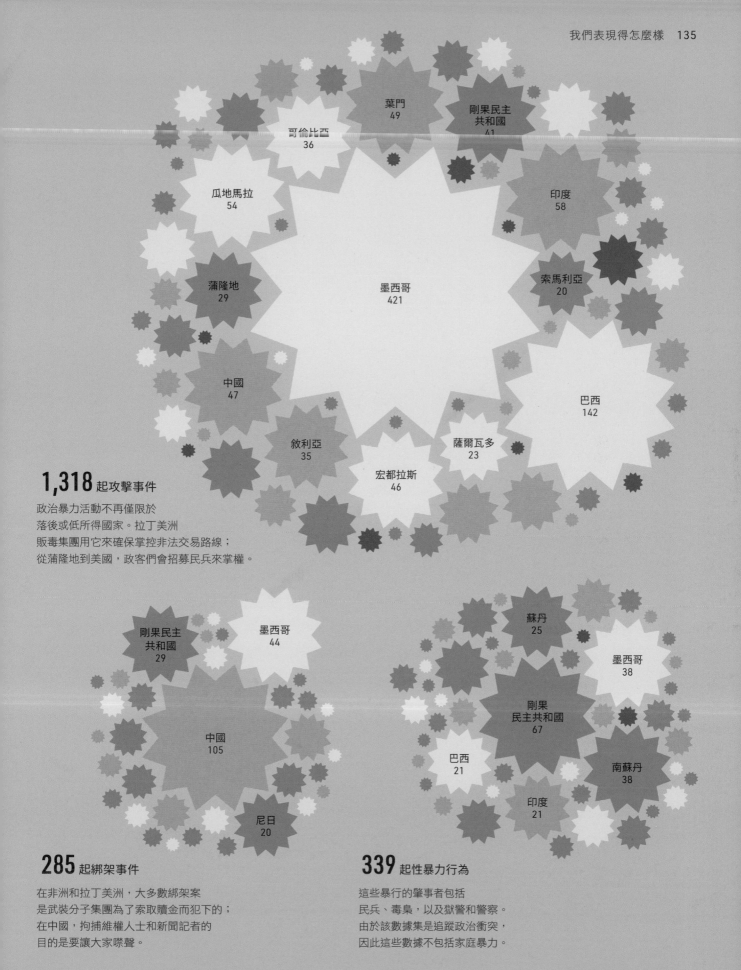

葉門
49

剛果民主
共和國
41

哥倫比西
36

瓜地馬拉
54

印度
58

索馬利亞
20

蒲隆地
29

墨西哥
421

巴西
142

中國
47

敘利亞
35

薩爾瓦多
23

宏都拉斯
46

1,318 起攻擊事件

政治暴力活動不再僅限於
落後或低所得國家。拉丁美洲
販毒集團用它來確保掌控非法交易路線；
從蒲隆地到美國，政客們會招募民兵來掌權。

剛果民主
共和國
29

墨西哥
44

中國
105

尼日
20

285 起綁架事件

在非洲和拉丁美洲，大多數綁架案
是武裝分子集團為了索取贖金而犯下的；
在中國，拘捕維權人士和新聞記者的
目的是要讓大家噤聲。

蘇丹
25

墨西哥
38

剛果
民主共和國
67

巴西
21

南蘇丹
38

印度
21

339 起性暴力行為

這些暴行的肇事者包括
民兵、毒梟，以及獄警和警察。
由於該數據集是追蹤政治衝突，
因此這些數據不包括家庭暴力。

JANUARY: demand permission to enter Sabarimala shrine • a minister's comments on the acquittal of a 2011 gang rape • 2 JAN: delays in relief for the Gaja cyclone • 3
itizenship (Amendment) Bill, 2016 • 7 JAN: a minister's comments on the acquittal of a 2011 gang rape • alleged gang rape of a party activist's wife • 8 JAN: demand
itizenship (Amendment) Bill • 15 JAN: Citizenship (Amendment) Bill • 16 JAN: Citizenship (Amendment) Bill • liquor sales • 17 JAN: demand release of nine jailed
ilure of State Government in providing security to women • 22 JAN: Citizenship (Amendment) Bill • demand exclusive bus service for students of two women's colle
emand permission to enter Sabarimala shrine • 24 JAN: demand complete prohibition of alcohol • 25 JAN: demand complete prohibition of alcohol • 26 JAN: deman
emand complete prohibition of alcohol • Citizenship (Amendment) Bill • 30 JAN: demand complete prohibition of alcohol demand refund from Rose Valley scam an
man accused of sexually assaulting his 17-year-old relative • 2 FEB: demand the suspension of police officers for stealing opium balls • 3 FEB: Citizenship (Amendment
deteriorating health care facilities • 'Pasupu Kunkuma' cheques and a visit from a Society for Elimination of Rural Poverty minister • 5 FEB: Citizenship (Amendment)
udents Citizenship (Amendment) Bill • demand regularization for contractual nurses and ancillary staff • 8 FEB: delay in allotment of houses for the urban poor • der
inister's visit • 10 FEB: Citi- zenship (Amendment) Bill • unf
commission to monitor learn- ing outcomes of schoolchildren •
emocratic Front of Boroland chairman • 13 FEB: Citizenship (
ime against women • 16 FEB: demand a liquor shop to be close

更勝以往，印度女性愈來愈敢發表她們的訴求了。

nployees from employment • 21 FEB: gender discriminatory of college hostel curfews • casteist remarks against Dalits on social media • 23 FEB: the Pulwama attack
alcohol shops • 1 MARCH: irregularities in the local distribution of rice • 3 MAR: launched a demolition against local-made liquor dens • national 'Vijay Sankalp' pre-
ition of women in the country • demand equal rights, wages, and benefits for women • 州政府對於潛逃的非印度居民丈夫沒有採取任何作為。• prolonged inact
Tibetan Women's Uprising Day • inaction on the Pollachi sexual abuse case; demand a probe into suicide deaths of women in the past seven years • 13 MAR: demand
ollachi sexual abuse case • to support media's investigation of the Pollachi case • 15 MAR: Bharatiya Janata Party's request to make voting booths 'super sensitive' • dem
tendent for revealing the identity of a victim the Pollachi sexual abuse case • 17 MAR: alcohol abuse in the area • 18 MAR: demand speedy and impartial probe of the
nd water scarcity • 25 MAR: drinking water shortage • 27 MAR: stale campus food that made them ill • 29 MAR: demand the release of women detained for "illegal imm
ove female students to another campus • demand cancellation of permits for a quarry • 4 APR: demand end to gender-based violence and vote for change • to voice d
ver allegations of sexual misconduct • 8 APR: lack of potable water • 9 APR: demand drinking water • 11 APR: demand action to find a woman who went missing while
girl who had been alleged sexually abused by father • drinking water crisis • derogatory remarks against a female running mate • the murder of a B. Tech student • 1
-year-old girl • 20 APR: police discrimination • police apathy towards the murder of an engineering student • 21 APR: derogatory audio message of Mukkolathor men
ostel contract after female student was assaulted • demand the release of Tibetan spiritual leader • militants who threw a hand grenade at the residence of a doctor •
asts in Sri Lanka • 29 APR: police's failure to arrest the culprit involved in killing of a village leader • 30 APR: being asked to strip by a hostel warden to check for menst
3 MAY: rape of an elderly woman • the Sri Lanka blasts • searches conducted in connection with a murder • 4 MAY: demand either Indian citizenship or deportation •
a mother in labour posted online by a hospital nurse • exoneration of the Chief Justice • the procedure to deal with Chief Justice's sexual harassment case • 9 MAY: j
vere punishment for the perpetrator of a rape on a three-year-old girl • demand authorities address poor distribution of drinking water • demand action against a rep
emand authorities address poor distribution of drinking water • 12 MAY: exoneration of the Chief Justice • the seizing of a female candidate's car by police • 13 MAY: la
MAY: double standards and oil wells • the rapes of a three-year-old girl and a teenager • coercive action of the Canara Bank that may have led to two suicides • susp
eople helping in sexual harassment cases as Maoists • 20 MAY: demand swift action against those involved in the Namakkal child sale case • the Salem-Chennai eight-la
AY: rising rape cases in district and police inaction • 29 MAY: demand justice to victimized women on the tenth anniversary of a double rape and murder • demand cr
nd a woman activist claiming molestation there • 2 JUN: offshore casinos and falsely issued rape charges • water scarcity in the neighborhood • 4 JUN: the constructio
ater supply • governor's remarks on West Bengal migrants • hand grenades with nails in cans that were found planted in the city • 7 JUN: water scarcity in the area •
JUN: 在一名25歲的染毒癮者死亡後，要求針對販毒集團採取行動。• not having received water for the past eight days • an ongoing water crisis • 12 JUN: a clas
ies of compensation for irrigation projects • demand drinking water supply to all the households in the colonies • 18 JUN: demand travel documents in order to return
a girls' college for students with economically weak backgrounds • demand payment of pending scholarships to nursing students • slow distribution of groundnut s
onman • demand regularization of service for auxiliary nurses • 27 JUN: demand compensation from state government for killed male relatives • demand regularizat
etainment of 17 members of a marriage procession • exclusion of a school from state government programme • 1 JULY: contaminated drinking water • 2 JULY: polic
rottled a nine-month-old child • 6 JUL: demand suspension of a professor for lewd comments and unequal treatment • 7 JUL: scarcity of water • 8 JUL: 把女性姓名從
uthorities dispense drinking water to neighbourhood • rising price of rice • suspension of a lecturer who helped highlight problems for female students • 13 JUL: risi
ray animals • attacks on human rights defenders and their families • 15 JUL: demand arrest of people responsible for a local killing • 17 JUL: gun attack on a human rig
demand strict laws to prevent mob lynching • demand raise and regularization of payment for mid-day meal workers • 21 JUL: death of a female patient due to allege
sue • government's use of the sedition law as an instrument of repression • protesting growing violence against women • 23 JUL: demand justice for Ningthoujam Ba
ea • demand drinking water • illegal liquor trade • 28 JUL: demand justice for death of N. Babysana • 29 JUL: demand relocation of a liquor shop where men make
uth behind the death of N. Babysana • 31 JUL: demand justice for a rape survivor • demand death sentence for an elected representative accused of rape • 1 AUGUST:
oman who committed suicide due to harassment over dowry • 5 AUG: stoppage of water to canals near farms • the death of N. Babysana • 6 AUG: the death of N. Bab
atus to Jammu and Kashmir • 8 AUG: death of a 30-year-old woman due to negligence of a duty doctor • demand immediate release of detainee in connection with de
e death of N. Babysana • death of N. Babysana • demand reinstatement of Article 370 and special status for Jammu and Kashmir • 10 AUG: demand justice in N. Baby
ter for remarks about Kashmiri girls objectionable remarks made by Chief Minister about Kashmiri women • 12 AUG: demand justice in N. Babysana case • governm
ition of Guru Ravidas temple in Delhi • 16 AUG: demand Mumbai mayor's resignation for allegedly misbehaving with a woman • demand regularization of teachers' w
ulprits involved in gang-rape incident • 17 AUG: increasing number of crimes against women and children • demand justice for N. Babysana murder case • demand ca
urder case • 19 AUG: N. Babysana murder case • demand enhancement of wages • demand compensation in the event of death of labourers, disbursal of monetary be
JG: contractor who supplied spoilt milk packets • atrocities and hindrances meted out by 43 Assam Rifles • demand withdrawal of decision to construct a petrol pun
rocities and hindrances meted out by 43 Assam Rifles • the accused in N. Babysana case • 23 AUG: demand swift delivery of justice in N. Babysana case • 25 AUG: gov
emand hospital be fully functional to provide healthcare to lower-income residents • demolition of shops • water shortage • service regularization for health workers
tacks by Trinamool Congress on Bharatiya Janata Party's office and shops 30 AUG: demand free sand for the poor and end to the sand mafia • alleged forced religious c
g porn at work • 2 SEPTEMBER: the N. Babysana case • demand regularization of contractual health care workers • 3 SEP: the N. Babysana Chanu case and arrests •
eople accused of kidnapping and murdering a teacher • 11 SEP: demand compensation for woman's chemotherapy after wrongly diagnosed with breast cancer • shortag
ehicle Act • detention of youths amid restrictions following the repeal of Article 370 • 15 SEP: mine deforestation • 16 SEP: dress code order at women's college • 17 SE
artment • 大專院校的騷擾行為。• 21 SEP: demand increase in salaries • 26 SEP: the practice of distribution of liquor to influence elections • 27 SEP: demand Firs
quor shops to city outskirts • 30 SEP: demand regularization • demand swift action against water logging and reduction in power tariff • Uttar Pradesh government's p
OCT: bomb blast on 5 October • 7 OCT: 各種極端主義宗教組織活動家對基督教女孩與伊斯蘭教的對話。• demand justice for a woman who had been burnt alive b
ll-fledged function of local police station • 13 OCT: dismissal of sports teacher 14 OCT: demand an unconditional apology for remarks against Indian National Congres
rticle 370 and Article 35A • 16 OCT: demand punishment for suspect in death of a woman who had been pushed from a roof • delay in road construction • environ
ollege to admit male postgrads • 21 OCT: delay in implementation of promotion scheme at women's college • bad road conditions • 23 OCT: demand a probe into death of vi
TSRTC workers be looked into • 25 OCT: denial of entry to temple • demand money deposited at bank • demand that Indo-Naga peace talks not affect the integrity o
tegrity of Manipur • demand increase in minimum wage, legal protection during working hours and a new helpline • 'silence' of State Commission for Women regard
tegrity of Manipur • 1 NOVEMBER: demand that Indo-Naga peace talks not affect the integrity of Manipur • 2 NOV: lack of water supply • demand that Indo-Naga pea
quor shop • 3 NOV: any impact to the integrity of Manipur as a result of Indo-Naga peace talks • demand to save the political, administrative and territorial integrity of
tegrity of Manipur as a result of Indo-Naga peace talks • demand minimum salary as well as government employee status • 5 NOV: demand house damage assistance f
aga peace talks that do not affect integrity of Manipur • demand immediate roll back of fee hike by educational institutions 7 NOV: demand that panchayat secretary be
not affect integrity of Manipur • 9 NOV: demand amicable solution to Indo-Naga peace talks that do not affect integrity of Manipur • 10 NOV: any impact to the integr
NOV: any impact to the integrity of Manipur as a result of Indo-Naga peace talks • 13 NOV: demand disclosure of the Framework Agreement with Naga people • 13 NOV:
on of ancestral land • to proclaim the territorial integrity of Manipur • 14 NOV: demand a Special Assembly Session in support of the integrity of Manipur • demand
re of the Framework Agreement with Naga people • 18 NOV: Citizenship (Amendment) Bill • 19 NOV: principal of school accused of misbehaving with female students •
r festival in Manipur • 22 NOV: Citizenship (Amendment) Bill • allegedly polluted water supply in New Delhi • 23 NOV: demand restoration of full statehood to Jam
ousands of pending auxiliary nurses and teachers posts • 26 NOV: demand elimination of violence against women • lax treatment of a sexual harassment case • privatiz
olicy • demand separate state of Kamatapur and Scheduled Tribe status • gang rape of a student and the rape-murder of a veterinarian • the Bharatiya Janata Party-le
octor was raped and killed • the rape and murder of a veterinarian • 1 DECEMBER: the rape and murder of a veterinarian demand capital punishment for the rape and m
e rape and murder of a veterinarian • the gang rape of a minor girl inside a police station 3 DEC: demand capital punishment for the rape and murder of a veterinarian
d murder of a veterinarian • 6 DEC: to show solidarity with women after the rape and murder of a veterinarian • 7 DEC: demand to lodge an First Information Report o
fety to girls and women • demand that authorities declare the details of the Indo-Naga peace talks • support a woman tutor who filed a sexual harassment complain
emand that authorities declare the details of the Indo-Naga peace talks • 9 DEC: Citizenship (Amendment) Bill • demand fulfilment of long-pending demands such as
gh prices of onions • 10 DEC: rapes and violence against women • 12 DEC: justice for Unnao rape victim • demand death sentence for rape convicts in Delhi • 13 DEC
e gang rape of a college student • 14 DEC: demand daily water supply • the gang rape of a college student • 15 DEC: the gang rape and murder of a veterinarian • Ci
dditional Chief Secretary of Odisha • 19 DEC: Citizenship (Amendment) Act • 20 DEC: Citizenship (Amendment) Act • 21 DEC: Citizenship (Amendment) Act • 22 I
C: demand a ban on liquor shops • 28 DEC: Citizenship (Amendment) Act • former minister for his remarks regarding alleged rape and murder of a minor girl • 29 I

ials • 4 JAN: gender-discrimination of some political parties and communal organizations • government's failure to grant Scheduled Tribe status to Rajbongshis • 6 JA
Reservation Bill • 10 JAN: Citizenship (Amendment) Bill • eviction notices • 11 JAN: Citizenship (Amendment) Bill • 13 JAN: Citizenship (Amendment) Bill • 14 JA
enship (Amendment) Bill • demand dismissal of state ministers 20 JAN: demand complete prohibition of alcohol • 21 JAN: demand complete prohibition of alcohol
e prohibition of alcohol **23 JAN: 醫院拒收一名即將分娩的母親。**• demand arrest of all involved in a 2018 murder plot • demand complete prohibition of alcohol
of alcohol • 27 JAN: demand complete prohibition of alcohol • 28 JAN: demand complete prohibition of alcohol • 29 JAN: demand police action for husband's affair
leged government takeover of state's liquor business • 31 JAN: the transfer of a teacher • Citizenship (Amendment) Bill • 1 FEBRUARY: demand befitting punishment f
ement of stamp duty on the purchase of property for women • Citizenship (Amendment) Bill • derogatory comments made towards congresswoman Priyanka Gandh
nip (Amendment) Bill • demand regularization for contractual nurses • 7 FEB: head of Applied Arts Department over allegations of misconduct and harassment towar
status for the Adivasi community • demand regularization for contractual nurses • 9 FEB: Citizenship (Amendment) Bill • Citizenship (Amendment) Bill during Prin
Bharatiya Janata Party, such as special status for Andhra Pradesh • visit of the Prime Minister • 11 FEB: severe drinking water shortage in the area • demand to establi
nent) Bill • demand action against a minister who sexually assaulted a women • 12 FEB: police's baton charge against teachers on 10 Feb • demand release of the Nation
FEB: militant attack on a Central Reserve Police Force convoy in Pulwama • the Pulwama attack • demand Chief Minister's resignation over alleged rise in incidents
rvation in Parliament • 18 FEB: the Pulwama attack • demand rollback of recommendations on issuing permanent resident certificates • 20 FEB: dismissal of wome
andom evictions demand lawsuit against an elected representative for shaving a deceased policeman's kin • 24 FEB: collapse of law and order • 25 FEB: demand closu
R: demand construction of a women's market for all communities • 8 MAR: to celebrate International Women's Day • increasing attacks on women • misery and pers
airs of a road • atrocities of the Maoists • 10 MAR: the sale of spurious liquor • demand inclusion of the Meitei people • 12 MAR: demand freedom from China in hono
etrators of the Pollachi sexual abuse case • 14 MAR: demand action against the perpetrators of the Pollachi sexual abuse case • demand free and fair investigation for t
perpetrators of the Pollachi sexual abuse case • 16 MAR: demand rights of pedestrians • demand arrest of culprits in Pollachi sexual abuse case; removal of police supe
penalty law for sex offenders • manager of garment workers who allegedly assaulted a female worker • 19 MAR: the Pollachi sexual abuse case • 21 MAR: water dispu
demand water, which has not been supplied for 20 days • 2 APRIL: demand relocation of an incinerator handling medical waste • 3 APR: Kashmir University decision
ing Parliamentary elections • the current environment of hate and violence against women • 5 APR: scarcity of water in the village • 7 APR: candidature of congressma
APR: assault on a 16-year-old girl; demand local safety reforms • 14 APR: assault on a 16-year-old girl; demand local safety reforms • 15 APR: in response to the suicide
year-old girl; demand local safety reforms • 18 APR: demand action against the culprits who attacked and injured fishermen • 19 APR: demand justice for the murder o
omen • 23 APR: clogging of lanes by student carpools • **24 APR: 要求對附近的公路採取安全措施，包括設置速限和斑馬線。**• 25 APR: demand termination of the
dy of a dowry harassment victim's two daughters • demand resignation of hostel superintendent for misbehaving with parents • to show solidarity with slain victims
ion for college students to sell lucky draw tickets • change in the number of summer days from 30 to 15 • 2 MAY: alleged errors in the final results of intermediate exan
the Chief Justice of India from allegations of sexual harassment • **要求關閉非法養蝦場。**• 7 MAY: exoneration of the Chief Justice • a liquor vendor • 8 MAY: a vid
ns of sexual harassment by the Chief Justice of India • exoneration of the Chief Justice • 10 MAY: exoneration of the Chief Justice • demand drinking water • demar
er use of terse language against protesters • 11 MAY: exoneration of the Chief Justice • demand capital punishment for the perpetrator of a rape on a three-year-old girl
ply for nearly nine days • demand severe punishment for the perpetrator of a rape on a three-year-old girl • demand justice following the rape of a three-year-old girl
g woman domestic helper • vandalization and clashes between political party supporters • 17 MAY: demand recent rape cases be processed • 19 MAY: attempts to bra
AY: demand crackdown on sale of illicit liquor and gambling • frequent and long power cuts • 27 MAY: the rape and impregnation of a farm worker by farm owners • 2
ch) shops • 30 MAY: demand for drinking water supply to their houses • 31 MAY: demand water supply • the opening of a liquor vend • 1 JUNE: offshore casino facil
UN: demand better security and facilities at barracks for police women • undue pressure in extracting work from nurses • 6 JUN: water crisis in North Chennai • po
hong bridge construction • 10 JUN: assault of female dancers, including tribal women • a school van set on fire by unknown men • increase in crimes against minors
bers and doctors • 15 JUN: protest against staff shortages at the school • 16 JUN: water pump operator who demanded bribe • 17 JUN: government not releasing pendi
g of a liquor vend on panchayat land • 22 JUN: display of lingerie on the streets 24 JUN: to allege irregularities in payment of wages to women • demand free admissic
ial of free laptops that government had promised • 25 JUN: increasing attacks on nurses • sharp increase in the price of rice • 26 JUN: fake companies promoted by
iary nurses • 28 JUN: opening of a liquor vend in residential area • exclusion of a school from state government programme • 29 JUN: contaminated drinking water
vater in village • 4 JUL: demand government maintain midday meal system for junior college students • demand death sentence for culprit who sexually assaulted ar
單中刪除。• 11 JUL: intermittent supply of water • demand construction of a hostel on college campus • demand job regularization and salary increase • 12 JUL: dema
eased duty on petrol and diesel • lack of facilities on campus • 14 JUL: demand action against actor and politician who allegedly assaulted a journalist • failing to cat
er • 18 JUL: gun attack on a human rights defender's daughter • **19 JUL: 攻擊了捍衛人權人士以及他們的家人。**• unavailability of ultrasound facilities at the hospit
tors • firing at human right defenders • 22 JUL: demand immediate supply of drinking water • liquor shops in village • demand solution to the drinking water supp
ed at a secondary school hostel • demand justice for death of N. Babysana 24 JUL: shortage of drinking water • demand drinking water • poor drainage system in t
passing women and children • demand officials supply water properly • 30 JUL: increase of crime against women and children • government's inefficacy to find out t
girl 2 AUG: legislation to criminalize triple talaq, an instant form of Islamic divorce • 4 AUG: demand justice for N. Babysana • demand strict action against in-laws o
d closure of liquor outlet • demand arrest of those involved in the death of N. Babysana • demand justice for N. Babysana • removal of Article 370, which gave speci
demand adequate teachers and improvement of school infrastructure • 9 AUG: to support bandh over death of N. Babysana • demand arrest of the persons involved
k against daughter of a social activist • proposal to turn hostels into a private hotel • 11 AUG: demand justice in N. Babysana case • demand an apology from Chief Mi
income tax notices • demand justice in N. Babysana case • 13 AUG: municipal authorities for not supplying drinking water • demand justice in N. Babysana case der
y in action against suspect accused of molesting a teacher • to pay tribute to the 15th Death Anniversary of political activist Pebam Chittaranjan • demand arrests of t
liquor shops • police station's refusal to file a molestation complaint against a 23-year-old male • 18 AUG: N. Babysana murder case • demand justice over N. Babysa
nale labourers • demand justice for N. Babysana murder case • 20 AUG: action of the Amritsar Improvement Trust to vacate flats • demand enhancement of wages •
nand a case be registered against a sub-inspector for sexual assault • government's decision to repeal Article 370 • 22 AUG: government's failure to construct a seawall
repeal Article 370 • 26 AUG: poor quality of food and poor Wifi signal • cancellation of students' union election • 27 AUG: demand cancellation of new liquor licenses
h-polluting industrial unit nearby • 28 AUG: Indian Nursing Council's decision to phase out a General Nursing and Midwifery course • 29 AUG: late arrival of police aft
ge of Sikh teenager • 31 AUG: to express solidarity with pro-democracy agitations in Hong Kong • demand sacking of the Deputy Chief Minister who was caught watc
shrooms and rooms at university hostels • lack of facilities at college • the N. Babysana case • 6 SEP: demand restoration of damaged roads • 9 SEP: demand arrest
clean living quarters • 13 SEP: decision to raise the minimum height limit for constables • demand swift justice for N. Babysana case • 14 SEP: the new amended Mot
it declare health emergency • 18 SEP: eviction from houses constructed on temple land 19 SEP: counterprotest of visit of Central Minister • 20 SEP: decision to vacate
against Bharatiya Janata Party leader Swami Chinmayanand on rape charges • demand formation of a self-reliant group's union • 29 SEP: demand government shift
apist, Swami Chinmayanand • **3 OCTOBER: 城鎮缺水問題。**• Citizenship (Amendment) Bill • 4 OCT: various issues with university hostel • demand pending wages
T: demand justice for murder of a woman beaten to death by her police officer husband • gang rape of a girl and poor law enforcement • 12 OCT: water scarcity • demar
dhi • chief minister over his 'dead rat' comment about Indian National Congress president • 15 OCT: allegedly disrespectful comments made by chief minister • repe
raffic inconvenience • 18 OCT: prompt action regarding a rape incident • 19 OCT: demand arrest of culprits for the murder of village level worker • decision of wome
OCT: microfinance companies • demand that Indo-Naga peace talks not affect the integrity of Manipur • demand that labour deman
demand that Indo-Naga peace talks not affect the integrity of Manipur • 28 OCT: demand that Indo-Naga peace talks not affect t
executive officer • 31 OCT: demand payment of pay dues to call center workers • demand that Indo-Naga peace talks not affect t
ntegrity of Manipur • acquittal of three men accused in alleged sexual assault and murder of two minor girls • per- mission for a ne
l threat • arrest of convicted farm activist • 4 NOV: demand release of content of Indo-Naga peace talk agreement • any impact to t
Fani • **要求保障女性的社經地位和防止對女性施暴。**• an IED explosion in Imphal • 6 NOV: demand amicable solution to Ind
nisappropriation in the implementation of a 100-day work scheme • 8 NOV: demand amicable solution to Indo-Naga peace talks th
sult of Indo-Naga peace talks • 11 NOV: any impact to the integrity of Manipur as a result of Indo-Naga peace talks • student fee hike
ional Register of Citizens (NRC) • results of the National Register of Citizens • transfer of helpful police inspector • demand prote
's integrity in Naga peace talks • 17 NOV: any impact to the integrity of Manipur as a result of Indo-Naga peace talks demand discl
nent) Bill • 21 NOV: any impact to the integrity of Manipur as a result of Indo-Naga peace talks • demand suspension of preparatio
OV: proposal to open a liquor shop 25 NOV: the Citizenship (Amendment) Bill • demand creation of Zoland Terri- torial Council
ernment and a rise in prices • 28 NOV: demand suspension of preparations for festival in Manipur • 30 NOV: govern- ment's econom
price rise and a member of Parliament's statement on Mahatma Gandhi • demand government go tough on culprits after a veterina
n • recent incidents of gang rape • 2 DEC: demand security following an attack on local residents • demand capital punishment f
l murder of a veterinarian • the gang rape of a minor girl; demand a stop to crime against women • **5 DEC: 一名教師做出許多令人反感的性別歧視評論。**• the ra
ounter • the Unnao rape and murder case • demand justice for the Unnao rape victim • increasing cases of violence against women and government's failure to provi
llege department head • 8 DEC: the rape and murder of a veterinarian • demand immediate punishment for rape cases • demand local markets reduce onion prices
status and fixation of salaries • inflation demand immediate action against the culprits of murdered and raped girl • demand justice for the Unnao rape victim • t
lprits who raped and murdered two minor girls at police station • **對於一名女孩據信在森林遭性侵致死，要求處以極刑。**• Citizenship (Amendment) Act, 2019
t) Act • 16 DEC: Citizenship (Amendment) Act • 17 DEC: Citizenship (Amendment) Act • 18 DEC: Citizenship (Amendment) Act • demand justice for wife of form
endment) Act • 23 DEC: Citizenship (Amendment) Act • 24 DEC: Citizenship (Amendment) Act • a famous banker and singer's comments about a chief minister •
holiday on birthday of Maharaja Hari Singh • 30 DEC: Citizenship (Amendment) Act • 31 DEC: demand waiver of loans taken from micro-finance companies

在印度由女性帶領的示威運動，2019年

以性別為主的暴力行為，在水資源短缺、酒類商店、公共安全和普遍存在的性別歧視等問題裡名列第一。在2019年記錄的近800場女性主導的示威活動中，有89%是過程平和的。

資料來源：ACLED

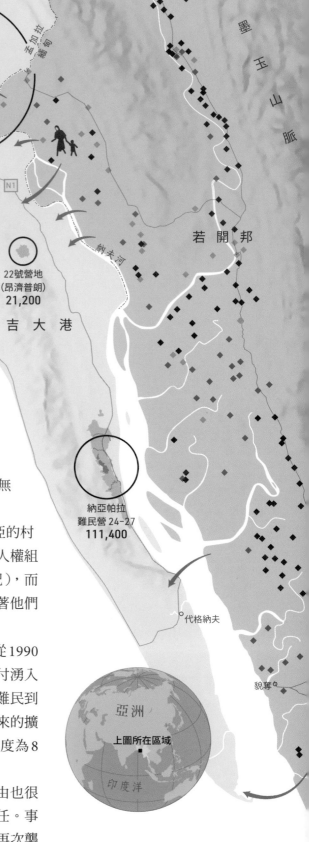

羅興亞人定居地點
的破壞程度
2017年8月-2018年3月

◆　完全(>90%)
◆　大部分(≥50%)
◆　部分(<50%)

避難地點
2020年12月

▮　難民營
▮　臨時安置點
◯　難民營人口
⬎　過境點

0 ————— 5公里

庫圖帕朗
難民營 1-20
704,500

右頁的
地圖區域

孟加拉
緬甸

墨玉山脈

丘卡哈里—
人口資料尚未發布

21號營地
(查克馬庫)
16,600

N1

若開邦

孟加拉灣

納夫河

22號營地
(昂濟普朗)
21,200

23號營地
(尚拉普爾)
10,600

吉大港

納亞帕拉
難民營 24-27
111,400

代格納夫

貌奪

亞洲

上圖所在區域

印度洋

看得到的危機

難民的苦難現在更難隱藏了。

　　羅興亞人的歷史，可以追溯到一千多年前的緬甸。然而，幾十年來，緬甸政府一直拒絕承認他們是源自該地區，而是把他們視為來自孟加拉國的非法後殖民移民。在1982年的一項立法剝奪了羅興亞人的公民身分之後，該族群成了世界上最大的無國籍人口之一。此後，對他們的迫害愈來愈變本加厲。

　　2016年底，緬甸軍方開始在一連串攻擊行動中，摧殘了羅興亞的村莊，聯合國人權事務高級專員將其描述為「典型的種族清洗」。人權組織藉由衛星圖像的協助監測了村莊的損壞情況（此處用菱形標記），而無人機則錄下了他們的移居行動。畫面顯示，成千上萬的人帶著他們唯一能攜帶的東西，擠滿了道路和河岸。

　　大多數人出發前往孟加拉的庫圖帕朗難民營（Kutupalong），從1990年代以來，大約已經有34,000名羅興亞人居住在該地。為了應付湧入的難民，孟加拉政府撥出更多土地。他們預計會有75,000名新難民到來，但是在短短三個月內，這個數字爆增到700,000人。突如其來的擴張使庫圖帕朗成為世界上最大的難民營，在某些地區的人口密度為8平方米（人均居住面積），遠低於國際標準的45平方米。

　　儘管如此，羅興亞人還是兩次拒絕了返回緬甸的提議——理由也很正當。該國並沒有保證他們的安全，或對它的諸多行動負起責任。事實上，在2020年春天，一份聯合國報告警告說，緬甸士兵將會再次襲擊羅興亞人的定居地。這就可以理解，為什麼這麼多羅興亞人認為難民營反倒比較安全。

資料來源：HUMANITARIAN DATA EXCHANGE; INTER SECTOR COORDINATION GROUP; INTERNATIONAL ORGANIZATION FOR MIGRATION

營地
1E

庫圖帕朗-巴魯卡里
擴展的地點

1W

庫圖帕朗
難民營

3

2W

4

庫圖帕朗
臨時安置點

2E

4
Extension

6

5

7

下一頁放大的區域

17

8W

20
增加區域

8E

20

巴魯卡里
臨時住所

18

10

9

19

11

12

13

14

在1991年所規劃，
一開始只是個小型營地，
當2017年成千上萬的難民抵達時，
人口就滿出來了。
後來孟加拉政府把四周圍了起來，
加以限制以免又進一步擴張。

難民安置範圍
　1991年
　2017年8月
　2017年9月
　2020年12月

0　　　　　　0.5公里

納夫河

孟加拉 緬甸

0 ————————— 100米

要管理一座城市，地圖是很有幫助的。
把無人機拍攝的地理座標
參考照片拼接在一起，
可以協助救援人員快速繪製
數十公里的道路、人行道與排水系統，
以及數千個新建築、水井和廁所。
單單就這一張圖像來看，
就有數十座市場、清真寺、學校
和一個社區中心。

這樣的改良把這裡生活的不穩定性
攤在大家眼前。
興建在陡峭山坡上的避難所，
有可能在雨季被沖走。
2019年7月，有5,600人
就是這樣子失去了棲身之所。
2021年3月的一場大火，
燒掉的比前面那次還多幾千戶。
這張圖片中間的那個三角形土丘
是一座基地。因為這些營地一直
都不是永久性的，所以羅興亞人已經
沒有足夠的空間來安葬過世的人了。

資料來源：INTERNATIONAL
ORGANIZATION FOR MIGRATION

DECLASSIFIED
Authority MND EO 12958
By ___ NARA Date 6/4/04

Mr. Kissinger/The President (tape)
December 9, 1970　8:45 p.m.

P: Well, their not only not imaginative but they are just running these things -
bombing jungles. You know that. They have got to go in there and I mean
really go in. I don't want the gunships, I want the helicopter ships. I want
everything that can fly to go in there and crack the hell out of them. There is
no limitation on mileage and there is no limitation on budget. Is that clear?

K: Right, Mr. President.

彈殼報告

有大量解密資料記錄了美軍一些確切的祕密行動。

在越戰結束半個世紀後,東南亞的田野和森林中,仍然存在著許多未爆炸的炸彈。就像我們在右圖呈現的那樣,這些未爆彈是美國空軍及其盟軍投在南北越以及老撾的補給線的,例如石缸平原和胡志明小徑。但隨著戰爭陷入泥淖,尼克森總統祕密下令飛行員也轟炸柬埔寨(參見第143-144頁)。「菜單行動」(Operation Menu)以邊境地區為目標(每個地區都以一餐命名),據信這些地區都有敵軍的基地。然後,在「自由協議行動」(Operation Freedom Deal)之下,尼克森把機密行動升級成地毯式的全面轟炸。大約有四分之一的集束炸彈在撞擊時未能引爆。迄今為止,包括隨後柬埔寨內戰中的地雷在內的未爆彈,已經造成兩萬多人死亡,四萬五千多人受傷。

雖然尼克森的祕密戰爭對柬埔寨人來說是一場噩夢,但一直到2000年,柯林頓總統解密的一個資料庫裡,詳細說明了大約有340萬架次的出動任務時,世人才驚覺到這場恐怖的行動。柯林頓是以一種人道主義的姿態來解密的,為的是協助非營利組織定位和解決這些致命的戰爭遺留物。我們永遠不會知道究竟投下了多少炸彈,但資料確實揭露了大多數任務的目標、武器類型和有效載荷,所有的這些資料都縮小了搜索範圍。越南有大約20%的地區仍然受到未爆彈汙染,而按人均計算,老撾仍然是世界上被轟炸得最嚴重的國家。對於柬埔寨人來說,終於快要看到盡頭了。他們的政府相信,只要有足夠的國際援助,每次在鄉村清理一平方米土地,就可以在未來十年內達成「零地雷」。

資料來源:THEATER HISTORY OF OPERATIONS, US AIR FORCE; NATIONAL SECURITY ARCHIVE (TRANSCRIPT); CIA (HILLSHADE); EUROPEAN COMMISSION GLOBAL HUMAN SETTLEMENT LAYER (POPULATED AREAS)

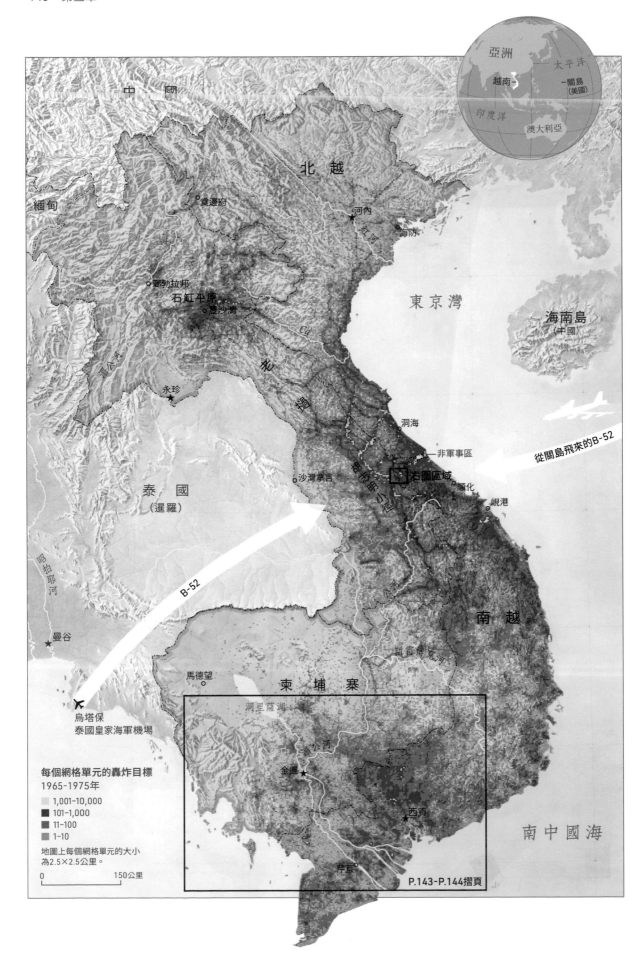

亞洲

太平洋

越南

關島
（美國）

印度洋

澳大利亞

中　國

北　越

緬甸

奠邊府

河內

海防

東京灣

海南島
（中國）

瑯勃拉邦

石缸平原

豐沙灣

Ca

永珍

洞海

非軍事區

右圖區域

從關島飛來的B-52

泰　國
（暹羅）

沙灣拿吉

胡志明小徑

順化

峴港

B-52

公河

南　越

昭拍耶河

馬德望

斯雷博瓦河

曼谷

柬　埔　寨

洞里薩湖

烏塔保
泰國皇家海軍機場

湄公河

金邊

西貢

南中國海

每個網格單元的轟炸目標
1965-1975年

1,001-10,000
101-1,000
11-100
1-10

地圖上每個網格單元的大小
為2.5×2.5公里。

0　　　　　150公里

芹苴

P.143-P.144摺頁

北越

溪生 — 廣治省

南越

0　　200 km

北越軍隊從Co Roc的洞穴和
南881高地西北地區發射了他們最重的火砲。
洞穴和茂密的樹葉讓轟炸機很難發現這些砲。

尼加拉行動

1968年1月21日清晨5點30分，
砲彈開始像雨點般襲擊位於南越溪生（Khe Sanh）的
美國海軍陸戰隊基地。這場猛攻為
一場為期77天的圍城戰拉開序幕。對於美國的高層來說，
是絕對不可以失去這個基地。這是北越軍隊
與非軍事區以南人口稠密的沿海地區之間的最後一道防線。
所以到了二月，當地面攻擊似乎愈來愈迫在眉睫時，
五角大廈授權進行軍事史上最大規模的轟炸。
在尼加拉行動中，美國和盟軍派出戰鬥轟炸機24,000架次
和B-52轟炸機2,700架次，投下了將近十萬噸的炸彈。

今天，越南中北沿海的廣治省（Quang Tri）
仍然受到爆炸物嚴重殘害，
其中許多爆炸物是由廢五金拾荒者、
農民和兒童意外觸發的。2020年8月，
一名男子在挖水池時，發現了一枚
九百公斤重的炸彈。坍方和洪水也會
讓土裡的未爆彈露出來。自從1975年
越戰結束以來，由於未爆彈造成
3,400多人死亡和5,100多人受傷，
廣治省正努力要在2025年之前
成為第一個不再發生這類事故的越南省份。

丹薩旺

9

牢堡

Xe Pon

S. VIETNAM

LAOS

老　撾

前哨基地
◯ 美國海軍陸戰隊
● 北越陸軍 (NVA)

投擲的炸彈
1968年1月到3月
由戰鬥轟炸機　　　由B-52轟炸機投擲（1月到3月）

1月　2月　3月

150

75

0　　　　　　　　3公里

4,000　2,000

Co Roc
837m

資料來源：THEATER HISTORY OF OPERATIONS, US AIR FORCE

南　越

Hill 950

Dong Tri
1,015m

1月21日
北越陸軍突襲了861高地；
用炮火襲擊了溪生作戰基地。

Hill 881 North

Hill 558

Hill 861A

Hill 861

Hill 881 South

Rao Quan

3公里

1.2公里

溪生作戰基地

3月1日
轟炸讓北越陸軍
的攻勢受挫。

尼 加 拉 行 動

Hill 64

戰　壕

Hill 471

法國古堡

溪生

老村

2月7日
北越陸軍的戰車攻占
美國特種部隊營地
以控制9號公路。

1月
最初，戰鬥轟炸機為
溪生北邊的美國前哨線
提供近距離空中支援。
如果北越陸軍占領了
這些山頭，他們會有
暢通無阻的據點，
從那裡炮擊下方的基地。

2月
由於北越陸軍沿9號公路侵入，
只能加強轟炸，但B-52尚未獲准
在基地三公里範圍內進行空襲。
這個相對安全的孤立區域，
讓北越陸軍可以挖掘戰壕。
五角大廈別無選擇，
只能將不轟炸防線拉得更近。

3月
在行動的高峰期，每90分鐘
就有一架B-52飛到溪生上空。
每架轟炸機攜帶108顆220公斤炸彈。
到3月初，空襲迫使北越陸軍
從該基地撤退。每天空襲
一直持續到四月，一直包圍著他們。

末日時間

自 1947 年以來，世界末日鐘就一直記錄著我們生死存亡的關頭。

在第二次世界大戰的負面影響中，「曼哈頓計畫」的兩名物理學家創辦了一本名為《原子科學家公報》（*Bulletin of the Atomic Scientists*）的雜誌，其使命是：「利用脅迫人們恢復理性來保護我們的文明。」為了繪製第一張封面，他們請來了一名同事的妻子，藝術家瑪蒂爾・蘭斯多夫（Martyl Langsdorf）。她能體會警告世人關於核毀滅風險日益增加的緊迫性，並為人類的脆弱設計了一個讓人忘不了的隱喻——「世界末日鐘」。末日鐘愈接近午夜，我們造成自己滅絕的日子就愈接近了。

蘭斯多夫把末日鐘的初始時間設置為晚上 11:53，因為這個時間在頁面上看起來很適合。在往後的二十五年，《公報》的編輯尤金・拉賓諾維奇（Eugene Rabinowitch）決定了分針的移動。他在 1973 年去世後，科學與安全委員會在每年的 11 月都會召開會議，審查條約和核武軍火庫的狀況，並認真思索人類比過去幾年受到的威脅是更多、還是更少。追蹤他們隨著時間所做的評估，可以看出地緣政治的鐘擺從核威懾到裁軍的變動。例如，1991 年，在俄羅斯和美國在冷戰後清除其庫存的核武，在沒有再次出現核武攻擊的情況下，這樣子相安無事半個世紀之後，《公報》把分針移到 11:43——跑到了蘭斯多夫最初設計的圖表之外了。

三十年後，一個新威脅讓我們比以前的任何時候都更接近午夜：氣候變遷。海平面上升和全球暖化或許不像蕈狀雲那樣驚人，但是它們造成的災難程度可能差不多。你要怎麼把這一點傳達給大眾和政界人士知道？就像《公報》的編輯幾十年前就了解到的，僅憑事實還不足以讓大家警覺。也不是訴諸於大家都該知道的事。引用原子時代初期的一位科學家的話來說，「只有一種手段是有用的——宣揚末日之說。」

全球核彈頭軍火庫（千枚）
1945-2017 年

峰值：64,100 枚彈頭

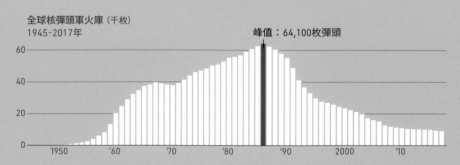

世界核武庫規模是 1980 年代顛峰時期的六分之一。雖然現在存在的核武要少很多，但擁有核武的國家卻更多。只要一個國家就能造成無法彌補的傷害。

2020

資料來源：*BULLETIN OF THE ATOMIC SCIENTISTS*; OUR WORLD IN DATA

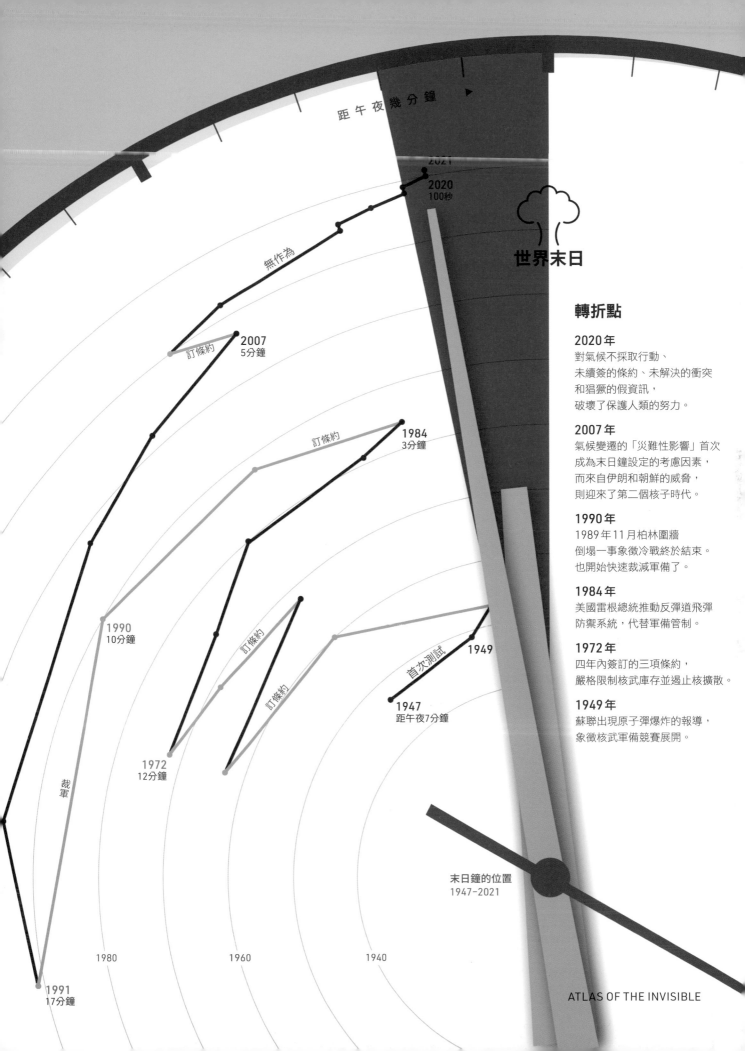

距午夜幾分鐘

2021
2020
100秒

世界末日

無作為

2007
5分鐘

訂條約

1984
3分鐘

訂條約

1990
10分鐘

1949

訂條約

首次測試

訂條約

1947
距午夜7分鐘

1972
12分鐘

裁軍

1980   1960   1940

末日鐘的位置
1947-2021

1991
17分鐘

轉折點

2020 年
對氣候不採取行動、
未續簽的條約、未解決的衝突
和猖獗的假資訊,
破壞了保護人類的努力。

2007 年
氣候變遷的「災難性影響」首次
成為末日鐘設定的考慮因素,
而來自伊朗和朝鮮的威脅,
則迎來了第二個核子時代。

1990 年
1989 年 11 月柏林圍牆
倒塌一事象徵冷戰終於結束。
也開始快速裁減軍備了。

1984 年
美國雷根總統推動反彈道飛彈
防禦系統,代替軍備管制。

1972 年
四年內簽訂的三項條約,
嚴格限制核武庫存並遏止核擴散。

1949 年
蘇聯出現原子彈爆炸的報導,
象徵核武軍備競賽展開。

我們所面對的事
WHAT WE FACE

只要有任何人，能提供關於天空的面貌、雨、雪、冰雹的開始時間與結束時間，
以及風的風向與強度的每日紀錄，都會是極具價值的工作……
如果能夠取得足夠的這類資料，來完成一系列地圖，包含了涵蓋全國，
每一年的每一天都有一張地圖，那就可以確定我國風暴的一般現象的規律。
　　　　　　　——約瑟・亨利（Joseph Henry），1858年史密森尼學會年度報告

NASA的GEOS衛星每十分鐘就會拍攝一張地球照片。
在這張 2019 年 9 月 4 日（國際標準時 17:10）的照片裡，可以看見橫跨西半球的四個熱帶氣旋的漩渦。

資料來源：NASA

確定事態的發展

在2020年夏天寫這篇文章的時候，我們的手機跳出天氣警報而亮起螢幕：
貢薩洛颶風（Gonzalo）、漢娜颶風（Hanna）、伊賽亞斯颶風（Isaias）。
這是有紀錄以來，第一個在8月之前就出現九個有命名的颶風的大西洋颶風季。
專家們提出嚴厲的警告。他們說，令人擔憂的海水暖化，
使得海洋有可能產生多達25個有名字的風暴。回想起來，這數字還算樂觀的。
到11月中旬之前，已經有30次風暴了──這是有紀錄以來最多的一次。

對於十九世紀那些追蹤風暴的人來說，這樣的預測是難以理解的，不是因為風暴數量，而是因為在1960年代衛星和氣象雷達出現之前，是看不到地平線以外的風暴的。

仔細想想，我們知道的事是少之又少。兩百年前，少數研究天氣的人認為任何大氣的現象都是「流星」。這個詞引用自亞里士多德的氣象學，基本上是在指「天上的奇怪事物」──有潮濕的東西（冰雹）、有風的東西（龍捲風）、發光的東西（極光）和發熱的東西（彗星）。事實上，最早發現哈雷彗星會在1835年回歸的人士之一、博物學家伊萊亞斯·羅密士（Elias Loomis）認為，風暴的行為和彗星一樣具有週期性。「一旦完全了解了風暴的規律，我們將來必能預測風暴。」他在1848年為史密森尼學會撰寫的一份報告裡寫道。

約瑟·亨利認為他的地圖
「對來訪的遊客展示他們
在遠方的友人正經歷著哪種天氣，
不僅能引起遊客興趣，
對於快速判斷可能很快就會發生
的天氣變化，也很重要。」

他把話說得太早了。在他們知道未來之前，羅密士和那個時代的其他頂尖氣象專家，還需要一份昨天發生過的事情的紀錄。所以他們自己對於天氣觀測結果很滿意。在許多人仍然認為風暴是一種神給的報應的時候，他們正在收集相反的確鑿證據。他們推斷，掌握了這些元素，你就可以在大海安全地航行，到美國西部定居，自信地種植農作物並抵禦疾病。

1856年，史密森尼學會的第一任會長約瑟·亨利在華盛頓特區總部的大廳裡掛了一張美國地圖。每天早上，他會貼上彩色小圓盤來顯示全國的天氣：天空晴朗的地方貼白色的，下雪的地方貼藍色的，黑色代表下雨，棕色代表陰天。每個圓盤上的箭頭也可以讓他標註風向。這種圖像化的地圖很快就成為「備受關注的對象」。遊客第一次可以看到這個不斷擴張的國家的天氣狀況。

資料來源：SMITHSONIAN INSTITUTION ARCHIVES

雖然這張地圖按照現在的標準來看很簡單，不過它包含了亨利每天選擇正確顏色所需的努力和付出。首先，他需要說服電報公司在每天上午十點發送天氣預報。然後他必須在每個車站安裝溫度計、氣壓計、風向標和雨量計——對馬車和火車來說這不是什麼小工程，因為這類儀器經常在運輸途中損壞。為了對北美的氣候進行長期研究，亨利從緬因州到密西西比州，最後還從加州到加勒比海，招募了學者、農民和其他義工。這些渴望做出貢獻的「史密森尼觀察員」每天接收三次標準化表格上的讀數，並且每個月把這些資料郵寄到華盛頓。

繪製每日天氣狀況圖又是一件事。從各方得來的大量資料裡理出天氣趨向，所需要的處理工作要比亨利的小團隊能應付的量還要多。在他的 1857 年年度報告裡，他理直氣壯地說明了這個問題有多嚴重：「收到了超過五十萬份的獨立觀察紀錄，每一份都需要經過計算來加以簡化……每份觀察紀錄平均騰出一分鐘來檢查和簡化，就要耗掉將近七百小時。」以每天七個小時的速度計算，他認為需要「三年以上的時間」來處理這一年的資料。進來的多，送出去的少。

由於積壓的資料愈來愈多，義工逐漸失去耐性。亨利曾經答應送他們一份前一年的天氣報告，以回報他們的努力。如果他沒辦法信守他開出的條件，那麼觀察員憑什麼要繼續做他們答應的事呢？1852 年冬天，麻薩諸塞州西部的一個農民寫下了他的挫折感：「在春天播種的時候，我期待最後能自己做麵包吃。剪羊毛的時候，我期待能做成衣服……心裡一直在操煩，卻只能過著吃不飽又穿不暖的日子，這樣對嗎？」

亨利除了天氣網絡，還建立了一個社交網絡。他很快就被大批實用性有問題的來信搞得暈頭轉向。內布拉斯加州的一名家庭主婦分享了他女兒的觀察：「月亮位在牡羊座或金牛座時，往往會出現寒流。」而一名芝加哥居民則是寄來了四十三幅雪晶的圖畫。然而，有時候這些觀察員完成了真正的突破。1853 年，密爾瓦基州自學成才的博物學家艾倫・拉普漢（Increase A. Lapham），以及在西邊 140 英里處的迪比克（Dubuque）的愛荷華州科學與藝術學院院長阿薩・霍爾（Asa Horr），開始了一連串的電報實驗，希望能說服威斯康辛州議會成立風暴預警系統。他們量測風暴通過氣壓槽的時間，發現風暴可以在六到八小時內橫越該州。拉普漢把他的發現轉發給亨利，兩人開始討論要不要在威斯康辛州西側州界安排更多觀察員。後來內戰就爆發了。

在戰前的極盛時期，史密森尼氣象觀測計畫有五百多名觀察員。到了 1862 年，由於許多男性選擇上戰場退出觀測計畫，亨利的團隊少了四成的人。電報線路被切斷加上以戰場訊息優先，讓他的觀測網絡功能大打折扣。接下來在 1865 年 1 月，亨利的辦公室發生火災，成了最致命的打擊。他所有的心力都轉而用來挽救倖存的資料。

由於華盛頓的領導呈現真空，亨利的公民科學家彌補了這個空缺。1869 年 9 月，

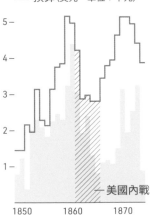

史密森尼
氣象觀察員和預算
1849-1874年

—— 觀察員（單位：百人）
　　 預算（美元，單位：千元）

—— 美國內戰

1850　　1860　　1870

雖然內戰過後觀察員人數有所回升，但聯邦的資金一直無法恢復到戰前水準。僅剩下的一點資金，在 1865 年史密森尼博物館遭遇祝融之後，用於修復損壞。1870 年，每日預報的任務轉移到美國信號服務局後，亨利最後一次懇求贊助資金，來分析數十年來的降雨、風、氣溫以及其他「具氣候特點」的資料。

資料來源：FLEMING (1990)

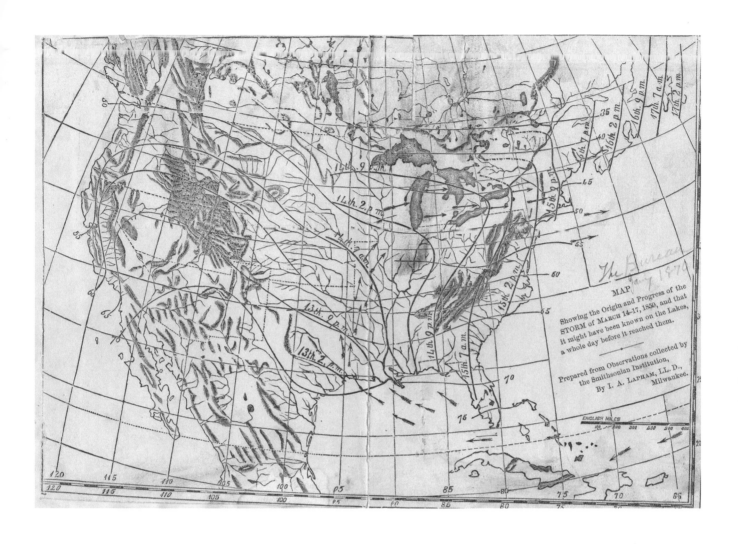

辛辛那提天文台台長克利夫蘭・阿貝（Cleveland Abbe）開始發行中西部的「天氣概要與概率」。看到阿貝帶頭做起，拉普漢也繼續呼籲提供風暴預警服務。1868年和1869年，惡劣天候肆虐五大湖，造成約3,000艘船隻受損，財產損失達700萬美元。1869年12月，拉普漢引用了這些損失數字、英格蘭和法國的成功風暴預測工作，以及他早期的實驗，向任何願意傾聽的人懇求：國家貿易委員會、科學學院、當地一家雜誌，以及威斯康辛州國會議員哈爾伯特・潘恩（Halbert E. Paine）。為了說明他的觀點，他使用1859年的史密森尼資料製作了一張地圖（上圖）：

　　這張地圖非常明顯地顯示出，風暴先是在13日下午2點左右襲擊了德州西部海岸；在那以後，它向北和向東移動，24小時後到達密西根湖，48小時後到達大西洋海岸，因此，有著電報的幫助，會有足夠的機會事先避免它帶來的危險。

《芝加哥論壇報》嘲諷拉普漢，質疑「如果需要花十年來計算一場風暴的進展」，

威斯康辛州博物學家艾倫・拉普漢，利用史密森尼觀察員收集的資料，繪製了風暴路徑圖，以證明可以追蹤它們從東到西的動向。他的地圖幫助說服了美國國會成立全國的風暴預警系統。

那麼預警系統有「什麼實用價值？」另一方面，曾在博物學家羅密士底下研究過風暴的國會議員潘恩，就比較不需要說服。他在冬季休會前，匆忙向國會提交了一項法案。在新的一年裡，一項在美國陸軍通訊處下建立風暴預警系統的聯合決議，無異議通過。格蘭特總統在隔週簽署了該決議正式立法。當時七十多歲的約瑟‧亨利看到有人擔起這項重任，鬆了一口氣。

但是事情不會一下子就撥雲見日。儘管政府下令建立早期預警系統，但還是有人討厭天氣預測。財政鷹派找不到正當理由去投資錯誤的預報；宗教狂熱者無法忍受這樣的狂妄自大；對抱持懷疑態度的民眾保持戒慎恐懼的政客們，也沒辦法忍受後果。因此觀察員被指示要避重就輕。他們會報告「概率」和「跡象」，但不會提早超過二十四小時。禁止使用「龍捲風」這個詞，以免引發恐慌。1900 年，儘管觀察員在幾天前就預測加爾維斯頓大颶風（Great Galveston Hurricane）會登陸，但後來成為美國氣象局局長的威利斯‧L‧摩爾（Willis L. Moore）拒絕向德州發布風暴警報。等到風暴通過時，死了八千人。

資料總是會有人懷疑和否認。所以，當我們知道我們今天面臨的問題並非新問題，就可以放心一些。儘管有反對者，氣象局仍然堅持著。科學進步了。技術發展出來了。由於愈來愈多人和企業認為信任專家符合他們的最大利益，民眾開始慢慢不再抱持懷疑態度。

1961 年 9 月，颶風卡拉橫掃墨西哥灣時，當地的新聞小組決定，在德州加爾維斯頓的美國氣象局辦公室進行現場直播，那裡擁有該地區最強大的雷達。氣象主播是一位名叫丹‧拉瑟（Dan Rather）的年輕記者。當雷達掃描圖把看不見的東西呈現在大家眼前時，他告訴觀眾：「這裡就是颶風眼。」今天我們認為雷達氣象圖是理所當然，但是在 1961 年以前，沒有人見過氣象圖。拉瑟這神來一筆，很可能救了數千人的生命，他很清楚，想要讓觀眾了解到風暴的大小、位置和迫在眉睫的危險，光用氣象雷達是不夠的。人們需要一種比例尺的感覺。所以拉瑟找來一名氣象學家在透明塑膠片上畫上德州海岸線，之後他把塑膠片拿來覆蓋在雷達面板上。

多年後拉瑟回憶道，在他說「一英寸相當於五十英里距離」時，可以聽到攝影棚裡的人倒吸了一口氣。「任何有眼睛的人都可以估算出這個颶風的大小。」親眼看到正在接近的呼嘯聲，說服了三十五萬德州居民離開家園避難，這是當時美國歷史上和天氣有關的最大規模疏散。結果，卡拉颶風造成的損失是六十年前加爾維斯頓颶風的兩倍，但這次只有 46 人喪生。

當然，預測不見得都準確，但是一直都在改進。預測明天你需要帶雨傘、或是下週需要掃雪機，如今不再是異端邪說。信任氣象學使我們的社區、通勤和商業活動更加安全。氣候科學也可能如此。想像一下，如果有一天，我們能夠像現在

◆

信任氣象學
使我們的社區、通勤和商業活動更加安全。**氣候科學**也可能如此。

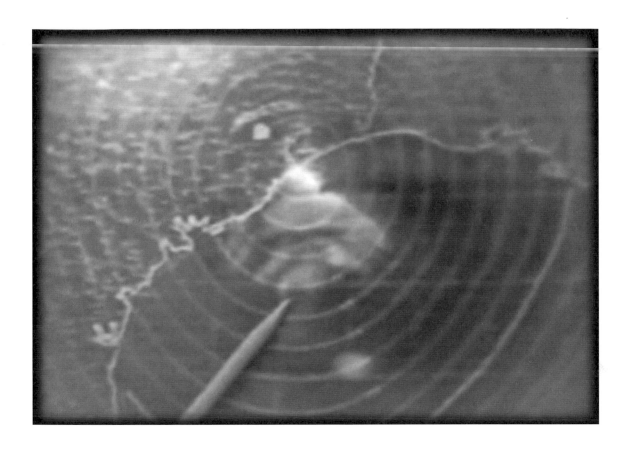

用五天為一週來規劃工作那樣，根據五十年期的預測來規劃我們的生涯、購屋，以及通過政策……

　　目前的氣候預報預測，到2100年時，全球的平均氣溫——至少——比工業革命前的平均氣溫高2度。談起這件事，專家們已經不再含糊其詞了。這不是氣候變遷——我們正在面臨氣候危機。在這一章裡，我們會讓大家看到全球暖化怎麼影響颶風、朝聖活動等等；我們估算了阿拉斯加的冰川流失量，以及馬紹爾群島的海平面上升程度；我們展示了高科技方法怎麼協助我們監測大氣變化，並實際處理問題。

　　收集資料並加以圖像化，提供我們採取行動的知識，就像約瑟·亨利和早期天氣觀察員所做的一樣。我們利用這些知識做什麼事，是政治意志問題。是的，要減少危害是有代價的，但是什麼都不做所付出的代價就足以抵過了。一百五十年前，威斯康辛州的自學博物學家拉普漢在呼籲提供風暴預警系統時說得最好：「毫無疑問，既會失敗也會犯錯；在整個系統完美運作之前，還需要進行許多實驗和反覆觀察。但是，追求的目標難道沒有重要到能證明這種犧牲是正當的嗎？要阻止即將到來的風暴的確為時已晚，但是我們還有時間用木板把窗戶封起來。」

在1961年9月9日的現場直播中，丹·拉瑟用鉛筆、雷達和手繪的海岸線展示了在德州加爾維斯頓海岸附近的卡拉颶風的颶風眼。雖然今日氣象雷達圖無處不在，但當時拉瑟的觀眾以前從未見過。

熱梯度

全世界正一年又一年地在變暖。

對於氣候危機的主要誤解之一，是認為暖化會是均勻的。否認全球正在暖化的人會引用這裡的冷鋒、還有那裡的暴風雪，來證明氣候科學在胡說八道。這種惡意的論點忽略了天氣與氣候之間的不同。天氣會匆匆忙忙離開，氣候則會脫下外套再待一段時間。就像右邊一格一格的小方塊所呈現的那樣，我們迎接進來的氣候，是個躁動的房客。

每一個方塊代表從1890年到2019年的每一年，根據溫度偏離可靠基線期（1961-1990年）的方式和位置做上色處理。看過從左到右的這幾十年，可以知道一個令人震驚的模式。雖然熱浪和寒流的顏色散布在格子上，但這個世紀的方塊卻充滿著暖色調。其中包括了2020年，還有從2005年以來，在紀錄上最熱的十年。

溫度異常(℃)
1890-2019年

-2 -1 0 +1 +2 +3　　　資料不足

最溫暖的前十年

赤道　澳大利亞

北美洲　亞洲　+北極

南美洲　歐洲

非洲

南極洲

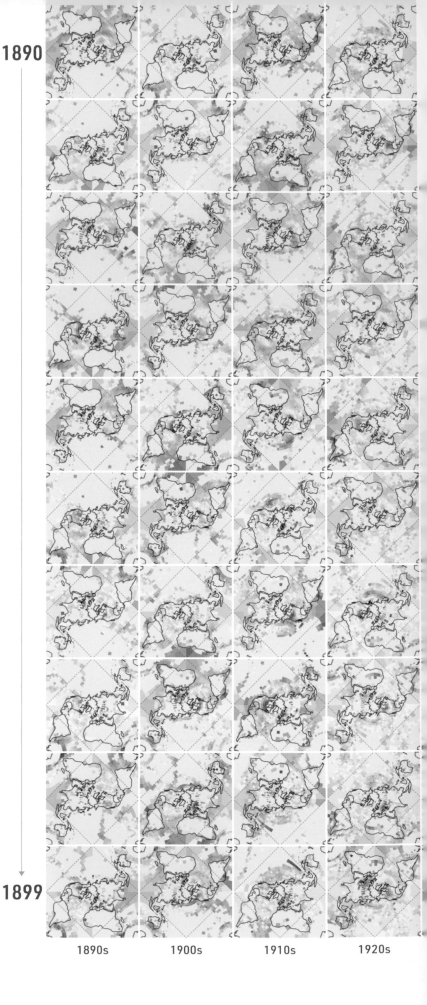

1890

1899

1890s　　1900s　　1910s　　1920s

資料來源：MET OFFICE HADLEY CENTRE HADCRUT.4.6

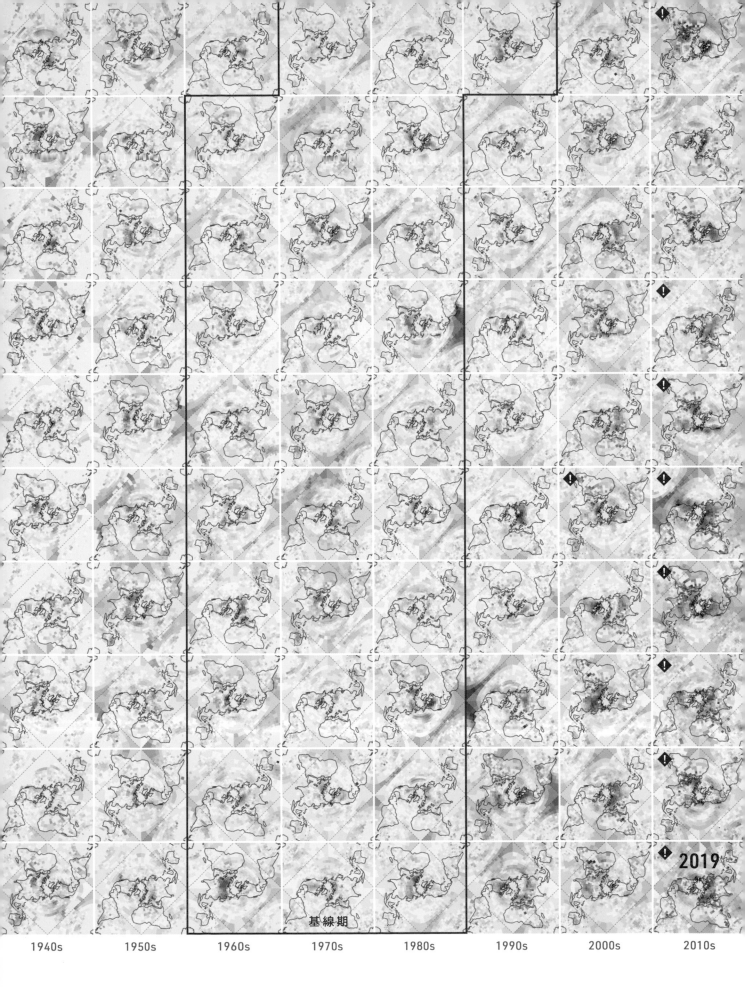

基線期

1940s 1950s 1960s 1970s 1980s 1990s 2000s 2010s

2019

ATLAS OF THE INVISIBLE

熱負荷風險
━━ 極危
━━ 高
━━ 上升

◇ 致命事件

各國穆斯林人口，
2020年

▉ 200百萬
▉ 100
▉ 10
▉ 1
▉ 0.1

無資料

這張太陽曆列出了本世紀
每一次朝聖活動的預定日期。
由於伊斯蘭曆法是遵循月球的週期，
所以每一年的活動都會
大約提前十一天舉行。

十二月　十一月　十月　九月　八月　七月　六月　五月　二月　一月

2100　'80　'60　'40　'20　2000

2075　2044　2012　2015　2020　2051　2083

每年朝聖活動會提前11天

北美洲　歐洲　亞洲　麥加。　南美洲　非洲　澳大利亞　南極洲　赤道

資料來源：KANG ET AL (2019); WIKIPEDIA

熱到沒辦法去朝聖？

活動規劃者和朝聖者必須考慮到的威脅，不是只有大流行病。

　　近十四個世紀以來，一直有朝聖者前往麥加朝聖。根據伊斯蘭教的第五功（「功」是指教徒必須實踐的原則），所有身體和經濟能力許可的穆斯林，一生都應該至少踏上一次這神聖的旅程。由於航空旅行的費用變得愈來愈容易負擔，朝聖的人數驟增。光是在2019年，就有250萬名來自二十多國的朝聖者參加。然而，在2020年6月，沙烏地阿拉伯的新冠肺炎病例與死亡人數開始暴增時，該國就宣布嚴格限制可以前來朝聖的人。就算在大流行病退燒後，仍然有正當理由限制群眾進來。

　　這種朝聖是一個進行多日的戶外儀式。在第二天，朝聖者必須在沙漠裡步行十幾公里。這是持續不了太久的。從1990年代以來，沙烏地阿拉伯西部的氣溫一直在升高，熱負荷的出現頻率也在增加。在麥加附近，從8月到10月底最常出現這樣的危險狀況，在這段期間，從紅海吹過來的風，會把潮濕的空氣和內陸的酷熱混合起來。2015年的朝聖活動是在9月舉行的，在那段期間，有超過兩千名朝聖者在踩踏事件中喪生。雖然推擠的確切原因並不清楚，但是天氣太熱可能讓傷亡變得更嚴重；當年的最高氣溫為48.3°C。如果全球的溫室氣體排放不減，到了2044至2051年以及2075至2083年期間的風險，將會同樣嚴重或者更糟。在沿途增加更多遮蔭處、飲水和植被會有幫助。政府官員還需要確保朝聖者知道他們可以獲得醫療豁免，以躲避陽光。

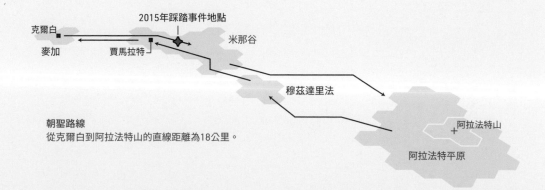

朝聖路線
從克爾白到阿拉法特山的直線距離為18公里。

第1天
抵達麥加之後，朝聖者乘坐巴士前往米那谷（Mina Valley）一個有空調營帳的大片營地。

第2天
朝聖者步行12公里來到阿拉法特平原（Plain of Arafat），在那裡站到日落。晚上在穆茲達里法過夜。

第3到第5天
黎明時，朝聖者返回米那「對魔鬼丟石頭」，然後前往麥加的克爾白（Kaaba）。朝聖活動在米那以「古爾邦節」結束。有些人會延長停留時間，重複第三天的儀式再回家。

用六邊形來表示活躍的植被火災
2018年11月 - 2019年10月

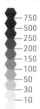

衛星上的熱感應器，可以檢測到
像停車位那麼小的地方發生的火災
產生的熱，這裡的圖呈現了
營溪大火這場2018年損失最慘重的
自然災害之後一年內，
發生過多處植被火災的區域。

火燒傷疤

有時候，這個世界像是著了火似的。這是事實。

2018年11月，加州營溪大火（the Camp Fire）燒毀了加州北部的小鎮「天堂鎮」。從那時候起，美國西部這種規模的火災只增不減，而從亞馬遜流域到印尼，以火耕維生的農民和牧場地主放火燒了熱帶森林；西雅圖和新加坡的天際線被濃煙遮蔽；澳大利亞的叢林大火，使其野生動物族群生靈塗炭。對其中許多地區來說，大火一直是自然景觀的一部分，但是在西伯利亞發生的事情，是前所未有的。

俄羅斯維科揚斯克的氣溫，在2020年白天最長的那天達到38°C。這是紀錄上北極圈以北最熱的一天。光是這一點就要令人擔心了；以趨向的一部分來看，這點很可怕。六個月前，西伯利亞的氣溫開始達到往後八十年的氣候模型裡，都沒預料到的最壞情況。這種持續的高溫使得森林變成了火災的溫床；乾燥的泥炭地變成了地下燃料庫。到夏至時，在薩哈共和國被燒掉了總面積比莫斯科還大的森林。煙流延伸到了阿拉斯加，那年6月被帶進天空的碳，比比利時一整年的排放量還要多。

狀況變本加厲了。在火災探測衛星的資料裡，大氣科學家注意到一個不太妙的模式：2020年西伯利亞火災的地點，和2019年的許多火災地點一致，這代表這些火可能從沒完全燒完。相反的，這些「殭屍之火」在冬天時在土壤裡面悶燒，並且在春天復燃。如果真是這樣，這意味著傷口在未來幾年會潰爛。

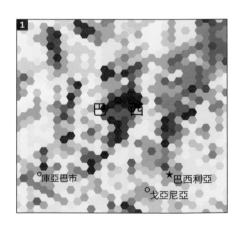

亞馬遜雨林
巴西的雨林是天然的二氧化碳清淨機，但波索納洛總統認為它是個拿來盡量用的資源，而不是拿來保護的。2019年，也就是他上任的第一年，衛星在亞馬遜地區探測到的熱點比前一年多了21,000個——而他痛斥這些數字是「謊言」。

資料來源：NASA FIRMS

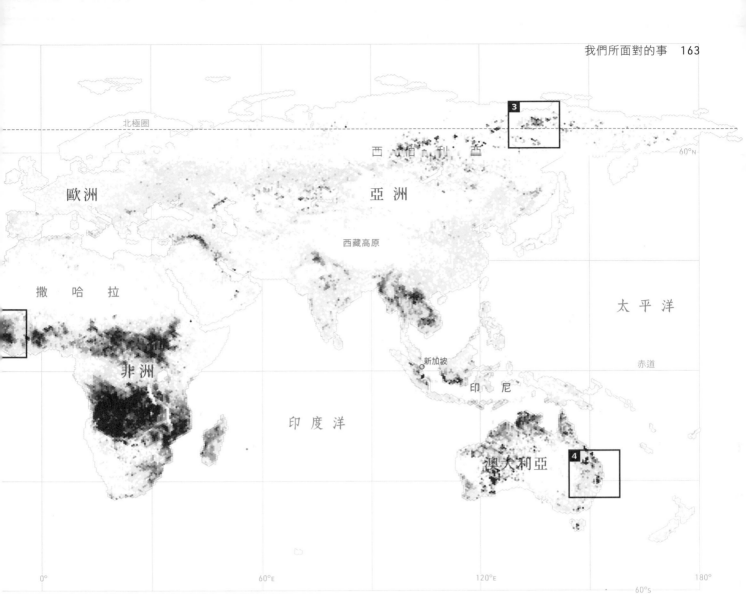

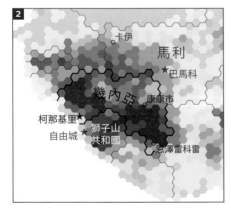

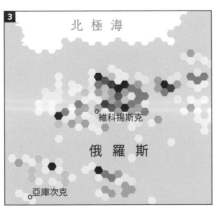

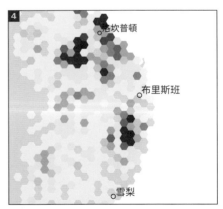

西非

世界各地的農民會放火清理耕作或畜牧的土地。在非洲，這張地圖上的紅色色帶反映了赤道的季節變化。幾內亞的旱季在12月至5月期間觸發火災警報，而安哥拉則是在5月至10月期間觸發火災警報。

西伯利亞

隨著融雪和苔原變暖，俄羅斯西伯利亞的火災季節從4月開始。近年來，它的氣溫也足以讓永凍土層融化。當碳含量極高的土壤解凍時，溫室氣體會逸出，這些氣體和野火霧霾一起加劇了大氣暖化、永凍土解凍和復燃的惡性循環。

澳大利亞

熱浪和乾旱，使得叢林大火季節變得更長、更致命。2018年，第一場火災在8月開始。一年後，大火在6月開始。據估計，2019至2020年的火災造成至少十億隻動物、以及將近全球三分之一數量的無尾熊死亡。

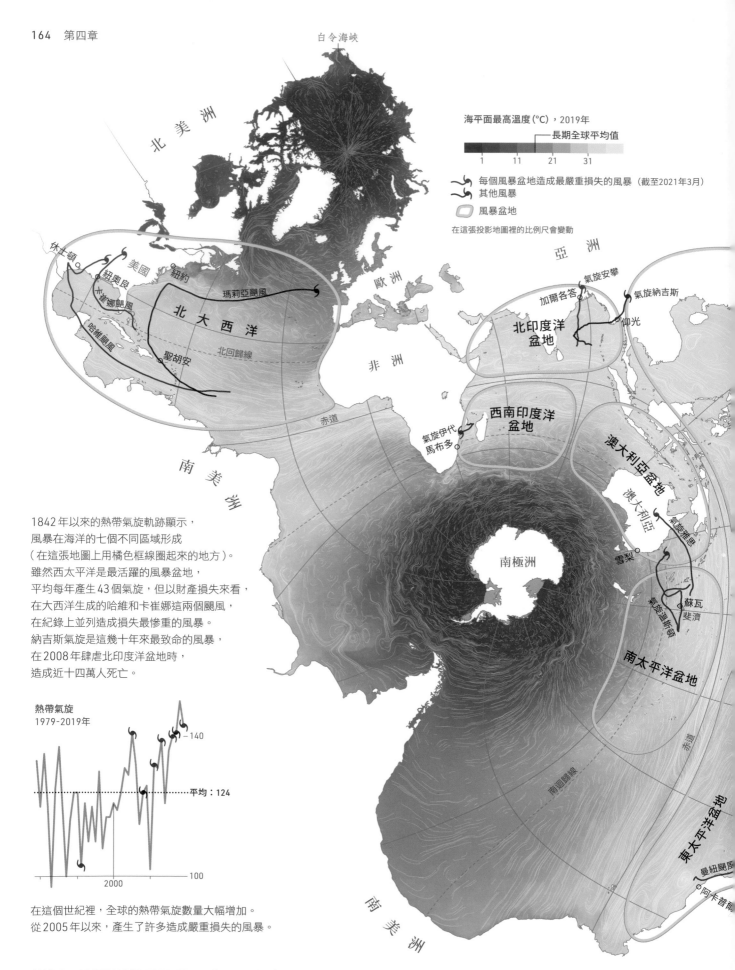

白令海峽

北美洲

海平面最高溫度(℃),2019年
長期全球平均值
1　11　21　31

每個風暴盆地造成最嚴重損失的風暴（截至2021年3月）
其他風暴
風暴盆地
在這張投影地圖裡的比例尺會變動

亞　洲

歐　洲

休士頓
美國
紐約
紐奧良
卡崔娜颶風
瑪莉亞颶風
北大西洋
哈維颶風
北回歸線
聖胡安

氣旋安攀
加爾各答
氣旋納吉斯
北印度洋
盆地
仰光

非　洲

西南印度洋
盆地
氣旋伊代
馬布多

澳大利亞盆地
澳大利亞
氣旋提思

南美洲

赤道

雪梨

南極洲

蘇瓦
斐濟

氣旋温斯頓

南太平洋盆地

1842年以來的熱帶氣旋軌跡顯示,
風暴在海洋的七個不同區域形成
(在這張地圖上用橘色框線圈起來的地方)。
雖然西太平洋是最活躍的風暴盆地,
平均每年產生43個氣旋,但以財產損失來看,
在大西洋生成的哈維和卡崔娜這兩個颶風,
在紀錄上並列造成損失最慘重的風暴。
納吉斯氣旋是這幾十年來最致命的風暴,
在2008年肆虐北印度洋盆地時,
造成近十四萬人死亡。

熱帶氣旋
1979-2019年

－140

平均:124

100

2000

南迴歸線

赤道

東太平洋盆地

曼紐颶風

阿卡普爾科

南美洲

在這個世紀裡,全球的熱帶氣旋數量大幅增加。
從2005年以來,產生了許多造成嚴重損失的風暴。

資料來源:NCEI IBTRACS (HURRICANE TRACKS); NCAR SODA (OCEAN CURRENTS); NOAA CORAL REEF WATCH (TEMPERATURE DATA); WIKIPEDIA (CHART)

海平面溫度的異常程度（℃），2019年
（同長期全球平均值做比較）

負值

+1　3　5　7

白令海峽

北極海

大西洋

赤道

印度洋

太平洋

白令海峽

赤道

北回歸線

南回歸線

亞洲

西太平洋盆地

長崎

東京

密瑞兒颱風

白令海峽

北美洲

美國

充滿暴風雨的海洋

沒有海岸能免受全球高溫的連鎖反應。

　　穿著深色西裝坐在太陽底下，你就會感受到海洋的負擔。這個奇異的物質一整天，每一天，都在吸收太陽能。在過去的五十年裡，它所吸收的由溫室氣體留住再釋出的多餘熱量，也超過了其應有的占比。這張地圖把全球的各大洋視為相互連通的水體——一個表面溫度都在迅速升高的水體。2019年，北極水域的水溫比歷史平均值高出了攝氏7度（參見上圖）。

　　就像九頭蛇的頭一樣，影響會成倍增加。你最常聽到的海冰融化和海平面上升，我們在第166至171頁做了探討。其他的後果比較不為人知。溫暖的海水，裡面的含氧量會比較少，對溫度敏感的物種也會死亡，會把更多濕氣打進空氣中，也擾亂了洋流和大氣氣流。反過來說，數百個缺氧的「死區」會危及漁業和食物鏈；澳大利亞大堡礁的珊瑚已經死掉一半；風暴的規模、強度和飽和度已經大幅增強，而且這些怪物風暴在登陸之後還會停留更長時間。颶風哈維是美國歷史上水氣最重的風暴，2017年在休士頓周圍徘徊了四天，下了超過一米的豪雨，造成1,250億美元的損失。

伯納斯灣

冰流

現在冰河已不再慢慢流動了。

　　朱諾冰原（Juneau Icefield）是北美第五大冰原，橫跨美國和加拿大的邊界，西面是原始熱帶雨林，在東部則布滿了育空河的支流。從它的中心流淌著滔滔不歇的塔庫冰川（Taku Glacier），儘管全球變暖，它仍在前進，一直到 2018 年。然後就開始倒退了。

　　冰川的行為就像巨大的輸送帶。雪在頂部堆積，壓縮成堅硬的冰，然後逐漸滑下山谷，到達冰川的出口處融化。參與朱諾冰原研究計畫的科學家使用一個叫做「質量平衡」（mass balance）的簡單公式，來衡量這個冰川系統的健康狀況。往前進的冰川，質量平衡值是正值，因為從頂部進入冰川的冰雪，要比從出口處流出的要多。在塔庫冰川（以及現在地球上的大多數其他冰川）的情況裡，這個比例已經顛倒過來了。每年夏天都融化掉這麼多雪，導致頂部無法聚積出冰塊。基本上，冰川現在是入不敷出。由於反射陽光的冰雪面積減少，吸收陽光的裸露岩石面積增加，該地區的溫度會升高並且加速冰川倒退。根據某些情況，這個冰原將在兩百年後消失。

測量冰川速度的一種方法，是使用衛星圖像來追蹤冰川表面特徵的運動。在右圖的多彩冰川中，比較暖色的代表流速更快。這項技術雖然不比地面調查精確，但能讓我們快速觀察全球冰川的健康情形。

朱諾冰原

北 美 洲

美 國

費佛瑞特海峽

冰川表面年平均速度，2018年（米／年）

0　　　　200　　　400

0　　　　　　　　5公里

資料來源：NASA/JPL-CALTECH; POLAR GEOSPATIAL CENTER; NASA LCLUC

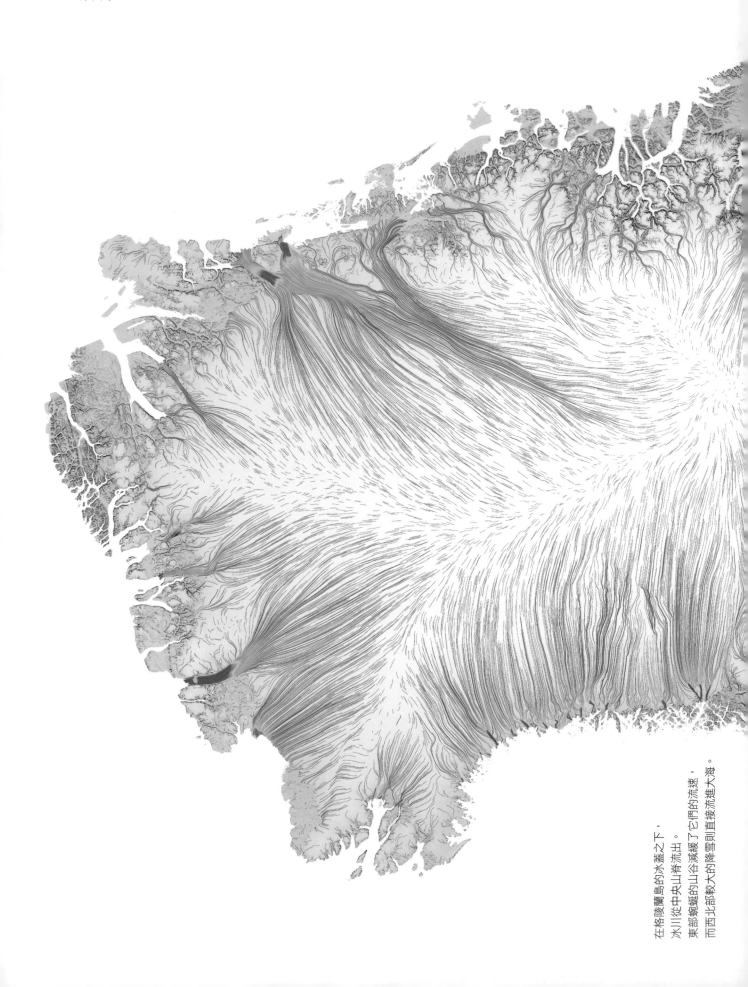

在格陵蘭島的冰蓋之下，冰川從中央山脊流出。東部蜿蜒的山谷減緩了它們的流速，而西北部較大的降雪則直接流進大海。

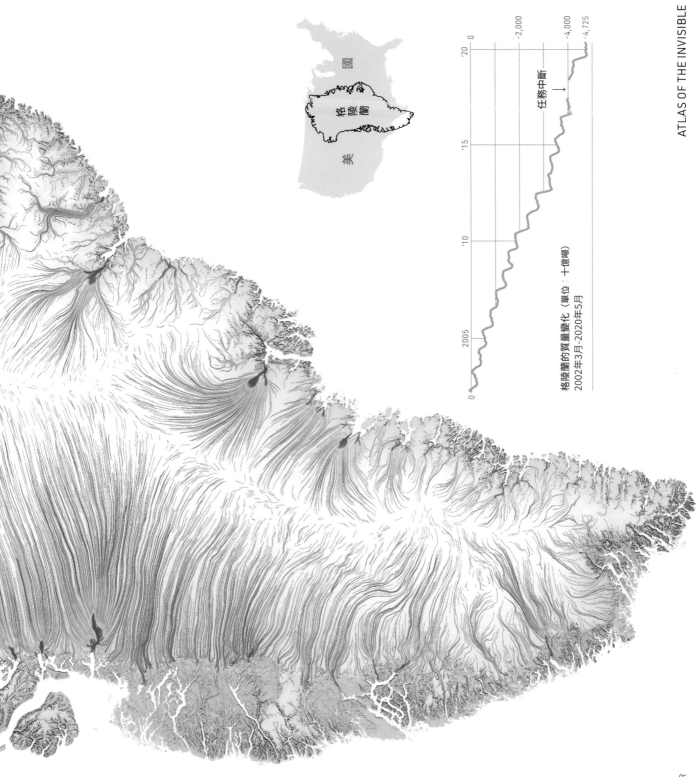

格陵蘭的質量變化（單位：十億噸）
2002年3月-2020年5月

任務中斷

表面平均流速，2018年

0　　500米　　1公里／年

0　　　　200公里

雖然朱諾水原消失對
全球海平面的影響不大，
但格陵蘭冰蓋消失則會引發大災難。
海平面會因此上升7米，
淹沒整個國家（參見第170-171頁）。

唉，大融雪已經是現在進行式。
格陵蘭島在2019年又損失了
六千億噸的冰，使它比二十年前
少了大約五萬億噸。部分問題在於，
一旦融雪開始，就很難停下來。
溫暖的融水的融水池最後會滲入冰川，
這會使冰川底部軟化並潤滑，
加速它滑行到更溫暖的高度，
進而使冰更加軟化並且滑動得更快。

資料來源：NASA; POLAR GEOSPATIAL CENTER

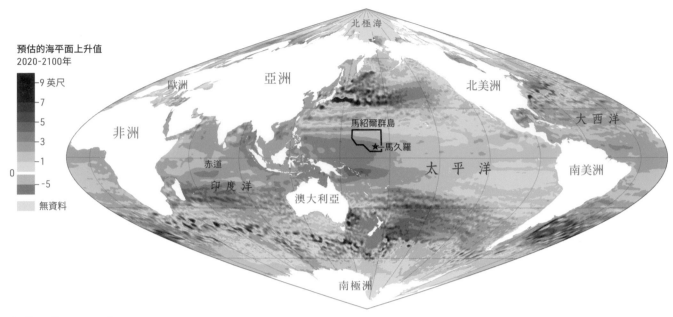

預估的海平面上升值
2020-2100年

9 英尺
7
5
3
1
0
-1
-5

無資料

北極海

歐洲   亞洲   北美洲

非洲   大西洋

馬紹爾群島

赤道   ★ 馬久羅   太平洋

印度洋   南美洲

澳大利亞

南極洲

涉水而行

在南太平洋，許多島國正在為生存而戰。

　　馬紹爾群島很有韌性。1945年到1958年間，美國軍方的核子試爆計畫在該群島引爆了67枚核彈，至今該國仍然深受其後果影響。這個由一千多個島嶼組成的國家，現在正和氣候危機如瀑布般的襲擊奮戰著：愈來愈強的颱風、致命的藻華現象（algal bloom）、嚴重的乾旱、登革熱和海平面上升的範圍不斷蔓延。馬紹爾人能承受的只有這麼多。

　　大約三分之一的人已經住到美國去了。還留下來的那些人，感覺到自己的未來正被偷走。在2019年聯合國氣候變遷大會上，當時的總統希爾達‧海妮（Hilda Heine）在演講中總結了局勢的嚴重性：「對任何不打算逃離的人來說，這是一場生死搏鬥。就一個國家的立場，我們拒絕逃離。但我們也拒絕等死。」如果預計的海平面上升速度沒有顯著變化，也沒有對海岸防護進行巨額投資，到了本世紀末，在這張該國首都地圖中的藍色區域，很可能會消失在大海裡。

海平面上升的程度，
並不是全球都一致的（參見上圖）。
洋流、天氣模式和不同的
暖化速度都會產生影響。
西太平洋島嶼面臨的威脅，
要比太平洋東半部的島嶼群更大。

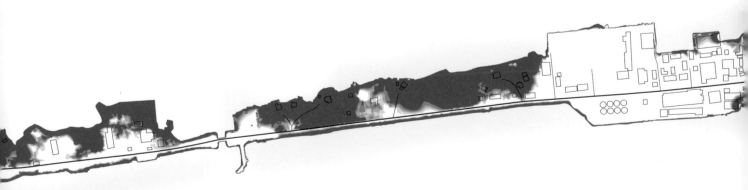

阿萊勒博物館與
公共圖書館

烏利加碼頭

馬紹爾群島學院

警察局

消防局

學校

藥局

馬紹爾群島
遊客管理處

國家通訊傳播
管理處

雖然國會大樓和
其他主要建築都興建在
地勢較高的地方，
但如果主要道路、橋梁
和住宅區都在水下，
馬紹爾群島政府所在地
馬久羅就無法運作。

學校

學校

目前的高潮線

海洋淹沒的機率
2020-2100年

75-100%機率
50-74.9
25-49.9
5-24.9
小於5%

礁岩

0　　　200米

會議中心

國會大樓

醫院

德雷普
公園

超市

網球場

馬紹爾群島
渡假飯店

市政府

學校

羅格朗

羅拉

馬　久　羅　環　礁

達利特

阿馬塔·卡布阿
國際機場

0　　　　　10公里

地圖區域

資料來源：GESCH ET AL. (2020); NOAA

ATLAS OF THE INVISIBLE

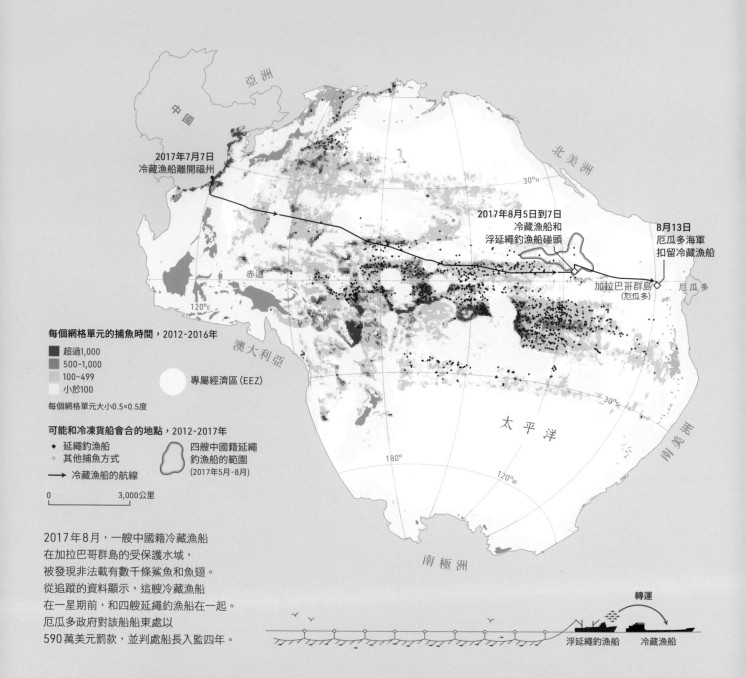

每個網格單元的捕魚時間，2012-2016年

■ 超過1,000
■ 500-1,000
■ 100-499
□ 小於100

○ 專屬經濟區 (EEZ)

每個網格單元大小0.5×0.5度

可能和冷凍貨船會合的地點，2012-2017年

◆ 延繩釣漁船
◇ 其他捕魚方式

→ 冷藏漁船的航線

四艘中國籍延繩
釣漁船的範圍
(2017年5月-8月)

0　　　3,000公里

亞洲

中國

2017年7月7日
冷藏漁船離開福州

30°N

北美洲

2017年8月5日到7日
冷藏漁船和
浮延繩釣漁船碰頭

8月13日
厄瓜多海軍
扣留冷藏漁船

加拉巴哥群島
(厄瓜多)

厄瓜多

赤道

120°E

澳大利亞

太平洋

30°S

180°

120°W

南極洲

轉運

浮延繩釣漁船　冷藏漁船

2017年8月，一艘中國籍冷藏漁船
在加拉巴哥群島的受保護水域，
被發現非法載有數千條鯊魚和魚翅。
從追蹤的資料顯示，這艘冷藏漁船
在一星期前，和四艘延繩釣漁船在一起。
厄瓜多政府對該船船東處以
590萬美元罰款，並判處船長入監四年。

在海上逮人

漁船的蹤跡讓非法活動露出馬腳。

對於全球的漁業而言，氣候變遷的影響已經浮現。
一項對海水溫度和魚類族群所做的全球調查發現，
由於海洋開始變暖，上個世紀的漁獲量開始下降。
如果魚繼續逃往較冷的水域，飲食和經濟依賴海鮮
的島國就前景堪憂了。過度捕撈讓這種狀況更加
嚴峻。一旦海裡的魚變少，牠們就更難繁衍，因為
——海裡的魚比較少。

資料來源：GLOBAL FISHING WATCH

北極海

北美洲

亞洲

中國

歐洲

大西洋

30°N

非洲

赤道

南美洲

厄瓜多

模里西斯

印度洋

120°

澳大利亞

30°S

南極洲

60°W

0°

60°E

印度洋上的冷藏漁船
在會合後經常會開往模里西斯；
在大西洋，很多漁船
是開往西非的港口。

延繩釣漁船可以拖曳
長達一百多公里的帶餌魚鉤線。

　　幸運的是，我們在消滅過度捕撈的戰鬥中，有了新的武器。衛星和陸基接收站記錄了船隻的路線，使「全球漁業觀察」（Global Fishing Watch）這類組織能夠把不同捕魚方法的獨特移動特徵分隔開來進行研究。延繩釣漁船在公海航行（上圖），而拖網漁船和釣魷魚船則是在大陸棚上或是附近作業（參見下文）。在分析從2012年以來的近370億個資料點時，

「全球漁業觀察」還學會了要注意冷藏貨船（reefer）貼著漁船旁邊移動的情況。出現這種模式通常代表違法捕撈後在卸下漁獲，尤其是在國際水域上。漁船會這麼做是為了規避法規，並且在停留在海上作業的同時，把漁獲快速送到市場。在以前，是看不見這些轉運方法的。現在我們能夠把這些點連起來，看到海洋上的犯罪行為逐步浮現。

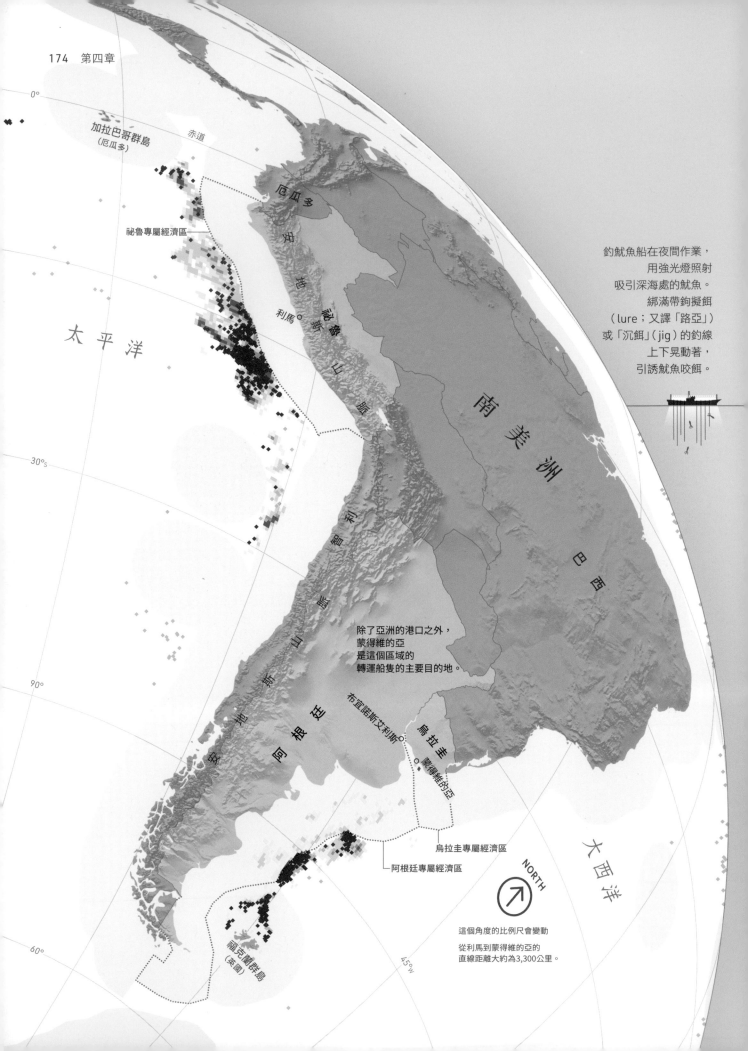

0°

加拉巴哥群島
（厄瓜多）

赤道

厄瓜多

祕魯專屬經濟區

安地斯山脈

利馬

太平洋

南美洲

祕魯

巴西

30°S

智利

安地斯山脈

阿根廷

90°

布宜諾斯艾利斯

烏拉圭

蒙得維的亞

大西洋

烏拉圭專屬經濟區

阿根廷專屬經濟區

60°

福克蘭群島
（英國）

45°W

釣魷魚船在夜間作業，
用強光燈照射
吸引深海處的魷魚。
綁滿帶鉤擬餌
（lure；又譯「路亞」）
或「沉餌」（jig）的釣線
上下晃動著，
引誘魷魚咬餌。

除了亞洲的港口之外，
蒙得維的亞
是這個區域的
轉運船隻的主要目的地。

NORTH

這個角度的比例尺會變動

從利馬到蒙得維的亞的
直線距離大約為3,300公里。

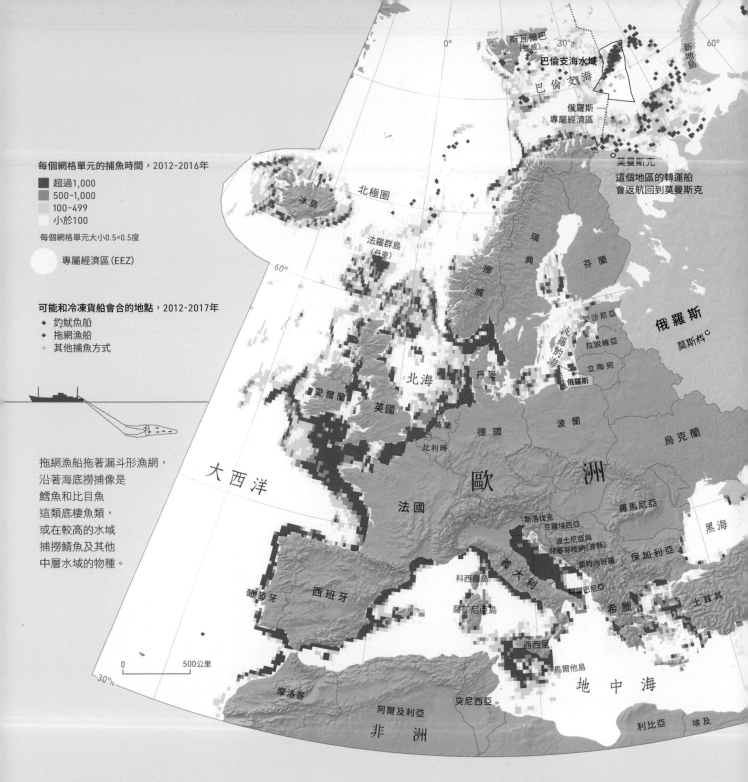

每個網格單元的捕魚時間，2012-2016年

- 超過1,000
- 500-1,000
- 100-499
- 小於100

每個網格單元大小0.5×0.5度

○ 專屬經濟區（EEZ）

可能和冷凍貨船會合的地點，2012-2017年

- ◆ 釣魷魚船
- ◆ 拖網漁船
- ◆ 其他捕魚方式

拖網漁船拖著漏斗形漁網，
沿著海底撈捕像是
鱈魚和比目魚
這類底棲魚類，
或在較高的水域
捕撈鯖魚及其他
中層水域的物種。

斯瓦爾巴（挪威）　新地島

巴倫支海水域

巴倫支海

俄羅斯
專屬經濟區

英曼斯克
這個地區的轉運船
會返航回到莫曼斯克

冰島

北極圈

法羅群島
（丹麥）

瑞典　芬蘭　俄羅斯

挪威

愛沙尼亞
拉脫維亞　莫斯科

波羅的海

立陶宛

北海　丹麥　俄羅斯

英國

愛爾蘭

荷蘭
比利時　德國　波蘭　烏克蘭

大西洋

歐　洲

法國

斯洛伐克
克羅埃西亞

羅馬尼亞　黑海

葡萄牙　西班牙

義大利

波士尼亞與
赫塞哥維納（波赫）

蒙特內哥羅

阿爾巴尼亞

保加利亞

希臘　土耳其

科西嘉島

薩丁尼亞島

0　500公里

30°N

摩洛哥

阿爾及利亞

西西里

馬爾他島

地　中　海

突尼西亞

非　洲

利比亞　埃及

值得關注的地區

在祕魯和阿根廷海岸的湧升流水域裡，有魷魚在繁衍生息。有些鬼祟的活動也是如此。「全球漁業觀察」組織發現了數百處可能是魷魚釣船和冷藏漁船會合點的地方，其中大多數的船會趕快把它們的漁獲運回在中國的漁港。研究人員在俄羅斯海域和被稱為「巴倫支海水域」的公海海域，發現了數百處冷藏漁船和拖網漁船的會合點。原則上，轉運是有道理的：利用母船來協助一支較小的船隊。然而實際上，在公海轉運會讓捕撈的合法性曖昧不明，也讓販賣人口和其他非法活動有可乘之機。

資料來源：GLOBAL FISHING WATCH

ATLAS OF THE INVISIBLE

繫好安全帶

氣候模擬結果預測，未來的天空會更加不平靜。

　　透明的大氣亂流會出乎意料地出現。在雲端上的你，前一分鐘還在喝著飲料，下一分鐘飲料就灑在你和鄰座的身上了——要是你沒有繫好安全帶，事態就會更加嚴重。劇烈的顛簸，會讓乘客從座位上摔下來。

　　雖然美國聯邦航空管理局報告說，2018年的十億名飛機乘客中，因為亂流而嚴重受傷只有九個人，不過風險還是存在，因為不論機長還是飛機上的儀器，都無法看到前方來勢洶洶的亂流；相反的，他們要仰賴其他機師和飛行簽派員來警告他們。

　　近年來，氣象學家已經提醒機師們，這個世紀會出現更大幅度的顛簸。模擬結果顯示，因為氣候變遷使得亂流更加不穩定，遇到出現亂流空域的機率會大幅增加，尤其是最繁忙航線的秋季和冬季。對於你接下來三十年的飛行計畫，這意味著什麼？在不那麼繁忙的熱帶地區航線的旅行者，可能不會注意到差異。然而，在北美、北大西洋和歐洲上空頻繁飛行的旅客，臉色可能會愈來愈鐵青。

推論在2050年到2080年之間，在34,000英呎高空飛行遇到中度亂流的風險變化

| -75% | 0 | 125 | 250 | 375 | 500% |

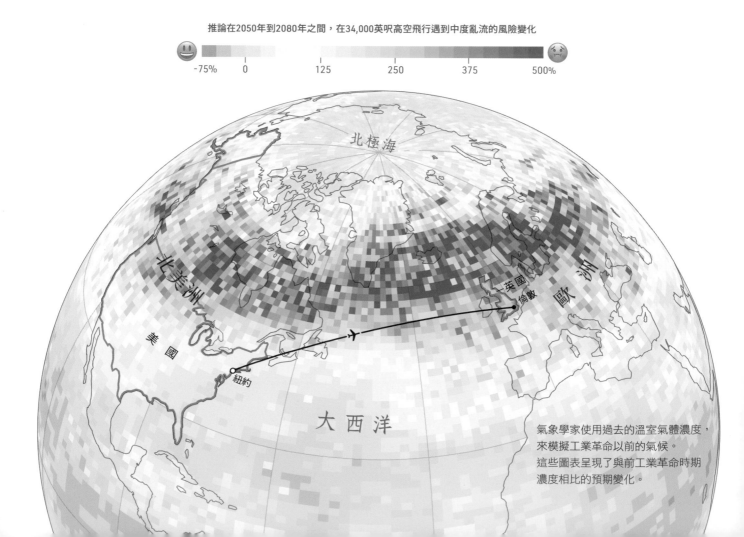

氣象學家使用過去的溫室氣體濃度，來模擬工業革命以前的氣候。
這些圖表呈現了與前工業革命時期濃度相比的預期變化。

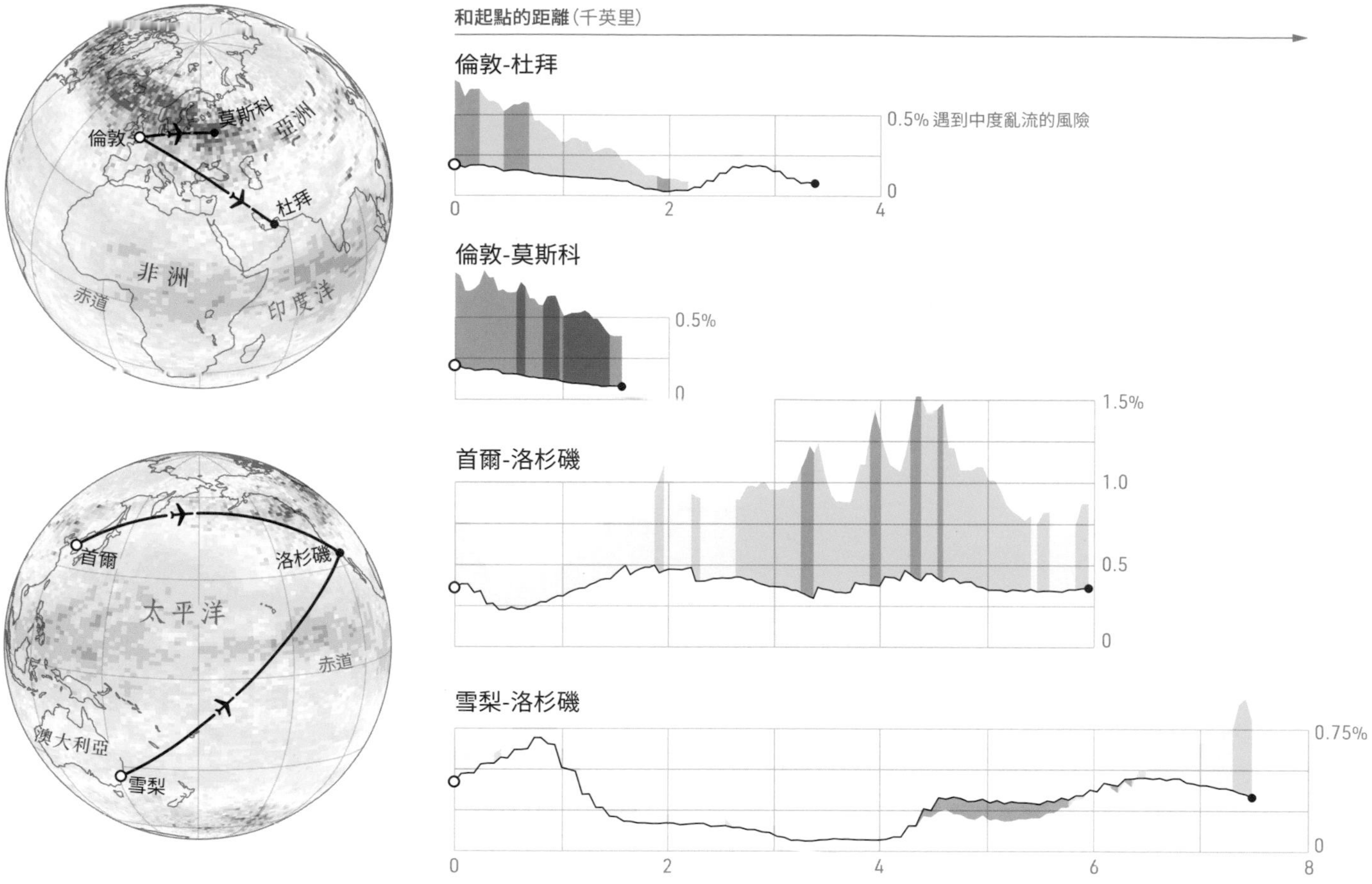

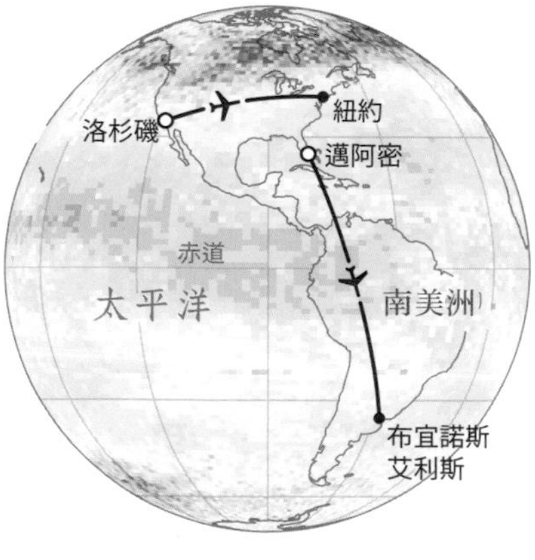

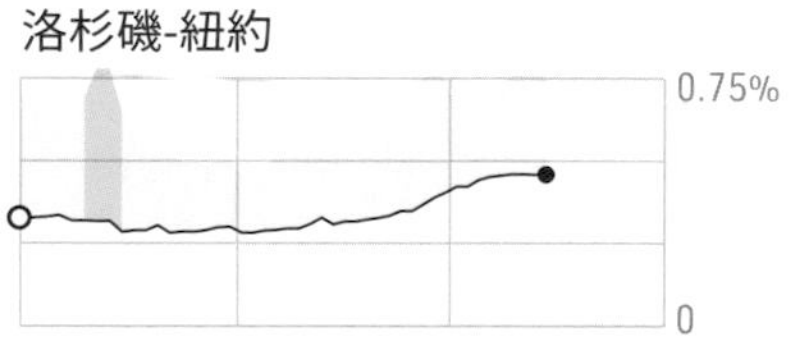

和起點的距離（千英里）

倫敦-杜拜

0.5% 遇到中度亂流的風險

0

倫敦-莫斯科

0.5%

0

首爾-洛杉磯

1.5%

1.0

0.5

0

雪梨-洛杉磯

0.75%

0

0　　2　　4　　6　　8

洛杉磯-紐約

0.75%

0

邁阿密-布宜諾斯艾利斯

0.75%

0

0　　2　　4

在這些圖表上，全球最繁忙的七條飛航航線
在目前遇到中度亂流的風險，用黑線描繪出來。
有顏色的波峰和波谷，代表推算的
2050 至 2080 年期間的風險變化。
例如，將來在紐約飛往倫敦（下圖）的航班上，
你可以預期大體上都會更不平穩。

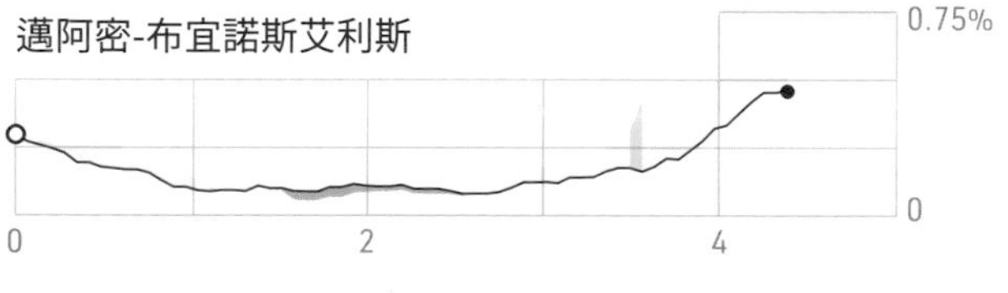

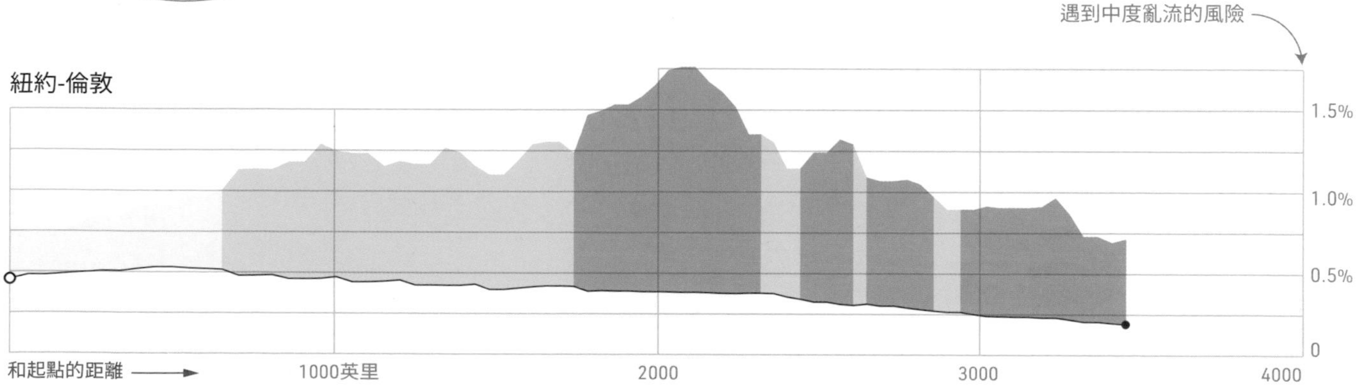

遇到中度亂流的風險

紐約-倫敦

1.5%

1.0%

0.5%

0

和起點的距離 →　　1000英里　　　2000　　　3000　　　4000

資料來源：LUKE STORER, PAUL WILLIAMS AND MANOJ JOSHI, UNIVERSITY OF READING

ATLAS OF THE INVISIBLE

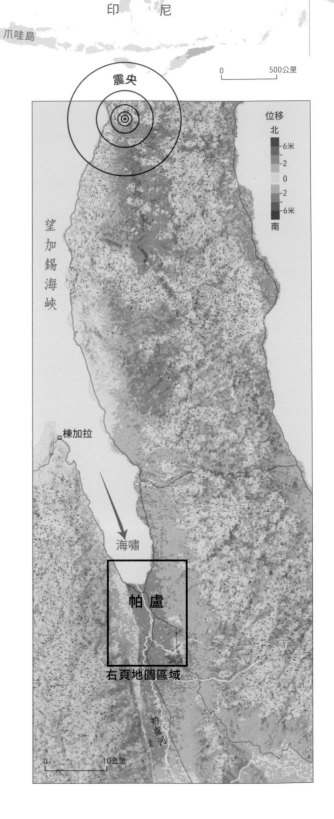

上帝之眼

衛星現在是我們的頭號緊急救難人員之一。

2018年9月28日，印尼蘇拉威西島發生7.5級地震。海底的斷層滑動造成高達六米的海浪，海嘯推送到了帕盧市。現場照片呈現出地獄般的景象：扭曲的金屬、倒塌的尖塔、被海水淹沒長達數英里的瓦礫。在這麼大範圍的破壞中，救援人員要怎麼知道該從哪裡開始？

在地震發生之後的幾個小時內，歐盟的「哥白尼緊急管理服務系統」（Copernicus Emergency Management Service）處理了新的衛星圖像，為當地官員和救援隊提供了有關毀損的實際概況：數千座建築物毀損，橋梁被沖斷，整個社區被夷為平地。比較了前後的圖像後，地質學家計算出地面位移了多遠。就像右邊的小地圖所示，斷層以西的土地向南滑動（橘色），而東部的一些地區向北傾斜多達7米（紅色）。由於地面位移會截斷道路、水壩和輸氣管線，因此這類地圖對於協助緊急救難人員辨識風險、以及防止進一步傷亡，相當重要。

截至2021年3月，歐盟的快速製圖服務已經製作完成五千多張接近實時的全球洪水、火災、風暴與其他危機的地圖。在2014至2016年西非伊波拉疫情期間，衛星甚至負責確定蝙蝠的可能棲息地（蝙蝠是已知的一種傳播媒介）。由於全球暖化，增加了極端天氣事件的風險，但令人欣慰的是，我們知道在天災臨頭時，至少會有一些東西在守護著我們。

資料來源：FRENCH GEOLOGICAL SURVEY (BRGM). MAP ACTION CONTAINS MODIFIED COPERNICUS SENTINEL DATA (2018).

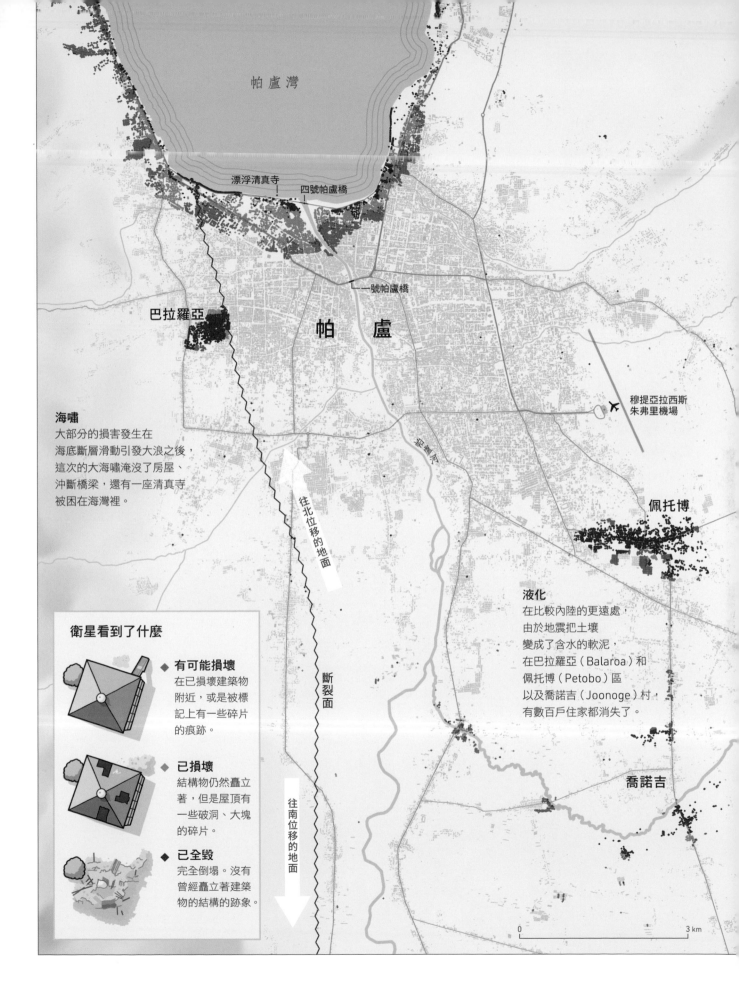

帕盧灣

漂浮清真寺

四號帕盧橋

一號帕盧橋

巴拉羅亞

帕　盧

穆提亞拉西斯
朱弗里機場

海嘯
大部分的損害發生在
海底斷層滑動引發大浪之後，
這次的大海嘯淹沒了房屋、
沖斷橋梁，還有一座清真寺
被困在海灣裡。

往北位移的地面

斷裂面

往南位移的地面

聖馬河

佩托博

液化
在比較內陸的更遠處，
由於地震把土壤
變成了含水的軟泥，
在巴拉羅亞（Balaroa）和
佩托博（Petobo）區
以及喬諾吉（Joonoge）村
有數百戶住家都消失了。

喬諾吉

衛星看到了什麼

◆ **有可能損壞**
在已損壞建築物
附近，或是被標
記上有一些碎片
的痕跡。

◆ **已損壞**
結構物仍然矗立
著，但是屋頂有
一些破洞、大塊
的碎片。

◆ **已全毀**
完全倒塌。沒有
曾經矗立著建築
物的結構的跡象。

0　　　　　　　3 km

快速行動，打破既定限制

Facebook想要把地球上的每條道路都做成數位資料，會出現什麼問題？

　　每個月大約有四萬名貢獻者登入OpenStreetMap（OSM）來繪製他們的社區地圖，或是追查在遠方地點的衛星圖像裡的道路和建築物。其成果就是世界上最詳細的地圖之一。據估計，在2016年，OpenStreetMap使用者已經繪製了全球83%的道路網。就算貢獻了這麼大的努力了，貢獻者進行的速度仍然填補不了科技公司的空白，後者現在依賴的是這項免費服務，而不是高昂的商業用替代方案。例如，已經變成網際網路供應商與社群網絡的Facebook，為了鋪設電纜就必須知道道路在哪裡，而且為了加快地圖繪製過程，它已經開發出能夠比人類更快追查衛星圖像的人工智慧。這種方法會產生數百萬次更新，但這些更新不見得都有幫助；正如我們在下面的印尼插圖裡所呈現的，數量多並不能保證品質好。人工智慧還是需要經驗豐富的OpenStreetMap當地用戶來實現其天馬行空的想法。

不同數位化方法的道路密度差異
2019年11月

較偏由OSM貢獻者
- 0.6–5 每平方公里道路數量
- 0.1–0.5
- 無差異
- 0.1–0.5
- 0.6–5
較偏由FACEBOOK人工智慧

0   500公里

用雜訊……

OpenStreetMap 使用者已經把市區全都處理好了。
而只擁有少數當地貢獻者的較難到達的農村地區，
會認為機器繪製的地圖最有利。

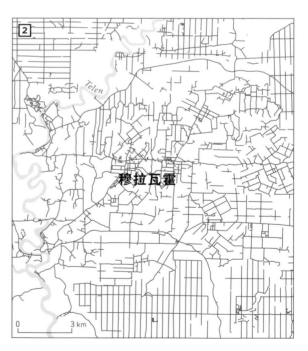

Facebook的方法快速勾畫出OpenStreetMap裡
漏掉的道路。把這些路加到該地圖裡
也許能幫助緊急救難人員或是優化投遞路線。

資料來源：OPENSTREETMAP; MAPWITH.AI

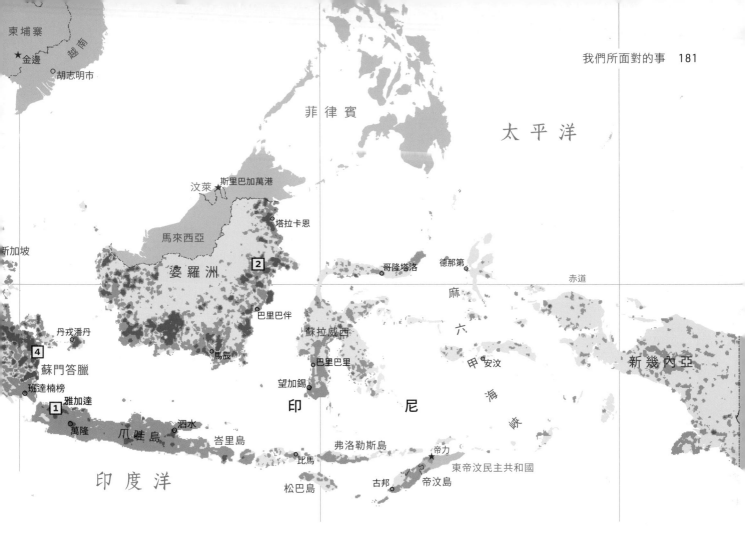

……填滿地圖？

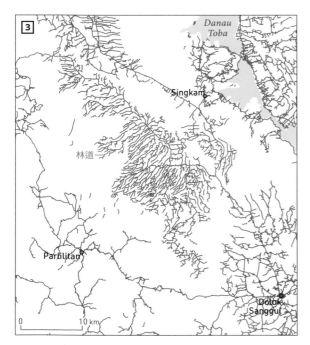

不過人工智慧無法替代當地的知識。它可能會誤認
森林軌道或是斷斷續續的河床，把它們當成永久道路。
誤報的內容會造成混淆，而且需要手動刪除。

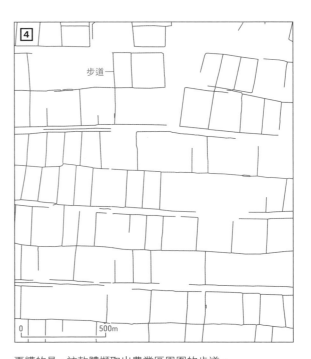

更糟的是，該軟體擷取出農業區周圍的步道，
產生一大堆沒有相連的線條。就像任何 GPS 的使用者
都可以認證，一張爛地圖還不如不要地圖。

在太陽沒照到的地方撒鹽

日照的資料可以協助都市度過雪災。

　　田納西州的諾克斯維爾並不是特別會下雪的地方。它每年的降雪量為16公分，厚度是芝加哥平均值的六分之一。不過託了附近橡樹嶺國家實驗室的科學家的福，這座城市在不需更動預算的情況下度過冬天的做法，已經成為其他城市的典範。

　　由於地球暖化，預計冬季會愈來愈短、愈暖和。但是，確實會下雪的地區可能還是下好下滿。這可能會對美國很多州和都市造成嚴重影響，在冬季的道路養護上，它們總計已經花費了23億美元。通常這和定量噴灑除冰鹽水的卡車有關。橡樹嶺的科學家發明了一種更有效率處理道路的方法。首先，他們把諾克斯維爾的路網分成50米長的路段。然後運用樹木與建築物的光學雷達模型，繪製出每個路段在各個日期接受的日照量地圖。聰明的灑鹽車就按照這份地圖，只在需要的時候灑鹽水。陡峭、有陰影的道路（以藍綠色顯示）就灑多一點，而平坦、日照充足的路段（黃色）就灑少一點。

　　對於最易受損的道路來說，節省用鹽也是節省了其他費用。這做法也保護我們的流域減少不必要的鹽水逕流，保護我們的汽車和橋梁不會過度腐蝕，也讓下一個下雪天省下更多稅金。

北美洲

美國　●諾克斯維爾

資料來源：BUDHENDRA BHADURI AND OLUFEMI OMITAOMU, OAK RIDGE NATIONAL LABORATORY

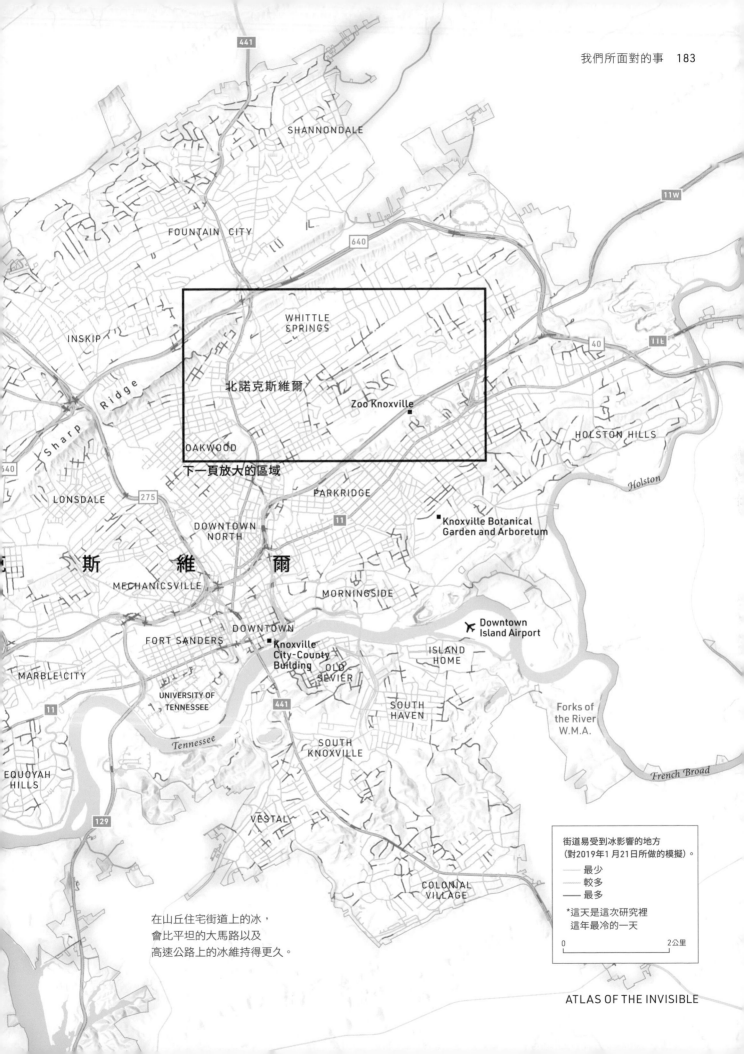

北諾克斯維爾

Zoo Knoxville

下一頁放大的區域

Knoxville Botanical
Garden and Arboretum

Downtown
Island Airport

Knoxville
City-County
Building

在山丘住宅街道上的冰，
會比平坦的大馬路以及
高速公路上的冰維持得更久。

街道易受到冰影響的地方
（對2019年1月21日所做的模擬）。

—— 最少
—— 較多
—— 最多

*這天是這次研究裡
　這年最冷的一天

0　　　　　　　　　2公里

ATLAS OF THE INVISIBLE

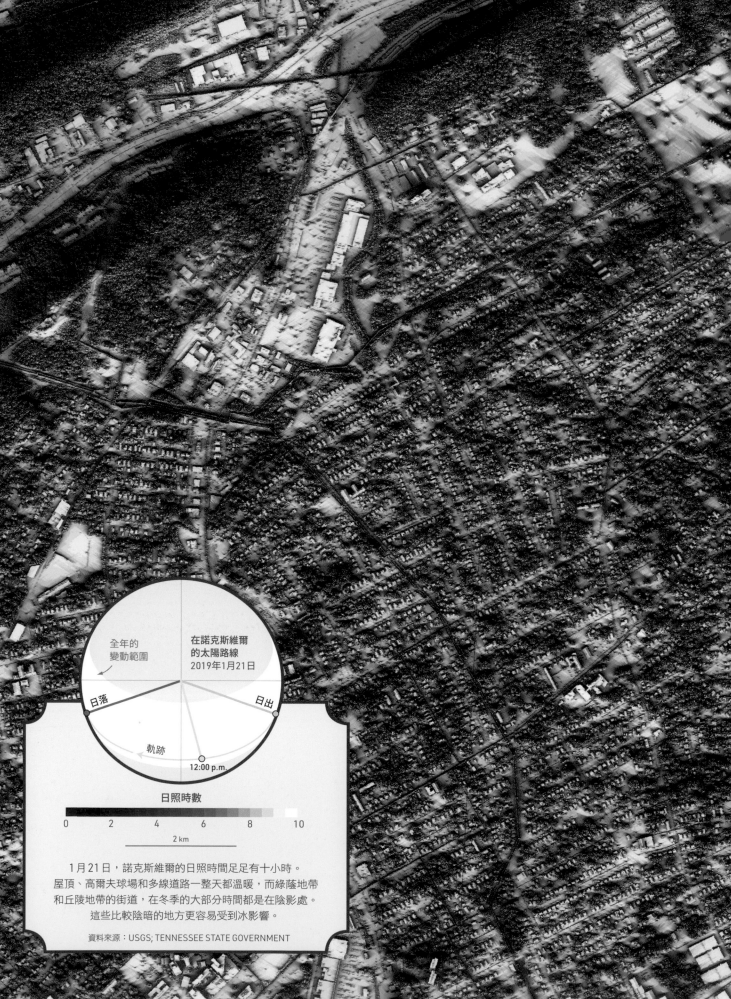

全年的
變動範圍

在諾克斯維爾
的太陽路線
2019年1月21日

日落　　　　　　　　　日出

軌跡

12:00 p.m.

日照時數

0　2　4　6　8　10

2 km

1月21日，諾克斯維爾的日照時間足足有十小時。
屋頂、高爾夫球場和多線道路一整天都溫暖，而綠蔭地帶
和丘陵地帶的街道，在冬季的大部分時間都是在陰影處。
這些比較陰暗的地方更容易受到冰影響。

資料來源：USGS; TENNESSEE STATE GOVERNMENT

新時代

出生率和死亡率降低，正在改變社會的結構。

在這個世紀將來會發生的所有變化當中，最難預測的可能是人口。在一個陷入疾病、戰爭與氣候危機的麻煩世界裡，我們要怎樣估計八十年後的情況？然而，聯合國的人口統計學家每兩年都會統計這些數字，以協助各國政府提前計劃。有鑑於人類的預期壽命愈來愈長、兒童死亡率愈來愈低、以及小家庭愈來愈普遍，聯合國的 2019 年報告預估，到這個世紀末，全球人口將增加到 109 億人。

不過人口的年齡結構或許要比人口總數更重要。右圖的人口結構金字塔顯示了 2020 年全球的人口年齡組成。和過往歷史上的情況一樣，孩童遠比老年人多。到了 2100 年，這種比例將會首次反過來。

如果退出勞動力市場的人數多於進入勞動力市場的人數，這種失衡狀況可能會危及經濟。日本認知到這種不利的預兆，正在制定一反常態的支持移民政策，希望在 2024 年能迎來 350,000 名勞工，以填補它因老年人口而空下來的基本工作職缺。即使是現在認為自己人口結構還很年輕的國家，如巴西和哥倫比亞，也可能要為頭重腳輕的金字塔做好準備。

依年齡與地區劃分的
目前人口和預測人口
┈┈┈ 出生時預期壽命

本世紀地球上除了非洲，每個地區的人口成長都將變慢，撒哈拉以南地區的人口到了 2100 年可能增加兩倍。

資料來源：UN POPULATION DIVISION

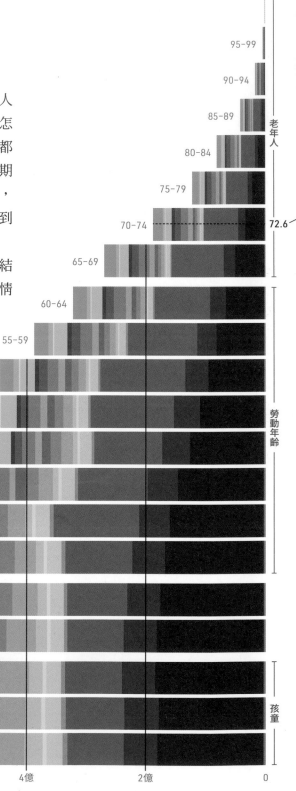

2020

77億

95-99

90-94

85-89

80-84

75-79

70-74 · · · · · · · · · · · · · · · 72.6

65-69

60-64

55-59

50-54

45-49

40-44

35-39

30-34

25-29

20-24

15-19

10-14

5-9

0-4

老年人

勞動年齡

孩童

6億　　4億　　2億　　0

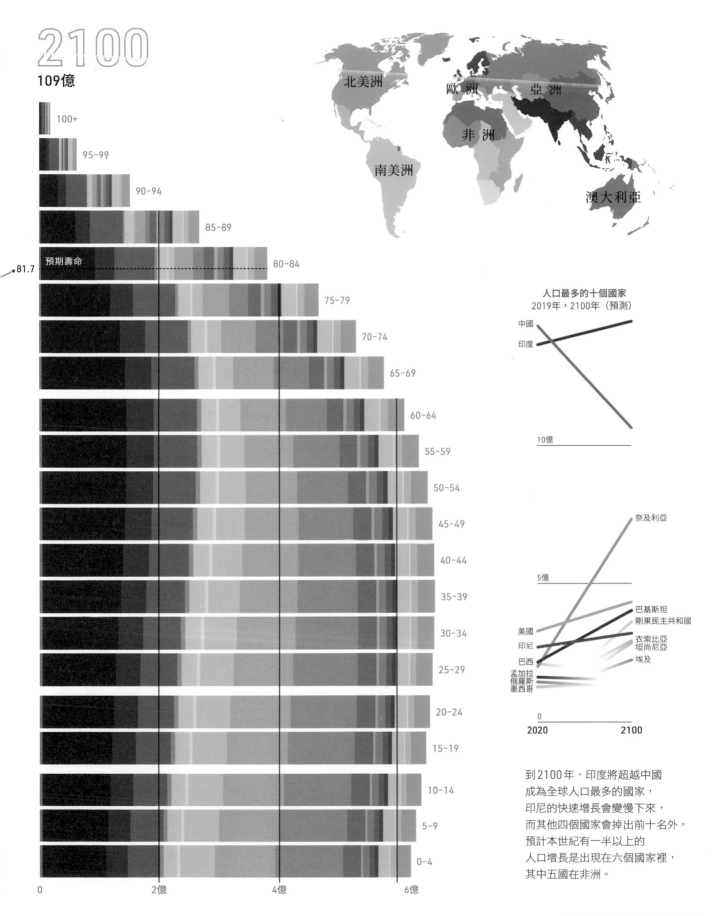

2100

109億

100+

95-99

90-94

85-89

預期壽命
81.7 ---- 80-84

75-79

70-74

65-69

60-64

55-59

50-54

45-49

40-44

35-39

30-34

25-29

20-24

15-19

10-14

5-9

0-4

0　　　　2億　　　　4億　　　　6億

北美洲　　歐　洲　　亞　洲

非　洲

南美洲

澳大利亞

人口最多的十個國家
2019年，2100年（預測）

中國

印度

10億

奈及利亞

5億

巴基斯坦
剛果民主共和國

美國
印尼
巴西
孟加拉
俄羅斯
墨西哥

衣索比亞
坦尚尼亞
埃及

0
2020　　　　　2100

到2100年，印度將超越中國
成為全球人口最多的國家，
印尼的快速增長會變慢下來，
而其他四個國家會掉出前十名外。
預計本世紀有一半以上的
人口增長是出現在六個國家裡，
其中五國在非洲。

ATLAS OF THE INVISIBLE

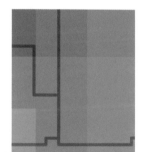 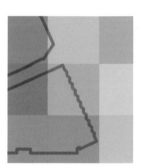

結語
EPILOGUE

雖然，沒有海圖的情況下，你沒辦法開船出航，
但是這並不代表你只要有海圖就能開船。船舵和舵手也是必要的。

——約翰・K・賴特（John K. Wright），1942年

詹姆斯・契爾夏／撰

資料能夠使我們更了解這個世界。在我們的第一本書《倫敦：資訊之都》裡，
我們證明了公開資料可以呈現城市的生活。
後來在《動物足跡》中，我們追蹤了虎鯨到大黃蜂等數十種物種的移動路徑，
來找出哪些資料可以讓我們了解自然界。在該書的結語「人類去向」中，
我們強調了生態學家開創的技術和科技可以怎麼運用在了解人類行為上。

　　我們在2016年寫下這段話時，正想像著更加敬畏地球的許多好處。我
們還不知道利用剝削動物而製造出的病毒，會很快把我們關在自己的家
裡。我們也無法預料到，它是怎麼促進人們更廣泛地意識到，資料在一場
危機中的作用。當我們在封城的情況下完成這本書時，顯然我們已經進入
資料分析和資料視覺化的歷史上一個重要時刻。人們愈來愈熟悉統計概
念，像是病例率和人均死亡人數。圖表占了報紙頭版的大部分。許多人認
為，要阻止大流行病，可靠的資料和醫療保健與疫苗研究同樣重要。

　　此外，科學家和政策制定者亟欲接近實時地看到人們的行為怎麼產生變
化。多年以前開始，手機數據就已經可以做到這一點了。在第72至73頁，
我們呈現了手機資料怎麼協助救援人員估算颶風過後的疏散情況。還有一
些用法有明顯的商業目的，例如針對性的廣告。中國把這項技術發揮到了
極致，它把詳細的行為資訊輸入到從信用評等到線上約會資料等等的所有
內容裡。但在大多數情況下，顧及合法隱私問題而引發的強烈反對，使得
這些資料集過去一直不能曝光，直到藉由人與人的接觸與移動所傳播的病
毒變成更大的危害。在世界衛生組織宣布新冠肺炎疫情後的幾天內，監督
組織開始批准使用追蹤技術。

　　這類資料的最大來源，是電話詳細記錄（CDR）和手機裡的GPS。每次
手機連接基地台時都會產生CDR（參見第94至97頁）。如果你知道某個區
域有多少電話，你也可以猜出那裡有多少人（參見第70至71頁）。CDR
資料會取得特定區域內所有已開機的手機，但如果周圍的手機基地台沒有
很多，手機的位置可能會非常不精準。相反的，GPS可以提供精確到幾米
之內的位置，但僅限於啟用了位置共享應用程式的手機。因為這類手機會
不斷收集GPS地點，這些點能夠像一路灑麵包屑一樣跟到你家門口，就
端看資料的處理方式。把網格裡的點統合起來，就可以不用過度共享個人
資料，而知道移動的模式（參見第191頁）。我在新冠肺炎疫情的最初幾

概況

很多人

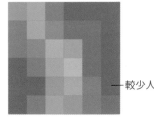

較少人

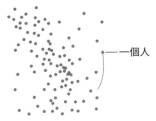

一個人

具體狀況

追蹤可以提供一個地區
的人群規模或
一個人的具體路徑
的一般化數據。

資料來源：KATHLEEN STEWART AND JUNCHUAN FAN, UNIVERSITY OF MARYLAND

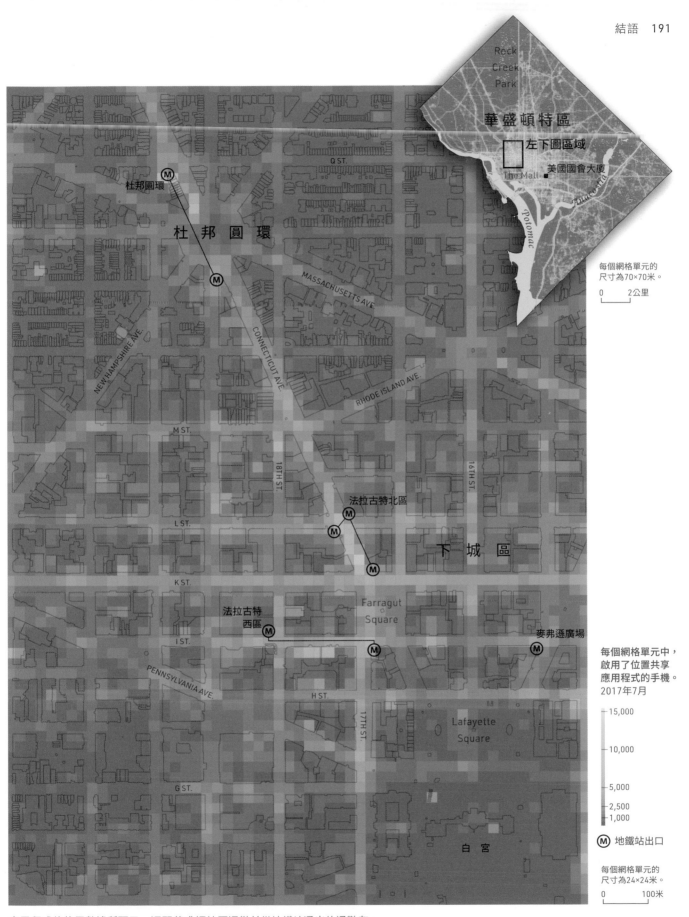

華盛頓特區

□左下圖區域

The Mall　　■美國國會大廈

每個網格單元的
尺寸為70×70米。

0　　　2公里

每個網格單元中，
啟用了位置共享
應用程式的手機。
2017年7月

─15,000

─10,000

─5,000

─2,500
─1,000

Ⓜ 地鐵站出口

每個網格單元的
尺寸為24×24米。

0　　　100米

應用程式的使用數據所顯示，週間華盛頓特區通勤並從地鐵站湧出的通勤者。

週使用了這種方法，得以根據應用程式內的電話資料，製作出倫敦人的活動地圖，並且和流行病學家合作，仔細研究 Facebook 資料是否可以顯示局部封城的有效性。

　　這個使用最精細的資料來對付疾病的例子，並不是頭一遭。在十九世紀末腺鼠疫席捲全球的時候，沒有人知道它的源頭或是該怎麼治療。然而，日本官員透過嚴格的公開處理、消毒、隔離和追查接觸史，減緩了大阪的疫情爆發，並且追查到鼠疫的來源是棉花倉庫裡遭感染的老鼠（參見第194–195頁）。一個世紀後，韓國在2015年採取了同樣積極的措施，來平息中東呼吸症候群（MERS）疫情的爆發。儘管有一些阻力，尤其是來自企業的阻力（它們擔心如果成了感染場所，會損害商譽），韓國政府還是修訂了《傳染病預防和控制法》，允許某些機構收集和共享極為私人的行動資料。當新冠肺炎來襲時，韓國人不僅已經有了預防措施，而且針對密切接觸者進行追蹤的法源也已經就緒。

　　韓國對於國內的每一起新冠肺炎陽性病例，國家緊急反應中心都進行詳細調查，以確認患者的密切接觸者。他們會取得手機位置資訊（包括GPS），搜索信用卡交易並且查看監視器影像。根據這些資訊，研究人員能夠重建患者行動的路線，在線上發布這些路線（參見右欄的範例）。接下來，會發送簡訊和應用程式警報，給任何可能在路線附近的人。把一個人詳細的行動細節攤在眾目睽睽下，會讓很多西方人感到不舒服，但是在韓國這種做法得到了支持，因為很有效。到2020年5月，韓國有250例新冠肺炎確診病患死亡。反觀人口數差不多的英國則有27,454人死亡。

　　聯合國也贊成這麼做。在和世界衛生組織與其他眾多機構的聯合聲明裡，他們表示：「愈來愈多的證據證明，收集、使用、共享與進一步處理資料，有助於限制病毒傳播，而且有助於復原的進展，尤其是透過數位式的接觸者追蹤。具體來說，他們強調了來自人們的手機、電子郵件、銀行、社交媒體和郵件服務的行動資訊非常實用。

　　其中也有利弊上的考量。在聽到日本如何對付這場瘟疫後，法國公共衛生總監埃米爾・瓦林（Emile Vallin）認為：「所有這些措施本身無疑是正確且可取的，（卻會）被認為過度侵害了個人自由。」事實上，在2020年5月，韓國官員公開把群聚病例和首爾市梨泰院區的同性戀俱樂部和酒吧連在一起時，很多人擔心自己的安全。媒體利用被公布的接觸者追蹤資訊，報導了該地區首例記錄病例的活動、住家社區、年齡和雇主。這些資訊，讓當事人在一個有92%的LBGTQ社群的人會害怕成為仇恨犯罪受害者的國家裡曝光了。下一次，韓國政府可能會重新考慮有必要分享多少資訊來因應疫情爆發。

　　那麼我們應該怎樣權衡利弊呢？在推文裡包含的資料比文本還多的這

我們不斷撒出數位化麵包屑。比如說，我的一條推文的元資料包含我發文的時間、地點，以及我所使用的裝置（見右頁）。總體來說，這些資訊足以把我的行程安排攤開給大家看。

韓國為了對付新冠肺炎，做得更直接，官員們仔細調查電話紀錄、交易歷史和監視器影像，用來編集染疫者去過的地方的詳細紀錄：

2020年12月27日
餐廳
下午1:50-3:00
家裡
下午3:10-
12月28日
麵包店
下午2:15-2:25
家裡
下午2:30-4:00
咖啡廳
下午4:00-4:15
12月30日
醫院
上午8:40-9:13
藥局
上午9:15-9:17
髮廊
上午10:00-10:30

累計確認的新冠肺炎死亡人數，2020年
單位：千人

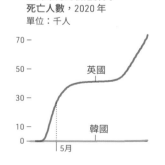

資料來源：SEOUL METROPOLITAN GOVERNMENT (ITINERARY); JOHNS HOPKINS UNIVERSITY, OUR WORLD IN DATA (CHART)

↻

JAMES CHESHIRE RETWEETED

{ "contributors": null, "coordinates": null **"CREATED_AT": "THU JUL 12 16:36:11 +0000 2018"**, "entities": { "hashtags": [], "symbols":[], "urls": [], "user_mentions": [{ "id": 389673270, "id_str": "389673270", "indices": [3, 14], "name": "Guy Lansley", "screen_name": "GuyLansley" }] }, "favorite_count": 0, "favorited": false, "geo": null, "id": 1017447539199619072, "id_str": "1017447539199619072", "in_reply_to_screen_name": null, "in_reply_to_status_id": null, "in_reply_to_status_id_str": null, "in_reply_to_user_id": null, "in_reply_to_user_id_str": null, "is_quote_status": false, "lang": "en", "place": null, "retweet_count": 38, "retweeted": false, "retweeted_status": { "contributors": null, "coordinates": null, "created_at": "Thu Jul 12 15:16:07 +0000 2018", "entities": { "hashtags": [], "symbols": [], "urls": [{ "display_url": "twitter.com/i/web/status/1/u2026", "expanded_url": "https://twitter.com/i/web/status/1017427389075337217", "indices": [117, 140], "url": "https://t.co/RmTAyk6gXp" }], "user_mentions": [] }, "favorite_count": 82, "favorited": false, "geo": null, "id": 1017427389075337217, "id_str": "1017427389075337217", "in_reply_to_screen_name": null, "in_reply_to_status_id": null, "in_reply_to_status_id_str": null, "in_reply_to_user_id": null, "in_reply_to_user_id_str": null, "is_quote_status": false, "lang": "en", "place": null, "possibly_sensitive": false, "retweet_count": 38, "retweeted": false, "source": "<a href=\"http://twitter.com\" rel=\"nofollow\">Twitter Web Client </a>", "text": "Here is a free online tutorial on creating a geodemographic classification using multivariate clustering in R. Avai\u2026 https://t.co/RmTAyk6gXp", "truncated": true, "user": { "contributors_enabled": false, "created_at": "Wed Oct 12 20:27:18 +0000 2011", "default_profile": false, "default_profile_image": false, "description": "Research associate at UCL, Department of Geography and the Consumer Data Research Centre", "entities": { "description": { "urls": [] }, "url": { "urls": [{ "display_url": "geog.ucl.ac.uk/about-the-depa\u2026", "expanded_url": "http://www.geog.ucl.ac.uk/about-the-department/people/research-staff/guy-lansley", "indices": [0, 23], "url": "https://t.co/epN4cY1FEh" }] } }, "favourites_count": 84, "follow_request_sent": false, "followers_count": 389, "following": false, "friends_count": 272, "geo_enabled": true, "has_extended_profile": false, "id": 389673270, "id_str": "389673270", "is_translation_enabled": false, "is_translator": false, "lang": "en", "listed_count": 11, "location": "London", "name": "Guy Lansley", "notifications": false, "profile_background_color": "131516", "profile_background_image_url": "http://abs.twimg.com/images/themes/theme14/bg.gif", "profile_background_image_url_https": "https://abs.twimg.com/images/themes/theme14/bg.gif", "profile_background_tile": true, "profile_banner_url": "https://pbs.twimg.com/profile_banners/389673270/1476096672", "profile_image_url": "http://pbs.twimg.com/profile_images/794517796445110272/xAKeLrWl_normal.jpg", "profile_image_url_https": "https://pbs.twimg.com/profile_images/794517796445110272/xAKeLrWl_normal.jpg", "profile_link_color": "009999", "profile_sidebar_border_color": "FFFFFF", "profile_sidebar_fill_color": "EFEFEF", "profile_text_color": "333333", "profile_use_background_image": true, "protected": false, "screen_name": "GuyLansley", "statuses_count": 106, "time_zone": null, "translator_type": "none", "url": "https://t.co/epN4cY1FEh", "utc_offset": null, "verified": false } }, "source": "<a href=\"http://twitter.com/download/iphone\" rel=\"nofollow\">**TWITTER FOR IPHONE**</a>", "text": "RT @GuyLansley: Here is a free online tutorial on creating a geo-demographic classification using multivariate clustering in R. Available vi\u2026", "truncated": false, "user": { "contributors_enabled": false, "created_at": "Fri Jan 15 13:05:39 +0000 2010", "default_profile": false, "default_profile_image": false, "description": "Senior Lecturer at the UCL Department of Geography. Co-author of Where the Animals Go (@whereanimalsgo) & London: The Information Capital (@theinfocapital).", "entities": { "description": { "urls": [] }, "url": { "urls": [{ "display_url": "spatial.ly", "expanded_url": "http://spatial.ly", "indices": [0, 22], "url": "http://t.co/h0Zdp1cX1I" }] } }, "favourites_count": 566, "follow_request_sent": false, "followers_count": 9534, "following": false, "friends_count": 1592, "geo_enabled": true, "has_extended_profile": true, "id": 105132431, "id_str": "105132431", "is_translation_enabled": false, "is_translator": false, "lang": "en", "listed_count": 615, **"LOCATION": "LONDON"**, "name": "James Cheshire", "notifications": false, "profile_background_color": "131516", "profile_background_image_url": "http://abs.twimg.com/images/themes/theme14/bg.gif", "profile_background_image_url_https": "https://abs.twimg.com/images/themes/theme14/bg.gif", "profile_background_tile": true, "profile_banner_url": "https://pbs.twimg.com/profile_banners/105132431/1511557134", "profile_image_url": "http://pbs.twimg.com/profile_images/776001406838898688/a3C9FUfA_normal.jpg", "profile_image_url_https":"https://pbs.twimg.com/profile_images/776001406838898688/a3C9FUfA_normal.jpg" "profile_link_color": "009999", "profile_sidebar_border_color": "EEEEEE", "profile_sidebar_fill_color": "EFEFEF", "profile_text_color": "333333", "profile_use_background_image": true, "protected": false, "screen_name": "spatialanalysis", "statuses_count": 3061, "time_zone": null, "translator_type": "none", "url": "http://t.co/h0Zdp1cX1I", "utc_offset": null, "verified": false }}

第六圖

大阪市「ペスト」鼠及「ペスト」患者發生圖

凡例

○ 巡查派出所部內別「ペスト」鼠數（巡查派出所所轄地點ニ記ス）

十 發病地ノ異ニセル「ペスト」患者ノ發見地點

十 郡部及擴市ニテ發見セル「ペスト」患者ノ發病地點

● 發見地ノ異ニセル「ペスト」患者ノ發病地點

● 「ペスト」患者ノ發生地點（發見ト發病トヲ今一場所ニテ）

九 墟所不明

這張地圖上的黑點，標記了1906年9月到1907年12月，
在日本大阪發生的661起鼠疫病例。病例集中在棉花工廠、倉庫區和水道附近。
調查人員最後追查到，這種疾病是來自從印度來的運棉船上被跳蚤感染的老鼠。

資料來源：中谷友樹（TOMOKI NAKAYA），東北大學

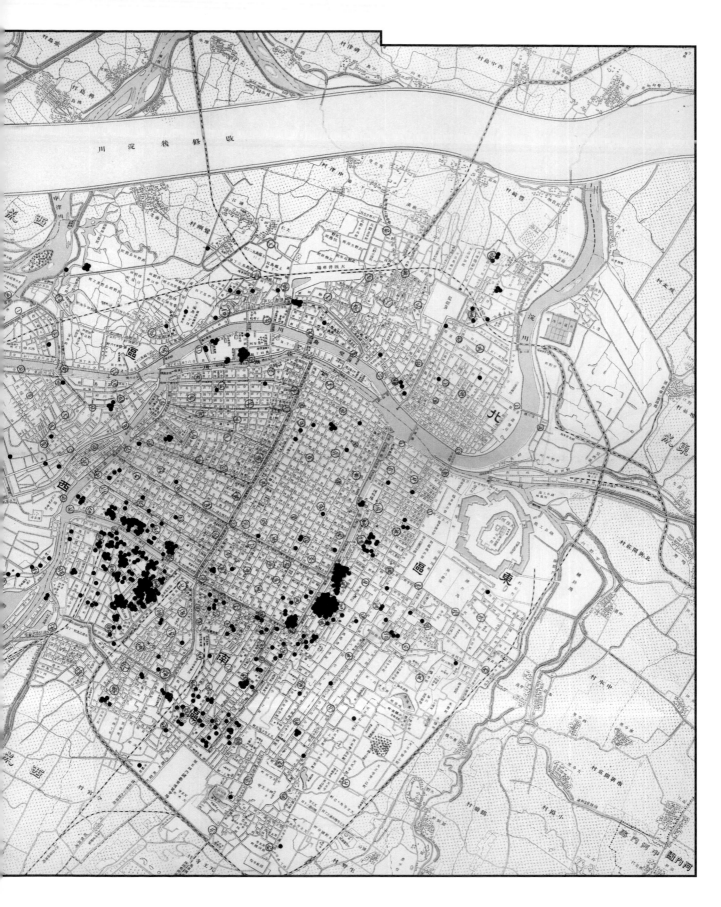

大阪的腺鼠疫
1906年9月 - 1907年12月

● 確診病例

0   1公里

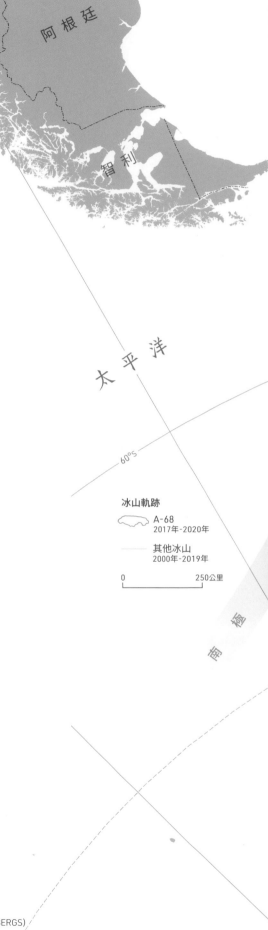

個時代，如果我們的政策制定者能了解他們要監管的
技術，會有所幫助。2018年，在發現劍橋分析公司收集
了8,700萬名Facebook用戶資料後，美國國會舉行了聽證
會。其間，84歲的參議員歐林・海契（Orrin Hatch）向33歲的
Facebook執行長馬克・祖克柏自我介紹了一下，說他是「參議
院共和黨高科技工作組」的主席。然後他問祖克柏，他如何維持
用戶不需要為服務付費的商業模式。「參議員，我們插廣告進去。」
祖克柏笑著回答。海契停頓了一下，幾秒鐘後，他點頭說道：「我
明白了。」

　　不過，他真的明白了嗎？祖克柏只用了四個字，讓它聽起來很
簡單，甚至是善意的。大家當然想知道海契參議員是否真的了解，
引發爭議的，正是那些根據用戶資料來投放的廣告。而大西洋彼
岸已經有了更大的進展。同年，歐盟頒布了《一般資料保護規範》
（GDPR），這個規範把歐洲人──以及在歐盟內處理個人資料的任
何人──的權利寫入法律，以拒絕企業使用他們的資料。畢竟，
你的資料就是「你的」。是你在產生資料，因此你有權控制怎麼使
用、或是否要使用這些資料。我們無法指望企業或政治家監督他
們自己，頂多只能靠大家來讓他們保持正直。要達到這個目標，
我們需要具備資料的素養。

　　在這篇結語的引言裡，美國地理學家約翰・K・賴特在向舵手和
舵手提出請求時，就知道這一點。這句話來自賴特在1942年寫的
一篇名為「地圖製作者也是人」的文章，當時地圖被用來組織戰事。
他很了解，地圖會怎麼「幫助塑造那些負責重建破碎世界的人的思
想和行動」。但因為地圖和地圖製作者都很容易出錯，社會需要讀
者利用他們的「正直、判斷力以及最重要的敏銳度」，來確保地圖
受到負責任的處置。我和奧利佛完全同意這點。

　　我們希望這本書能夠帶給大家幾個小時的愉快、觀察、發現與
理解的時光。但是我們希望它提供的不僅僅是娛樂。寫這本書的
同時，我正在觀看紀錄上同樣最熱的一年結束時，一座巨大的冰
山從南極洲打轉脫離的衛星圖像。如果我們都只是旁觀，那這樣
的知識又有什麼用處？我們希望起碼會有一則故事能激發大家採
取行動。

阿根廷

智利

太平洋

60°S

冰山軌跡

A-68
2017年-2020年

其他冰山
2000年-2019年

0　　　　250公里

南極

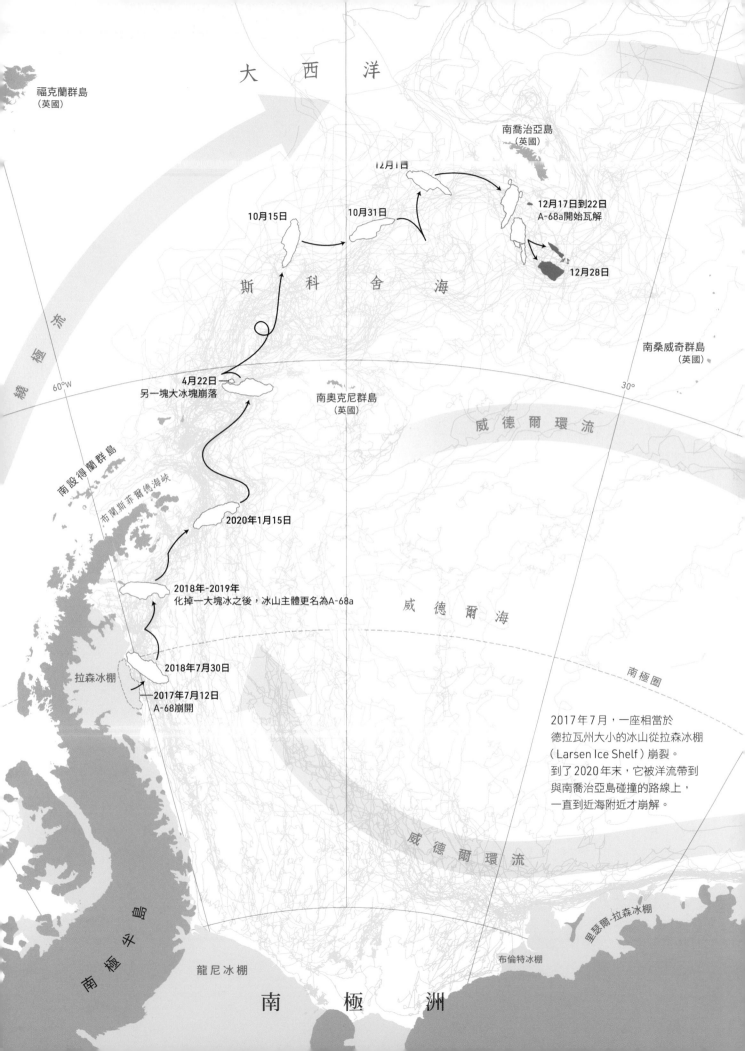

大 西 洋

福克蘭群島
（英國）

南喬治亞島
（英國）

12月1日

12月17日到22日
A-68a開始瓦解

10月15日

10月31日

斯 科 舍 海

12月28日

南桑威奇群島
（英國）

繞
極
流

60°W

30°

4月22日
另一塊大冰塊崩落

南奧克尼群島
（英國）

威 德 爾 環 流

南
設
得
蘭
群
島

布
蘭
斯
菲
爾
德
海
峽

2020年1月15日

2018年-2019年
化掉一大塊冰之後，冰山主體更名為A-68a

威 德 爾 海

2018年7月30日

拉森冰棚

2017年7月12日
A-68崩開

南極圈

2017年7月，一座相當於
德拉瓦州大小的冰山從拉森冰棚
（Larsen Ice Shelf）崩裂。
到了2020年末，它被洋流帶到
與南喬治亞島碰撞的路線上，
一直到近海附近才崩解。

威 德 爾 環 流

南
極
半
島

龍尼冰棚

里瑟爾-拉森冰棚

布倫特冰棚

南 極 洲

延伸閱讀
FURTHER READING

　　除了我們在註解中列出的作品之外，我們還從許多製圖師、資料科學家、設計師、活動家和作家那裡得到靈感。

　　這當中我們最熟悉的，是杜波依斯的資料視覺化地圖，由惠妮・巴特爾－巴蒂斯特（Whitney Battle-Baptiste）與布里特・盧索特（Britt Rusert）所整理的《杜波依斯的資料肖像：圖像化的黑人美國》（*W.E.B. Du Bois's Data Portrait: Visualizing Black America*）。讀過奧爾登・莫里斯（Aldon D. Morris）的《被否定的學者》（*The Scholar Denied*），讓我們了解到原來自己對杜波依斯的想法、生活和他周圍的人知之甚少。閱讀杜波依斯的任何原著和論文都不會有錯。可以從《黑人的靈魂》（*The Souls of Black Folk*）讀起。

　　影響我們這本書的另一位重要人物，是亞歷山大・馮・洪堡。安德莉亞・伍爾夫在《自然的發明》一書中，很精彩地描述了他的探險人生。蘇珊・薩爾敦（Susan Schulten）的《全國製圖》（*Mapping the Nation*）裡，向大家介紹一些美國製圖先驅；另外芝加哥大學出版社的《製圖史》（*The History of Cartography*）前三卷，可以免費線上閱讀。詹姆斯・羅傑・佛萊明（James Rodger Fleming）的《1800-1870年的美國氣象學》（*Meteorology in America, 1800–1870*）是我們了解早期天氣預報員殘酷世界的窗口。

　　對於電腦繪圖思想史、以及與之相關的一些理論辯論感興趣的人，馬修・威爾遜（Matthew Wilson）的《新邊線：關鍵的GIS與地圖的困境》（*New Lines: Critical GIS and the Trouble of the Map*）是有用的指南。關於個人資料已經成為可供開發的經濟資源的這個新時代，舒莎娜・祖博夫（Shoshana Zuboff）的《監視資本主義時代》（*The Age of Surveillance Capitalism*）是一本全面但易讀的入門讀物。對於積極樂觀的讀者，莎拉・威廉斯（Sarah Williams）的《資料行動》（*Data Action*）提出了許多關於怎麼把資料用在社會公益的原則。如果你是喜歡查看地圖的人，那麼別錯過線上數據庫「大衛・拉姆齊歷史地圖集」（David Rumsey Historical Map Collection）或利文薩爾地圖與教育中心（Leventhal Map and Education Center）的網站。

在接受了北美製圖資訊協會（NACIS；North American Cartographic Information Society）為了紀念主角柯利斯・班涅費迪歐（Corlis Benefideo）而頒發的獎項之後，我們讀了已故的巴瑞・羅培茲（Barry Lopez）所寫的《地圖師》（*The Mappist*）。對於地圖愛好者來說，這本以地圖、地理學和人類經驗為主題的書籍，是相當鼓舞人心的讀物；對初出茅廬的製圖師來說，NACIS同樣是個激勵人心的組織。

最後，今日雜誌與新聞媒體的地圖和圖片，已經達到前所未有的好品質。我們最喜歡的包括《國家地理雜誌》、《紐約時報》、《華盛頓郵報》和《金融時報》。

把地球攤平
FLATTENING the EARTH

　　製圖師是最早的地平說論者。幾千年來，他們從我們居住的這個崎嶇不平的星球，把大陸和海洋剝下來，利用不同的投影方式把它們轉換到紙上。有些投影方式會扭曲國家的形狀；有些投影方式會扭曲面積的大小。有些投影方式會犧牲正確方向，來保持地點之間的準確距離，當然也有反過來做的。所有製圖師都有他們最喜歡的方式。在本書中，我們找了十幾種把地球攤平的方式。

正投影法

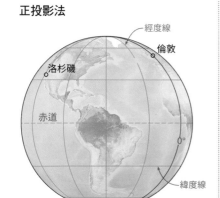

我們在整本書裡使用「地球」來定位地球表面我們關注的地區。

圓錐投影法

拿筆在橘子上畫出經緯線。在墨水乾掉之前，把一個錐形紙帽放在橘子上面，把墨水轉印上去。攤開錐形紙帽查看內側。這就是取得這種投影圖的方式。它保留了原本的面積，但不能維持原形狀，這是歐盟和美國為其大陸製作地圖時，所青睞的折衷方案。

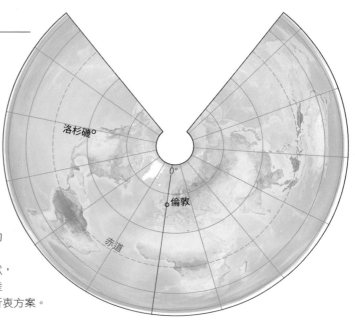

資料來源：JOSHUA STEVENS, NASA (BASEMAP)

圓柱投影法

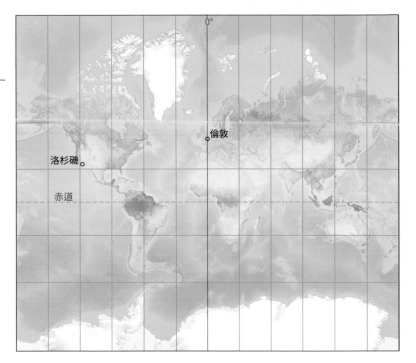

這一系列投影法之所以
這麼稱呼，是因為它們是用
一個圓柱體環繞著地球，
而不是用圓錐體。這種做法
會產生水平的緯度線和垂直的
經度線——還有兩極附近
會大幅失真。大多數網路地圖
都採用麥卡托投影法
（Mercator，參見右上圖）。
水手們也比較喜歡這種投影法，
因此我們選擇它來追蹤
捕鯨者的行蹤（第46-49頁）。
我們使用經緯度等距的投影版本
（右圖）來展示全球的火災
（第162-163頁）。

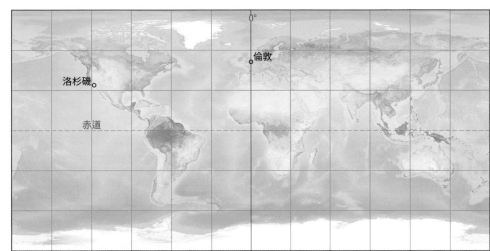

偽圓柱投影法

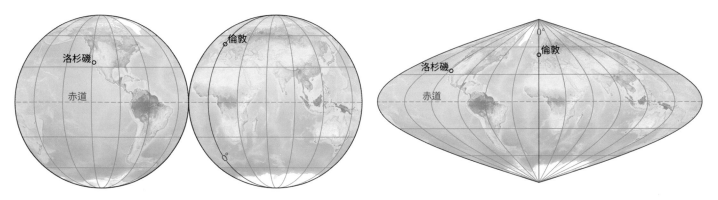

彎曲的經度線可以固定住圓柱投影法裡兩極失真的部分。截斷的圖也有用處。
切開的摩爾威德（Mollweide）投影地圖，有助於我們比較前往兩個半球的難易程度（第92-93頁）；
我們用陀螺狀的正弦投影地圖（右）來呈現海平面上升失控的狀況（第170-171頁）。

方位投影法

在這一頁的投影法，
利用了具創意的方法
來強調地球上的不同地方。
就像在看魚缸一樣，圖像的扭曲
會隨著你視角改變而變化。
有些地方會鼓起來；
有些地方看起來會縮進去。

1979年，埃瑟爾斯坦・史皮爾豪斯
（Athelstan Spilhaus）最先採用了
一種投影地圖（見右圖），讓我們
能夠在相連的海洋上繪製颶風位置
（第164-165頁）。我們拼湊出
另一種不太一樣的排列（如下），
繪製出本書封底的圖案，
以及依時序呈現的
全球熱浪情形（第158-159頁）。

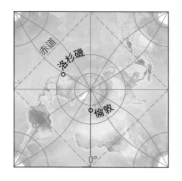

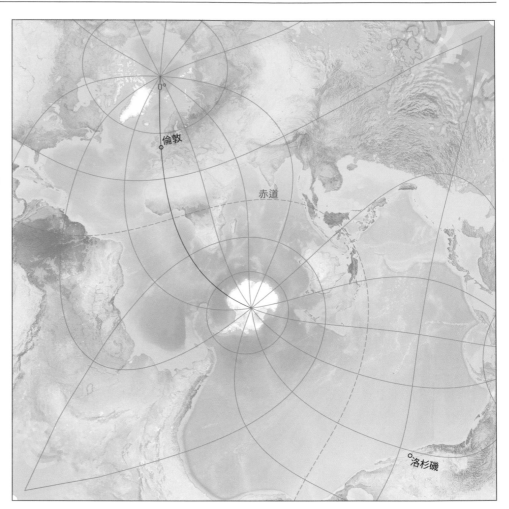

極球面投影法與極方位投影法

我們可以利用南極的
球面立體投影圖，
來追蹤南極洲附近的冰山
（第196-197頁）；
也能運用北極的方位投影地圖，
來用海底電纜連接全部的七大洲
（第98-99頁）。

資料來源：JOSHUA STEVENS, NASA (BASEMAP)

等距方位投影法

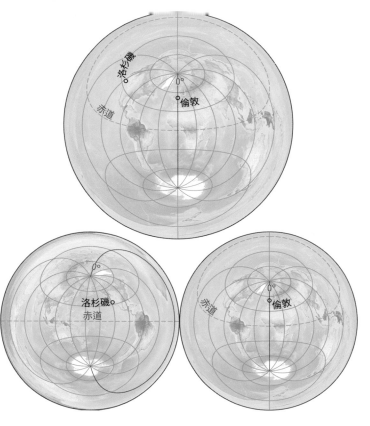

因為方位投影法呈現了指向中心點的正確方向，所以被用來製作
以麥加為中心的伊斯蘭基卜拉（qibla）地圖。正好適用在關於朝聖的文章
（第160-161頁）。為了凸顯出海洋的過度捕撈狀況，我們從史皮爾豪斯
那裡得到了另一個靈感，把兩張地圖並排放置（第172-175頁）。

調整過的
等距方位投影法

動極投影法

1946年，巴克敏斯特‧富勒（Buckminster Fuller）
為這種可以表現出「一體世界的海洋裡的一體世界島嶼」
投影圖（下圖）申請了專利。和極方位投影法一樣，
你想要呈現出相連在一起沒有斷開的大陸時，
這種投影法很有用。我們在手機網絡地圖（第94-95頁）
就使用了這種投影地圖。

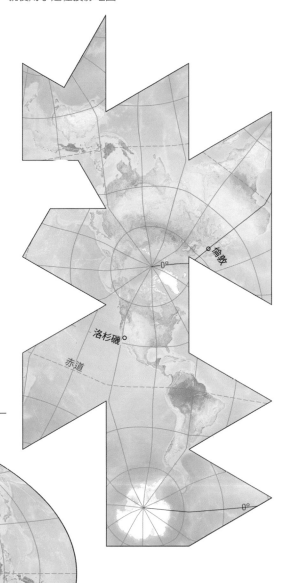

左邊的改編版本是「溫克爾
三重投影法」（Winkel Tripel），
這做法把面積、形狀和方向的
扭曲程度最小化了。就像我們
在姓氏、護照和預期壽命這幾篇文章
所用的圖（第56、112、187頁），
非常適合用來標示世界的各個地區。

附註
NOTES

　　為了建立我們地圖的內文層次（道路、河流、邊界等）的基礎，我們使用 Natural Earth 地圖資料庫做為主要的資料來源，並在必要時手動調整。至於我們最詳細的地圖，則使用了 OpenStreetMap 的資料。這兩個資料來源是無價的；我們要感謝那些為這些資料做出貢獻和維護的人。此外，我們還從 NASA 的 SRTM（太空梭雷達地形測量任務）獲得了地形資料。其他的地圖來源會在下面和圖形本身上列出。

前言

英國的 COVID-19 死亡病例資料是從國家統計局下載的。請參見：bit.ly/3uAwh4l

引言

「我們可以得出結論」：Richter, G. & Obrist, H. U. (1995). *The Daily Practice of Painting: Writings and Interviews, 1962-1993.* Cambridge, Massachusetts: MIT Press, p. 11.

「觀測到以前不可能看到的物體」：Bouman, K. L. (2017). 透過物理模型反轉進行極端成像：觀察角落和成像黑洞。

他們開發的成像方法：The Event Horizon Telescope Collaboration et al. (2019). *Astrophys. J. Lett.* 875: L1-6. bit.ly/3s3TvOB

六十多個小時：BBC News (2012). *The most important photo ever taken?*

推斷出 DNA：Medical Research Council (2013). *Behind the picture: Photo 51.*

才有人使用「科學家」這個詞：wikipedia.org/wiki/Scientist

最後幾位偉大的博學者之一：the *Guardian* (2019). Weatherwatch: the Prussian polymath who founded modern meteorology.

「涵蓋藝術」：Wulf, A. (2015). *The Invention of Nature.* London: John Murray, p. 335.

大多是自己（攀登火山）：de Botton, A. *The Art of Travel.* New York: Pantheon Books, pp. 106-14.

「他會寄信」：Wulf, A. (2015); Deutsche Welle (2019). *Alexander von Humboldt: A 19th century German home story.*

邀請他的朋友：洪堡本人也是一位開創性的製圖師。他發明了等溫線技術來表現溫度的變化。

「……在全世界的分布地圖」：Camerini, J. R. (2000). Heinrich Berghaus's map of human diseases. *Medical History* 44(S20): 186-208.

「75 張地圖」：David Rumsey Map Collection, image no. 2515048.

「地圖大集合」：Ormeling Snr, F. J. (1986). Tribute to Justus Perthes. *GeoJournal* 13(4): 413-6.

「完美風暴」：Friendly, M. (2008). The Golden Age of Statistical Graphics. *Statistical Science* 23(4): 502-35.

「雞冠花圖」：*Mortality of the British army: at home and abroad, and during the Russian war, as compared with the mortality of the civil population in England; illustrated by tables and diagrams.* (1858) London: Printed by Harrison and Sons.

約翰‧斯諾：Snow, J. (1855). *On the Mode and Communication of Cholera.* London: John Churchill.

查爾斯‧布斯：booth.lse.ac.uk

費城的杜波依斯：dubois-theward.org/resources/mapping

密西西比河的雷射雷達資料……：doi.org/10.3133/fs20143066

要從法國統計地圖集中了解更多資訊，請在 davidrumsey.com 搜尋「Imprimie Nationale」。

「資料圖片」：Friendly, M. (2008), p. 530.

有關 SYMAP 的更多資訊：Chrisman, N. (2006). *Charting the Unknown: How Computer Mapping at Harvard Became GIS.* Redlands: ESRI Press.

1,100萬條小路：Ordnance Survey (2020). *Ordnance Survey reveals ten years of walking and cycling data.*

几是一世綿條：G Glynn, C. (2019, Sept. 17). Interview.

6500個：BBC News (2016). *The trig pillars that helped map Great Britain.*

英國地形測量局成立於1791年6月21日，其任務是在法國入侵的威脅下準確繪製英格蘭地圖。當時，該局的測量員走遍了全國，把全國分成很多三角形，並用地標或小堆石頭標記這些三角形的頂點。1936年，英國地形測量局用混凝土柱取代了這些非正式的標記。

人們在哪裡運動的全球地圖：strava.com/heatmap

納森·魯瑟敏銳的眼睛：twitter.com/Nrg8000/status/957318498102865920

Strava聲稱：Strava Press (2018). *A Letter to the Strava Community.*

五角大廈也不知道：*The Washington Post* (2018). U.S. soldiers are revealing sensitive and dangerous information by jogging.

我們所到之處

「在極力排除」：Ginsburg, R. B. (2004). 於美國大屠殺博物館在紀念日全國紀念活動上的演講。supremecourt.gov/publicinfo/speeches/viewspeech/sp_04-22-04

其他人的生活

數以萬計：Hitchcock, T. et al. (2014). Loose, idle and disorderly: vagrant removal in late eighteenth-century Middlesex. *Social History* 39(4): 509-27.

仍然允許法院起訴：*Criminal Justice Act 1982, c. 48.* (UK) legislation.gov.uk/ukpga/1982/48/section/70

「在露天」：*Vagrancy Act 1824, c. 83.* (UK) legislation.gov.uk/ukpga/Geo4/5/83/section/4

「無賴流浪漢」：*Berkshire Overseers' Papers, vol. 9.* (2005). Wallingford St Mary, 106. [CD]. Berkshire Family History Society.

用馬車：bit.ly/3tDiDMi

「流浪者生活」計畫：Crymble, A. et al. (2015). Vagrant Lives: 14,789 Vagrants Processed by the County of Middlesex, 1777-1786. *Journal of Open Humanities Data* 1: e1.

任何被抓到居住在：*Poor Relief Act 1662, 14 Car. 2 c. 12.* (UK)

有義務：Beier, A. L. & Ocobock, P. (Eds.). (2008). *Cast Out: Vagrancy and Homelessness in Global and Historical Perspective.* Athens, Ohio: Ohio University Press, p. 11.

92%：Crymble et al. (2015), p. 2.

來自倫敦東區或南區的人很少：Hitchcock et al. (2014), p. 515.

當年（已經把住在……）：BBC News (2015). *Third of homeless Londoners moved out of their boroughs.*

「令人哀傷不快的光線下」：the *Guardian* (2018). 「溫莎市議會領導人呼籲在皇室婚禮前驅逐無家可歸者。」

露宿街頭的外國人：the *Guardian* (2020). 「英國脫歐後，露宿街頭的外國人面臨被驅逐出英國國境。」

調查的458名英國露宿街頭者：Sander, B. & Albanese, F. (2017). *An examination of the scale and impact of enforcement interventions on street homeless people in England and Wales.* London: Crisis.

「往往讓他們覺得」：Ibid., p. 48.

在十年內……減少了71%：*The Salt Lake Tribune* (2020). Utah was once lauded for solving homelessness – the reality was far more complicated.

也減少了庇護系統的成本：CBC News (2020). *A B.C. research project gave homeless people $7,500 each – the results were 'beautifully surprising'.*

大約有216000間空屋：Action on Empty Homes (2019). *Empty Homes in England 2019*, p. 8.

4,700人露宿街頭：Homeless Link (2019). *2019 Rough Sleeping Snapshot Statistics.*

83,700人住在臨時住所：Ministry of Housing, Communities & Local Government (2019). *Statutory Homelessness in England: October to December 2018.*

（提供給）14,500人：BBC News (2020). *Coronavirus: Thousands of homeless 'back on streets by July'.*

「天然界限……從艾塞克斯……」：Crymble, A. (2019, September 19). Interview.

非洲人名資料庫：slavevoyages.org/resources/names-database

擴大教育服務：ushmm.org/information/about-the-museum

「地點的問題」：Knowles, A. K., Cole, T. & Giordano, A. (Eds.). (2014). *Geographies of the Holocaust.* Indiana: Indiana University Press, p. 2.

「轉變了……的意義」：Ibid., p. 4.

「上帝視角」：Knowles, A. K. et al. (2015). Inductive Visualization: A Humanistic Alternative to GIS. *GeoHumanities* 1(2): p. 242.

「最戲劇性的故事」：Ibid., p. 254.

「有點綁手綁腳的」：Westerveld, L. (2019, May 24). Interview.

雅各·布羅德曼：全國猶太婦女理事會薩拉索塔-馬納提分會對雅各·布羅德曼的採訪，Holocaust Oral History Project, on 13 April 1989. collections.ushmm.org/search/catalog/irn510728

安娜·帕蒂帕：Interview of Anna Patipa (23 February 1989) is from the archives of the Tauber Holocaust Library of the Jewish Family and Children's Services Holocaust Center. collections.ushmm.org/search/catalog/irn513095

見證者參與製作的地圖

截至1943年6月的親衛隊集中營網路：Supplied by Anne Kelly Knowles

《我當時在場》：此地圖的原始版本為：visionscarto.net/i-was-there；製作此地圖的過程詳見Westerveld, L. & Knowles, A. K. (2020). Loosening the grid: topology as the basis for a more inclusive GIS. *International Journal of Geographical Information Science.* doi: 10.1080/13658816.2020.1856854

（猶太人）約二十五萬名：encyclopedia.ushmm.org/content/en/article/the-aftermath-of-the-holocaust

部分繼承

（全世界有）三千萬人：blogs.ancestry.com/ancestry/2020/02/05/our-path-forward

我們從奧利佛所設計的一張圖修改成這張圖：Reich, D. (2018) *Who We Are and How We Got Here: Ancient DNA and the New Science of the Human Past.* New York: Pantheon, p. 12.

純種迷思

我們把我們為後者製作的地圖修改成這張地圖：Narasimhan et al. (2019). The formation of human populations in South and Central Asia. *Science* 365(6457): eaat7487.

還沒插手到這件事：Reich (2018), pp. 106-9.

馴馬、造車：Anthony, D. W. (2007). *The Horse, the Wheel, and Language: How Bronze-Age Riders from the Eurasian Steppes Shaped the Modern World.* Princeton, NJ: Princeton University Press.

最後一座風蝕柱：Nash, D. J. et al. (2020). Origins of the sarsen megaliths at Stonehenge. *Science Advances* 6(31): eabc0133.

古澳大利亞

數百萬人（棲身的家園）：White, J. Peter. & Mulvaney, D. J. (1987). *Australians to 1788.* Broadway, N.S.W., Australia: Fairfax, Syme & Weldon Associates. 在第117頁，作者做出結論，估計1788年的原住民人口為75萬是合理的。因此，我們推斷，在經過五萬年的時間裡，累計的總人數應該有數百萬人。

海平面比現在低75米：Bird, M. I. et al. (2019). Early human settlement of Sahul was not an accident. *Scientific Reports* 9: 8220.

從頭髮樣本的DNA：Tobler, R. et al. (2017). Aboriginal mitogenomes reveal 50,000 years of regionalism in Australia. *Nature* 544: 180-84.

帶走兒童的政策：Nogrady, B. (2019). Trauma of Australia's Indigenous 'Stolen Generations' is still affecting children today. *Nature* 570: 423-4

你可以在以下網址探索原民土地數位的地圖：native-land.ca

第一次大型渡海行動：Australian Museum (2021). 人口擴展到澳大利亞。

對於想要了解更多關於原住民和托雷斯海峽島民文化的人來說，Common Ground是個寶貴的資源：commonground.org.au

資料海洋

有超過一千人遵從這項要求：Maury, M. F. (1856). *The Physical Geography of the Sea* (6th ed.). London: T. Nelson and Sons, p. v.

「就好像他自己……」：Ibid., p. iii.

從250天縮短到160天：Ibid., p. iv.
開始……數位化：icoads.noaa.gov
現在科學家們用這些資料；NPR (2014). *Old Ship Logs Reveal Adventure, Tragedy And Hints About Climate.*
可以在80天內：bit.ly/3lA7vNA
航行時間縮短減半：National Library of Australia (2006). *The Seynbrief.* bit.ly/3ejGYCv

染血地圖
鯨魚製品產值：Kerry Gathers 有一張名為「鯨油和魚骨」的精彩地圖，描繪了北美捕鯨黃金時期的美國港口。kgmaps.com/oil-and-bone
製作捕鯨資料的資訊請參閱此處：Lund et al. (n.d.). *American Offshore Whaling Voyages: a database.* nmdl.org
新貝德福德的船隊：New Bedford Whaling Museum (2016). *Yankee Whaling.* bit.ly/3qnABR4
兩次大災難：wikipedia.org/wiki/Whaling_Disaster_of_1871 and sanctuaries.noaa.gov/whalingfleet/history.html
（捕獲的）鯨魚大約有290萬頭：Rocha Jr, R. C. et al. (2015). Emptying the Oceans: A Summary of Industrial Whaling Catches in the 20th Century. *Marine Fisheries Review* 76(4): 37–48.
捕殺的抹香鯨，比……還更多：Ibid., p. 47.

不人道的人口流動
引用文圖爾・史密斯的話：Smith, V. (1798). *A Narrative of the Life and Adventures of Venture, a Native of Africa: But Resident above Sixty Years in the United States of America. Related by Himself.* New London, CT: C. Holt, at the *Bee* office, pp. 13–4. docsouth.unc.edu/neh/venture/venture.html
布羅提爾・孚若：Ibid., p. 5.
其詳細資訊：slavevoyages.org/voyage/about#variable-list/2/en
領導人一直在遮掩：Chazkel, A. (2015). History Out of the Ashes: Remembering Brazilian Slavery after Rui Barbosa's Burning of the Documents. In C. Aguirre and J. Villa-Flores (Eds.). *From the Ashes of History: Loss and Recovery of Archives and Libraries in Modern Latin America.* Raleigh, NC: University of North Carolina Press, pp. 61–78.
以前被忽略掉的航程：Phys.org (2019). *Project adds 11,400 intra-American journeys to Slave Voyages database.*
為它們輸入勞動力：The Colonial Williamsburg Foundation (n.d.). *Iberian Slave Trade.* bit.ly/3s72IFN

命名學
因為法律要求：en.wikipedia.org/wiki/Thai_name
姓阮：Atlas Obscura (2017). *Why 40% of Vietnamese People Have the Same Last Name*
（占了）全部人口的半數：Louie, E. W. (2008). *Chinese American Names: Tradition and Transition.* Jefferson, NC: McFarland & Co., p. 35.

天才的恩典
放射狀漸層圖案：這張圖表的形式受到貝尼尼（Bernini）的 *Ecstasy of St. Teresa* 的啟發，他在1652年53歲時完成了這張圖表。
在91歲時還在創作《無限鏡室》：New York Botanical Garden (2021). *Kusama: Cosmic Nature.*
熟習一門學科需要無數的時間：*The New Yorker* (2013). Complexity and the Ten-Thousand-Hour Rule.
最快達到精通的程度：Simonton, D. K. (2017, January 19). Personal communications.
「年輕時的興奮和熱情……喜歡精雕細琢的人」：Fry, R. (2015). *The Last Lectures.* Cambridge: Cambridge University Press, p. 14. For more on 'two types of artists', see: Galenson, D. W. (2006). *Old Masters and Young Geniuses: The Two Life Cycles of Artistic Creativity.* Princeton, NJ: Princeton University Press.
《亞維農的少女》：Picasso, P. (1907). *Les Desmoiselles d'Avignon* [oil on canvas]. Museum of Modern Art, New York, NY.
《大浴女》：Cézanne, P. (1906). *The Large Bathers* [oil on canvas]. Philadelphia Museum of Art, Philadelphia, PA.

我們是誰
「人口普查的法案」：US National Archives. *From James Madison to Thomas Jefferson, 14 February 1790*

畫下界線
從歷史上看，人口普查：Whitby, A. (2020). *The Sum of the People: How the Census Has Shaped Nations, from the Ancient World to the Modern Age.* New York: Basic Books.
六個人口普查問題：*Census Act of 1790, § 1.* (US)
十六名美國將軍：US Census Bureau (2020). *Who Conducted the First Census in 1790?*
五分之三的奴隸：*US Const. art. I, § 2.*
貼一份「正確的副本」：*Census Act of 1790, § 7.* (US)
比……其他任何公共專案都還要高：人口普查的全部費用為 44,377 美元 [United States (1908). *Heads of Families at the First Census of the United States Taken in the Year 1790.* Washington, DC: Government Printing Office, p. 4.] 比分配給設置燈塔、信標燈和浮標所需的 38976.36 美元還高，如以下所描述的：Kierner, C. A. (2019). First United States Census, 1790. In *The Digital Encyclopedia of George Washington.* bit.ly/3qrZv1V
「我們現在愈來愈重要」：US National Archives. *From George Washington to Gouverneur Morris, 28 July 1791.*
全國人口有五百萬：US National Archives. *From George Washington to Gouverneur Morris, 17 December 1790.*
「看來……很多數字被省略了」：US National Archives. *From George Washington to Gouverneur Morris, 28 July 1791*
1792年，普查結果：美國（1791）. *Return of the Whole Number of Persons within the Several Districts of the United States.* Philadelphia, PA: Childs and Swaine.
分配表的資料來自：*US Const. art. I, § 2* and the *Apportionment Act of 1792.*
漢彌爾頓一開始比較占優勢：US National Archives. *Introductory Note: To George Washington, 4 April 1792.*
有史以來第一次總統動用否決權：Ibid.
傑佛遜的方法：US Census Bureau (1990). *Apportionment of the U.S. House Of Representatives.* census.gov/prod/3/98pubs/CPH-2-US.PDF
四種不同的公式：Ibid.
一種叫做「傑利蠑螈」的選區劃分變更手法：最好──和最有趣──的解釋，可以參照：Maurer, J. (Writer), Oliver, J. (Writer), Twiss, J. (Writer), Weiner, J. (Writer) & Werner, C. (Director). (2017, April 9). Gerrymandering (Season 4, Episode 8) [TV series episode]. In Taylor, J. (Executive Producer), *Last Week Tonight with John Oliver.* Sixteen String Jack Productions. youtube.com/watch?v=A-4dIImaodQ
「貼心的選區劃分」：Policy Map (2017). *A Deeper Look at Gerrymandering.*
「不要拿出地圖」：Hofeller, T. B. (2011). *What I've Learned about Redistricting – The Hard Way!* [PowerPoint slides]. National Conference of State Legislatures. ncsl.org/documents/legismgt/The_Hard_Way.pdf
醞釀了一項計畫：NPR (2019). *Emails Show Trump Officials Consulted With GOP Strategist on Citizenship Question.*
在1950年之前：*Department of Commerce v. New York, 588 U.S. 2561* (2019)
人口普查局擔心，增加……：Brown, J. D. et al. (2019). Predicting the Effect of Adding a Citizenship Question to the 2020 Census. *Demography* 56: 1173–94.
人口增加（2.1%），但遠低於全國（9.7%）：New York City Department of City Planning (2011). *NYC2010, Results from the 2010 Census: Population Growth and Race/Hispanic Composition.* on.nyc.gov/3emO7lK
紐約已經少了：Museum of the City of New York (2020). *Why the Census Matters.* mcny.org/story/why-census-matters
「武斷且反覆無常的」：*Department of Commerce v. New York, 588 U.S. 2561, 2564* (2019)
佛羅倫薩・凱利傳記資訊：socialwelfare.library.vcu.edu/people/kelley-florence
家暴的丈夫：florencekelley.northwestern.edu/florence/arrival
靈感來自查爾斯・Residents of Hull House (1895). *Hull-House Maps and Papers.* New York: T. Y. Crowell & Company, p. viii.
布魯克林山區的人（250萬人）：New York City Department of City Planning (2011).
該州其他每個城市的人加起來：en.wikipedia.org/wiki/List_of_cities_in_New_York

「堅持查探窮人的生活」：Residents of Hull House (1895), p. 14.

「最重要的一部作品」：Sklar, K. K. (1991). Hull-House Maps and Papers: social science as women's work in the 1890s. In M. Dulmun, K. Bales & K. K. Sklar (Eds.), *The Social Survey in Historical Perspective, 1880-1940* (pp. 111-47). Cambridge University Press.

「佛羅倫薩‧凱利犯下許多違反傳統的罪行」：Aptheker, H. (1966). Du Bois on Florence Kelly. *Social Work* 11(4): 98-100.

同時珍‧亞當斯為了……：nobelprize.org/prizes/peace/1931/addams/facts

要花費 156 億美元：*The Washington Post* (2019). 2020 Census: What's new for the 2020 Census?

量身打造的人口普查

成本為 4.82 億英鎊：Economic & Social Research Council (n.d). *Census: past, present and future* [fact sheet]. bit.ly/3v4YkZZ

他們……改進了一種……方法：Deville, P. et al. (2014). Dynamic population mapping using mobile phone data. *PNAS* 111(45): 15888-93.

偵測到……並且直接提供援助：bit.ly/2PCciC5

美國版大逃亡

統合與匿名的深入見解由 Teralytics Inc. 提供。teralytics.net

光探測衛星：NASA Earth Observatory (2018). *Night Lights Show Slow Recovery from Maria.*

在波多黎各的 330 萬居民中：US Census Bureau (2019). *More Puerto Ricans Move to Mainland United States, Poverty Declines.*

聯合通勤

傑佛遜所提出……的建議無人理會：Stein, M. (2009). *How the States Got Their Shapes.* Washington, DC: Smithsonian Books, pp. 1-9.

很多通勤的交通樞紐：Dash Nelson, G. & Rae, A. (2016). An Economic Geography of the United States: From Commutes to Megaregions. *PLoS One* 11(11): e0166083.

德克薩斯州和加利福尼亞州：Stein, M. (2009). pp. 33-8, 269.

讓渡給密西根州：Ibid., pp. 143-4.

德拉瓦州圓圓的端點處：Ibid., pp. 52-6, 236-7.

復原之路

梅利安鐸村的一名蹣跚學步的孩子：CNN (2015). *Ebola: Who is patient zero? Disease traced back to 2-year-old in Guinea.*

超過 11,000 人死亡：cdc.gov/vhf/ebola/history/2014-2016-outbreak/index.html

把非洲的道路網絡劃分：Strano, E. et al. (2018). Mapping road network communities for guiding disease surveillance and control strategies. *Scientific Reports* 8: 4744.

馬里共和國：World Health Organization (2014). *Mali confirms its first case of Ebola.*

塞內加爾：Reuters (2014). *Senegal tracks route of Guinea student in race to stop Ebola.*

奈及利亞：Bell, B. et al. (2016) Overview, Control Strategies, and Lessons Learned in the CDC Response to the 2014-2016 Ebola Epidemic. *MMWR* 65(Suppl-3): 9.

傳到西班牙：World Health Organization (2014). *Ebola virus disease - Spain.*

義大利：World Health Organization (2015). *First confirmed Ebola patient in Italy.*

英國：World Health Organization (2014). *Ebola virus disease - United Kingdom.*

傳到美國：Bell et al. (2016), p. 10.

亮度

「藍色大理石」：wikipedia.org/wiki/The_Blue_Marble

「黑色大理石」：nasa.gov/topics/earth/earthmonth/earthmonth_2013_5.html

有關 NASA 夜間亮度照片產品的軟體套件的更多資訊，請參閱：NASA Earth Observatory (2017). *Night Light Maps Open Up New Applications.*

在颶風過後：NASA Earth Observatory (2017). *Pinpointing Where Lights Went Out in Puerto Rico.*

LED 燈泡：Bennie, J. et al. (2014). Contrasting trends in light pollution across Europe based on satellite observed night time lights. *Scientific Reports* 4: 3789.

非洲第二大都會區：en.wikipedia.org/wiki/List_of_urban_areas_in_Africa_by_population

蘇丹總共有 8,000 萬人居住：United Nations, Population Division (2018). *World Urbanization Prospects: Total Population at Mid-Year by region, subregion and country, 1950-2050 (thousands).*

投資數十億美元在促進旅遊業：Oxford Business Group (2018). *Development plans for West Saudi Arabian cities unveiled.*

數百萬難民：UNHCR (2021). *Syria Refugee Crisis Explained.*

夜生活開始恢復：Adventure.com (2017). *When the lights go out: Inside Iraq's surprising nightlife boom.*

2,500 萬戶家庭：*IEEE Spectrum* (2019). A Power Line to Every Home: India Closes In on Universal Electrification.

602 千瓦時：data.worldbank.org/indicator/EG.USE.ELEC.KH.PC

「拍著手……大聲議論」：*The Wall Street Journal* (2015). North Korea Downplays Lack of 'Flashy Lights'.

離鄉背井遠赴都市的人口數……增加：*China Labour Bulletin* (2020). Migrant workers and their children.

城市的誘惑

人口變化地圖：這張加強版的網格（GHS-BUILT-S2 R2020A）取自 2018 年使用卷積神經網路的 Sentinel-2 全域圖像合成（GHS-S2Net）。*European Commission, Joint Research Centre.* bit.ly/30WR5VW

312 個……都市區：United Nations, Population Division (2018). *World Urbanization Prospects: Population of Urban Agglomerations with 300,000 Inhabitants or More in 2018, by country, 1950-2035 (thousands).*

美國有 96 個：Ibid.

「經濟特區」：en.wikipedia.org/wiki/Special_economic_zones_of_China

33 萬人定居的農村和城市：Shenzhen Municipal Statistics Bureau (2016). *Shenzhen Statistical Yearbook 2016* [in Chinese]. Beijing: China Statistics Press, p. 4.

超過 1,300 萬人：Shenzhen Government Online (2020). *About Shenzhen: Profile.* bit.ly/3lvUZhT

京津冀超級大城市：*The New York Times* (2015). Chinese Officials to Restructure Beijing to Ease Strains on City Center.

面積和人口都超過北京：Schneider, M. & Mertes C. M. (2014). Expansion and growth in Chinese cities, 1978-2010. *Environ. Res. Lett.* 9: 024008.

會超過東京：World Bank (2015). *East Asia's Changing Urban Landscape: Measuring a Decade of Spatial Growth.* Urban Development Series. Washington, DC: World Bank, p. 75.

600 萬人口：United Nations, Population Division (2018).

數千家公司：*South China Morning Post* (2020). How 4 Chinese millennials have found secret of hi-tech success in Chengdu.

首批國營高科技園區：PR Newswire (2020). *Chengdu Hi-tech Zone Made an Increase by 7% in Industrial Added Value in the First Half of the Year.*

超過了加拿大和澳大利亞的人口總和：*Nature* (2020). Making it in the megacity; United Nations, Population Division (2018). *World Urbanization Prospects: Total Population at Mid-Year by region, subregion and country, 1950-2050 (thousands).*

在 1989 年開通：*South China Morning Post* (2018). A tale of two cities: Shenzhen vs Hong Kong.

五年後鹽田港開通：en.wikipedia.org/wiki/Yantian_International_Container_Terminals

全球第三繁忙的貨櫃港：en.wikipedia.org/wiki/List_of_busiest_container_ports

有一半是要運往北美：bit.ly/3vCPZwR

橋梁隧道系統：wikipedia.org/wiki/Hong_Kong-Zhuhai-Macau_Bridge

另一個超長跨度：*South China Morning Post* (2012). Link spanning Pearl River Delta from Shenzhen to Zhongshan approved.

革命性的交通方式

「瀝青恐怖活動」：Provo (1965). *Provokatie no. 5* [leaflet]. provo-images.info/Provokaties.html

一萬輛白色自行車：the *Guardian* (2016). Story of cities #30: how this Amsterdam inventor gave bike-sharing to the world.

被警方扣押：Ibid.

防止被竊：British Library (n.d.). *'Provo.'* vll-minos.bl.uk/learning/histcitizen/21cc/

counterculture/assaultonculture/provo/provo.html

發達的交通網路

「地理終結」：*AAG Newsletter* (2016). The End(s) of Geography?

「距離之死」：Cairncross, F. (2002). The death of distance. *RSA Journal* 149(5502), 40-42.

這些地圖背後的模型：Weiss, D. J. et al. (2018). A global map of travel time to cities to assess inequalities in accessibility in 2015. *Nature* 553: 333-6.

「摩擦表面」：Ibid.

連通性之河

知道你的位置：wikipedia.org/wiki/Mobile_phone_tracking

非洲的數位革命：the *Guardian* (2016). A day in the digital life of Africa.

在朝鮮變得更常見了：*Los Angeles Times* (2009). Cellphones catching on in North Korea.

無法和……聯繫：*The Mirror* (2019). North Korea releases smartphone that only runs government-approved apps and blocks foreign media.

100 萬個啟用的固網電話用戶：itu.int/en/ITU-D/Statistics/Pages/stat/default.aspx

1.8 億個行動電話用戶：*The Punch* (2020). Nigeria's active mobile telephone lines now 180 million.

章魚花園

1969 年 10 月 29 日：NPR (2009). *'Lo' And Behold: A Communication Revolution*.

每秒 50 kb：computer.howstuffworks.com/arpanet.htm

22 分鐘：如果以 256kbps 編碼，一首歌曲每一秒需要 32KB 的空間。〈Come Together〉這首歌有 258 秒，所以檔案會是 8.26 MB。8.26MB = 66,080 kbits。除以 50kbps = 1,322 秒或也就是 22 分鐘。以 128kbps 編碼的話，就要花 11 分鐘。

400 根光纖纜線：telegeography.com/submarine-cable-faqs-frequently-asked-questions

最長的 SEA-ME-WE 3：wikipedia.org/wiki/SEA-ME-WE_3

200 TB：en.wikipedia.org/wiki/MAREA

披頭四賣出的全部 2.8 億張唱片：wikipedia.org/wiki/List_of_best-selling_music_artists

愈來愈多的人和設備連上網路：MarketsandMarkets (2020). *Submarine Cable System Market: Size, Share, System and Industry Analysis and Market Forecast to 2025*.

Facebook 正在協助出資：TechCrunch (2020). *Facebook, telcos to build huge subsea cable for Africa and Middle East*.

幾乎會是……三倍：Facebook Engineering (2020). *Building a transformative subsea cable to better connect Africa*.

不同種類海底電纜：Carter, L., Burnett, D., Drew, S., Marle, G., Hagadorn, L., Bartlett-McNeil, D. & Irvine, N. (2009). *Submarine Cables and the Oceans: Connecting the World*. UNEP-WCMC Biodiversity Series No. 31., pp. 17-20.

我們表現得怎麼樣 ─────────

我曾經認為世人想要了解真相是不言自明的：Du Bois, W. E. B. (1940). *Dusk of Dawn: An Essay Toward an Autobiography of a Race Concept*. New York: Harcourt, p. 68.

對權力說真話

有關地圖繪製的政治和過去的更多資訊，請參閱：Kitchin, R., Dodge, M. & Perkins, C. (2011). *The Map Reader: Theories of Mapping Practice and Cartographic Representation*. London: John Wiley & Sons Ltd.

預期的風暴路徑：wikipedia.org/wiki/Hurricane_Dorian–Alabama_controversy

「讓這個説法更像事實」：Latour, B. (1986). Visualization and Cognition: Thinking With Eyes and Hands. In H. Kuklick & E. Long (Eds.). *Knowledge and Society: Studies in the Sociology of Culture Past and Present* (Vol. 6, pp. 1-40). Jai Press.

他的航海日誌送回了法國：Novaresio, P. (1996). *The Explorers*. New York: Stewart, Tabori & Chang, p. 191.

日誌裡所記載的「發現」：bit.ly/2010jft

齊聚在柏林：Heath, E. (2010). Berlin Conference of 1884-1885. In H. L. Gates & K. A. Appiah (Eds.). *Encyclopedia of Africa* (p. 177). Oxford University Press.

邊界爭端：wikipedia.org/wiki/Bakassi

「我們只是拿了一支藍色鉛筆」：Darwin, L. et al. (1914). The Geographical Results of the Nigerian-Kamerun Boundary Demarcation Commission of 1912-13: Discussion. *The Geographical Journal* 43(6): 648-51.

「膚色線」：Douglass, F.（1881）。Douglass, F. (1881) The Color Line. *North American Review* 132(295): 567-77.

能夠在地圖上繪製出：Du Bois, W. E. B. (1903). *The Souls of Black Folk*. Chicago: A. C. McClurg & Company, p. 125.

150 個黑人家庭的開支：Du Bois, W. E. B. (ca. 1900). *[The Georgia Negro] Income and expenditure of 150 Negro families in Atlanta, Ga., U.S.A.* [chart]. From Library of Congress, Prints and Photographs Division. loc.gov/pictures/resource/ppmsca.33893

不值得研究：Morris, A. D. (2015). *The Scholar Denied*. Oakland: University of California Press, p. 7.

畫紅線區（一種經濟歧視的作法）：里奇蒙數位獎學金實驗室把 1937 年屋主貸款公司地圖上的紅線區域數位化。bit.ly/3bEUTBu 氣溫資料來自美國地質調查局提供的 Landsat 8 影像。資料是從 ArcGIS.com. 編譯和下載來的。

健康風險更高：*The New York Times* (2020). How Decades of Racist Housing Policy Left Neighborhoods Sweltering.

「白人同胞公民」：Du Bois, W. E. B. (1899). *The Philadelphia Negro*. Philadelphia: University of Pennsylvania, p. 1.

「我們不能再用猜的」：Du Bois, W. E. B. (1902). *The Negro Artisan*. Atlanta: Atlanta University Press, p. 1.

山姆・霍斯：Mathews, D. G. (2017). *At the Altar of Lynching: Burning Sam Hose in the American South*. Cambridge: Cambridge University Press.

「謹慎且合理的聲明」：Du Bois, W. E. B. (1940). *Dusk of Dawn: An Essay Toward an Autobiography of a Race Concept*. New York: Harcourt, p. 67.

有兩個考量影響：Ibid., 67-8.

「其解藥」：Ingersoll, W. T. (1960). Oral history interview of W. E. B. Du Bois by William Ingersoll. W. E. B. Du Bois Papers (MS 312). Special Collections and University Archives, University of Massachusetts Amherst Libraries, pp. 146-7.

完成這五十多張圖表的細節：Du Bois, W. E. B. (1968). *The Autobiography of W. E. B. Du Bois: A Soliloquy on Viewing My Life from the Last Decade of Its First Century*. New York: International Publishers, p. 221.

「最好的社會學著作」：Ibid., p. 204.

「……受到生命威脅……人口分布」：Ibid., p. 226.

「涉及政治問題」：Ibid., p. 227.

銷毀了唯一的一份報告：US Department of Labor (1974). *Black Studies in the Department of Labor 1897-1907*. dol.gov/general/aboutdol/history/blackstudiestext

「這最近十年裡」：BlackPast (2008). *(1909) Ida B. Wells, 'Lynching, Our National Crime'*. bit.ly/2OpJHj9

依地理分區遭受私刑的人數：NAACP (1919). *Thirty Years of Lynching In the United States, 1889-1918*. New York: NAACP, p. 39.

遊説工作：Francis, M. M. (2014). *Civil Rights and the Making of the Modern American State*. Cambridge: Cambridge University Press, pp. 98-126.

NAACP 成員亞伯特……起草：loc.gov/exhibits/naacp/the-new-negro-movement.html

「有必要加以立法」：Library of Congress. *Congressman L. C. Dyer to John R. Shillady concerning an anti-lynching bill, April 6, 1918* [typed letter]. Courtesy of the NAACP.

尋找那些失蹤的人：Jenkins, J. A. et al. (2010). Between Reconstructions: Congressional Action on Civil Rights, 1891-1940. *Studies in American Political Development* 24: 57-89.

國會議員……在議場上嘲諷：*Congressional Record,* House, 67th Cong., 2nd sess. (26 January 1922): 1785. bit.ly/38wG8yE

最後以 231 票比 119 票通過：Jenkins et al. (2010).

非裔美國人的聲音被聽到了：Francis (2014).

南方民主黨的議員……在參議院把它擋下了：Jenkins et al. (2010).

「美國的恥辱」：NAACP (1922). *The Shame of America* [advertisement]. *The New York Times*. historymatters.gmu.edu/d/6786

近兩百次嘗試：*The Washington Post* (2018). Why Congress failed nearly 200 times to make lynching a federal crime.

私刑受害者正義法案：CNN (2019). *Senate passes anti-lynching bill in renewed* effort to make it a federal hate crime.

沒有作為：The New York Times (2020). Frustration and Fury as Rand Paul Hold Up Anti-Lynching Bill in Senate.

「沒有說過自己是共產主義者」：FBI (1942). William Edward Burehardt Dubois [sic] (Report No. 100-1764), p. 5. bit.ly/3qze0kA

現代社會學的奠基人：Morris (2015).

創新的資料圖表：Battle-Baptiste, W. & Rusert, B. (Eds.). (2018). W. E. B. Du Bois's Data Portraits: Visualizing Black America. New York: Princeton Architectural Press.

數位化的論文：credo.library.umass.edu/view/collection/mums312

不屈不撓的資料新聞學記者：To learn more about how Wells used data to counter false narratives during her time, see: Missouri Historical Society. (2020, 5 August). A Conversation with Michelle Duster: Ida B. Wells and Today's Street Journalism [video]. youtube.com/watch?v=IK7-klWtkFo

在2018年……的訃告：The New York Times (2018). Ida B. Wells, Who Took on Racism in the Deep South With Powerful Reporting on Lynchings.

「出色而勇敢的報導」：pulitzer.org/winners/ida-b-wells

（P.107）私刑數量地圖：catalog.archives.gov/id/149268727

Buzzfeed就不需要：Buzzfeed News (2020). Find The Police And Military Planes That Monitored The Protests In Your City With These Maps.

在美國被警察槍殺的人數：washingtonpost.com/graphics/investigations/police-shootings-database/

高壓電線路發生故障：Caracas Chronicles (2019). Nationwide Blackout in Venezuela: FAQ.

牽連甚廣的賄賂醜聞：La Nación (2019). Driver's notebooks exposed Argentina's greatest corruption scandal ever: ten years and millions of cash bribes in bags.

每日曲線圖：twitter.com/jburnmurdoch/status/1245466020053164034

示威潮造成政府垮台：National Geographic (2019). What was the Arab Spring and how did it spread?

以表情符號為主的線上地圖：twitter.com/hkmaplive

亟欲關閉該應用程式：the Guardian (2019). Tim Cook defends Apple's removal of Hong Kong mapping app.

驚嘆號代表大叫危險：Quartz (2019). Real-time maps warn Hong Kong protesters of water cannons and riot police.

心理狀態

這份報告顯示：Helliwell, J. F., Layard, R., Sachs, J. & De Neve, J.-E. (Eds.). (2020). World Happiness Report 2020. New York: Sustainable Development Solutions Network

護照檢查

「安全通行證」：Holy Bible, New International Version, 1978/2011, Nehemiah 2:1-7.

簽證要求資料庫：github.com/ilyankou/passport-index-dataset

阿爾及利亞打算引入電子簽證：L'Expression (2020). Le visa électronique bientôt introduit.

國際元：國際元是一種假設的貨幣單位，其購買力同等與在某特定年分的美元購買力。

下跌了65%：passportindex.org/world-openness-score.php

頭頂上的碳足跡

對大氣造成的負擔：Wynes, S. & Nicholas, K. A. (2017). Environ. Res. Lett. 12: 074024.

暖化效應加倍：IPCC (2001). Aviation and the Global Atmosphere: Executive Summary. grida.no/climate/ipcc/aviation/064.htm

以搭飛機為恥：The Wall Street Journal (2019). 'Flight Shame' Comes to the U.S.—Via Greta Thunberg's Sailboat.

瑞典機場的搭機人數有下降：Reuters (2020). Sweden's rail travel jumps with some help from 'flight shaming'.

乘客人數則創下新高：Ibid.

我搭火車我驕傲：The Wall Street Journal (2019).

410kg：calculator.carbonfootprint.com（倫敦飛往伊斯坦堡，經濟艙往返機票）

比許多國家一般公民一年的排放量還要多：ourworldindata.org/per-capita-co2

1,120萬架次飛越美國領空的商業航班：Federal Aviation Administration (2020). Air Traffic by the Numbers, p. 6.

鉅細靡遺的細節

2015年……造成了890萬人死亡：Burnett, R. et al. (2018). Global estimates of mortality associated with long-term exposure to outdoor fine particulate matter. PNAS 115(38): 9592-7

歐洲就占了79萬人：Lelieveld, J. et al. (2019). Cardiovascular disease burden from ambient air pollution in Europe reassessed using novel hazard ratio functions. European Heart Journal 40(20): 1590-6.

遊輪上的煙霧：Transport & Environment (2019). One Corporation to Pollute Them All: Luxury cruise air emissions in Europe.

廢氣在英國上空盤旋不散：centreforcities.org/reader/cities-outlook-2020/air-quality-cities

歐盟委員會控訴：the Guardian (2018). UK taken to Europe's highest court over air pollution.

電流

這並不是巧合：Thornton, J. A. et al. (2017). Lightning enhancement over major oceanic shipping lanes. Geophys. Res. Lett. 44(17): 9102-11.

監測空氣

吹到比較不富裕的地區：Walker, G. et al. (2005). Industrial pollution and social deprivation: Evidence and complexity in evaluating and responding to environmental inequality. Local Environment 10(4): 361-77.

仰賴抽查：與 Cameo.tw 的私人通信。

九千個空氣品質感測器：同上。至於最新的數字，請參閱：wot.epa.gov.tw

對一家裝瓶廠處以……罰款：Taiwan Ratings (7 October 2019). Taiwan Hon Chuan Enterprise Co. Ltd.'s Air-Pollution Incident Has Minimal Credit Impact. rrs.taiwanratings.com.tw

WHO上限：World Health Organization (2005). WHO Air quality guidelines for particulate matter, ozone, nitrogen dioxide and sulfur dioxide.

找出有問題的鉛管

從休倫湖改為佛林特河，以節省經費：NPR (2016). Lead-Laced Water In Flint: A Step-By-Step Look At The Makings Of A Crisis.

惡臭、褐色的水：The Detroit News (2015). Flint resident: Water looks like urine, smells like sewer.

鉛含量已達到「嚴重」程度：NPR (2016).

設計了一個模型：有關詳細資訊，請參閱：Abernethy, J. et al. (2018). ActiveRemediation: The Search for Lead Pipes in Flint, Michigan. KDD '18: Proceedings of the 24th ACM SIGKDD International Conference on Knowledge Discovery & Data Mining. pp. 5-14.

聽從了他們的建議：The Atlantic (2019). How a Feel-Good AI Story Went Wrong in Flint.

乾淨的水可以飲用：Politico (2020). Flint Has Clean Water Now. Why Won't People Drink It?

命中率：The Atlantic (2019)；與 J. Webb 的私人通信。

每一戶開挖更換水管的成本高達5,000美元：Ibid.

難以維持的條件

仕紳化的根：Zuk, M. et al. (2018). Gentrification, Displacement and the Role of Public Investment. Journal of Planning Literature 33: 31-44.

一星期內，就收到一萬一千通的住宅投訴電話：There were 377,766 service requests for apartment maintenance and 223,835 for lack of heat or hot water. See: NYC (2019). 311 Sets New Record with 44 Million Customer Interactions in 2018

高級的（藍色）、正在進行的（藍綠色）和可能的仕紳化：Chapple, K. & Thomas, T. (2020). Berkeley, CA: Urban Displacement Project. bit.ly/3cuvJo9

長島市：The Bridge (2019). Lessons of Rezoning: When It Doesn't Work Out as Planned.

蘇活區：The New York Times (2020). Will SoHo Be the Site of New York City's Next

Battle Over Development?

郭瓦納斯：City Limits (2020). *3 thoughts on 'Debate in Gowanus About Whether to Pause or Push Rezoning'.*

最後一個低收入者負擔得起的社區：*The New York Times* (2019). It's Manhattan's Last Affordable Neighborhood. But for How Long?

「未能認真審視」：Curbed New York (2019). *Inwood rezoning struck down following community challenge.*

「對請願者提出的每個子問題照單全收」：Curbed New York (2020). *New York Court Quashes Push for Racial Equity in Inwood Rezoning.*

「鋼琴區」：Welcome2TheBronx (2019). *We are the South Bronx, NOT 'SoBro'!*

傑羅姆大道：Curbed New York (2018). *What happens to Jerome Avenue after its rezoning?*

對放貸猶豫不決：the *Guardian* (2020). 'Not what it used to be': in New York, Flushing's Asian residents brace against gentrification.

上漲了86%：*The New York Times* (2020). The Decade Dominated by the Ultraluxury Condo.

第四高：Ibid.

貝德福德－斯泰佛森特的人口結構變化：NYU Furman Center's CoreData.nyc (2018). *Neighborhood Indicators: BK03 Bedford Stuyvesant* [table]. furmancenter. org/neighborhoods/view/bedford-stuyvesant

北岸的土地：silive.com (2020). *A look at 17 proposed projects that could help revitalize the North Shore with state funding.*

冷漠的南方地區

2016年至少有九十萬戶家庭被強制遷出：evictionlab.org/national-estimates

法律往往有利於地主：Hatch, M. E. (2017). Statutory Protection for Renters: Classification of State Landlord-Tenant Policy Approaches. *Housing Policy Debate* 27(1): 98–119.

有孩子的家庭尤其更不利：Greenberg, D. et al. (2016). Discrimination in Evictions: Empirical Evidence and Legal Challenges. *Harvard Civil Rights-Civil Liberties Law Review* 51: 115–58.

「如果坐牢已經是……家常便飯」：Desmond, M. (2012). Eviction and the Reproduction of Urban Poverty. *American Journal of Sociology* 118(1): 88–133.

讓一百多萬個家庭可以稍微喘口氣：Eviction Lab (2020). *Eviction Moratoria have Prevented Over a Million Eviction Filings in the U.S. during the COVID-19 Pandemic.*

住房補貼：Vox (2020). *Joe Biden's housing plan calls for universal vouchers.*

還得讓他們繼續工作和上學：Desmond, M. (2016). *Evicted: Poverty and Profit in the American City.* New York: Crown, p. 296.

最高強制遷出率的大城市：evictionlab.org/rankings/#/evictions

不平等的擔子

勞動年齡：大多數國家的時間運用調查（time-use survey）認為「勞動年齡」為15-64歲。不過，立陶宛是20-64歲；中國是15-74歲；澳大利亞則是15歲以上。

無償勞動可能包括：Miranda, V. (2011). Cooking, Caring and Volunteering: Unpaid Work Around the World. *OECD Social.*

就全球來看……是女性做的：McKinsey Global Institute (2015). *The Power of Parity: How advancing women's equality can add $12 trillion to global growth*, p. 2

唯一主要由男性負責的勞動：Miranda (2011), p. 25.

多了數個月的勞動量：UN Women (2020). *COVID-19 and its economic toll on women: The story behind the numbers.*

儘管危機的影響明顯男女有別：Ibid.

自卑的爆發

武裝衝突地點與事件資料：Raleigh, C. et al. (2010). Introducing ACLED-Armed Conflict Location and Event Data. *Journal of Peace Research* 47(5): 651–60.

有近七億：World Bank (2019). *Population, female – India* [chart].

回報的針對女性的暴力事件：所描述的所有事件，都來自專門針對女性的政治暴力與以女性為主題的示威活動資料集裡的事件摘要。有關此資料集的詳細資訊，請參閱：Kishi, R., Pavlik, M. & Matfess, H. (2019). *'Terribly and Terrifyingly Normal': Political Violence Targeting Women.* Austin, TX: Armed Conflict Location & Event Data Project.

看得到的危機

羅興亞人的歷史，Mohajan, H. K. (2018). History of Rakhine State and the Origin of the Rohingya Muslims. *IKAT: The Indonesian Journal of Southeast Asian Studies* 2(1): 19–46.

「典型的種族清洗」：UN News (2017). *UN human rights chief points to 'textbook example of ethnic cleansing' in Myanmar.*

畫面顯示：BBC News (2017). *Rohingya crisis: Drone footage shows thousands fleeing.*

庫圖帕朗難民營：wikipedia.org/wiki/Kutupalong_refugee_camp

預計會有75,000名新難民到來：World Food Program USA Blog (2020). *Rohingya Crisis: A Firsthand Look Into The World's Largest Refugee Camp.*

在某些地區的人口密度為8平方米：Cousins, S. (2018). Rohingya threatened by infectious diseases. *The Lancet. Infectious Diseases* 18(8): 609–10.

兩次拒絕了返回緬甸的提議：the *Guardian* (2019). Rohingya refugees turn down second Myanmar repatriation effort.

聯合國報告警告：UN Human Rights Office (29 April 2020). bit.ly/30hY77w

把四周圍了起來：Reliefweb (2020). *Joint Letter: Re: Restrictions on Communication, Fencing, and COVID-19 in Cox's Bazar District Rohingya Refugee Camps.* bit.ly/3cBTAlY

無人機拍攝的地理座標參考照片：ESRI (2020). *Relief Workers Rely on Drone Imagery to Help Bangladesh Refugee Camp.*

失去了棲身之所：UN News (2019). *As monsoon rains pound Rohingya refugee camps, UN food relief agency steps up aid.*

一場大火：*The New York Times* (2021). Fire Tears Through Rohingya Camp, Leaving Thousands Homeless Once More.

沒有足夠的空間：*Global Village Space* (2020). Rohingya in Bangladesh plead for cemeteries.

彈殼報告

季辛吉先生／總統：國家安全檔案（2004）。The National Security Archive (2004). *The Kissinger Telcons, Document 2: Kissinger and President Richard M. Nixon, 9 December 1970, 8:45 p.m.* [transcript], p. 1. nsarchive2.gwu.edu/NSAEBB/NSAEBB123

尼克森總統祕密下令：*The New York Times* (1976). Nixon Again Deplores Leak on Bombing Cambodia.

菜單行動：en.wikipedia.org/wiki/Operation_Menu

自由協議行動：en.wikipedia.org/wiki/Operation_Freedom_Deal

四分之一的集束炸彈：Martin, M. F. et al. (2019). *War Legacy Issues in Southeast Asia: Unexploded Ordnance (UXO)* (CRS Report No. R45749), p. 6.

死亡／受傷：Landmine & Cluster Munitions Monitor (2018). *Cambodia.* bit.ly/2QbVvGl

柯林頓是以一種人道主義的姿態來解密的：*Foreign Policy* (2012). Mapping the U.S. bombing of Cambodia.

大約20%：Martin et al. (2019), p. 11.

被轟炸得最嚴重的國家：halotrust.org/where-we-work/south-asia/laos/

在未來十年內達成「零地雷」：*The Phnom Penh Post* (2020). Landmine fatalities drop.

轟炸他們想要炸的任何目標：Kiernan, B. (2004) *How Pol Pot Came to Power: Colonialism, Nationalism, and Communism in Cambodia, 1930–1975.* New Haven, CT: Yale University Press, p. 307.

比投在日本：Lipsman, S. & Weiss, S. (Eds.). (1985). The false peace. In *The Vietnam Experience* (Vol. 13, p. 53). Boston Publishing Company.

北越總部：Owen, T. (n.d.) *Sideshow? A Spatio-Historical Analysis of the US Bombardment of Cambodia, 1965–1973.*

迫使北越部隊撤退：Ibid.

將近十萬噸：National Museum of the United States Air Force (2015). *Operation Niagara: A Waterfall of Bombs at Khe Sanh.*

戰鬥轟炸機的24,000架次和B-52轟炸機的2,700架次：Defense POW/MIA Accounting Agency (n.d.). *Khe Sanh.* bit.ly/3qX0XcX

廢五金拾荒者：Martin et al. (2019), p. 11.

挖水池：VnExpress International (2020). *900-kg wartime bomb found in famous Vietnam battlefield.*

坍方和洪水：*Viet Nam News* (2020). Four bombs safely removed from landslide sites in Quang Tri Province.

3,400多人死亡：*VietNamNet* (2020). International donors assist Quang Tri's bomb, mine clearance efforts.

第一個……越南省份：Ibid.

Cu Roc 的洞穴和西北區情：Shore II, M. S. (1969). *The Battle for Khe Sanh*. Washington, DC: US Marine Corps, p. 58.

NVA突襲了861高地：For a detailed account of this battle, watch: Flitton, D. (Writer/Director). (1999, May 7). Siege at Khe Sanh (Episode 7) [TV series episode]. In Mcwhinnie, D. (Executive Producer), *Battlefield Vietnam*. Lamancha Productions. Available: youtube.com/watch?v=sb1YDpO2f9I

NVA的戰車攻占：Ibid.

轟炸讓NVA的攻勢受挫：Ibid.

108顆220公斤炸彈：Owen, T. & Kiernan, B. (2007). Bombs Over Cambodia: New Light on US Air War. *The Asia-Pacific Journal* 5(5): 2420.

這三張地圖裡的地形圖取自CIA的地圖：shadedreliefarchive.com/Indochina_CIA.html

末日時間

「保護我們的文明」：Boyer, P. S. (1985). *By the Bomb's Early Light*. New York: Pantheon, p. 70.

請來了一名同事的妻子：*Physics World* (2020). Doomsday Clock ticks closer to disaster.

在頁面上看起來很適合：*The Atlantic* (2015). Designing the Doomsday Clock.

拉賓諾維奇……科學與安全委員會：*Physics World* (2020).

這樣子相安無事：A new era. (1991). *Bulletin of the Atomic Scientists* 47(10): 3.

「宣揚末日之説」：Boyer (1985), p. 70.

全球軍火庫：我們從以下的網站：ourworldindata.org/nuclear-weapons (1945-2014)，以及從 *Bulletin of the Atomic Scientists*' Nuclear Notebook (2015-17)，取得編集這張圖表的資料。

轉折點：要了解有關分針移動的更多資訊，請參閱：thebulletin.org/doomsdayclock/timeline

「災難性影響」：*The Denver Post* (2007). Global warming advances Doomsday Clock.

我們所面對的事

「只要有任何人」：Smithsonian Institution (1859). *Annual Report of the Board of Regents of the Smithsonian Institution Showing the Operations, Expenditures, and Condition of the Institution for the Year 1858*. Washington, DC: James B. Steedman, pp. 31-2.

確定事態的發展

地球照片：nasa.gov/image-feature/satellitecaptures-four-tropical-cyclones-from-space

九個有命名的颶風：*The New York Times* (2020). Hurricane Forecast: 'One of the Most Active Seasons on Record'.

多達25個：Ibid.

有紀錄以來最多的：*The New York Times* (2020). The 2020 Hurricane Season in Rewind.

1960年代氣象雷達：en.wikipedia.org/wiki/Weather_radar

「流星」：the *Guardian* (2011). Weatherwatch: Meteorology blame it on Aristotle.

「一旦完全了解」：Fleming, J. R. (1990). *Meteorology in America, 1800-1870*. Baltimore: The Johns Hopkins University Press, p. 78.

一張美國地圖：Ibid., pp. 143-5 as well as Hoover, L. R. (1933). *Professor Henry Posts Daily Weather Map in Smithsonian Institution Building, 1858* [painting]. From Smithsonian Institution Archives, ID 84-2074.

「不僅能引起遊客興趣」：Smithsonian Institution (1859), p. 32.

「備受關注的對象」：Ibid.

每天上午十點：Ibid.

「史密森尼觀察員」：Fleming (1990), p. 88.

「收到了超過50萬份的獨立觀察紀錄」：Smithsonian Institution (1858). *Annual Report of the Board of Regents of the Smithsonian Institution Showing the Operations, Expenditures, and Condition of the Institution for the Year 1857*. Washington, DC: William A. Harris, pp. 27-8.

「在春天播種的時候」：*William Bacon's Letter to Joseph Henry (January 3-4, 1852)* [edited transcript]. Joseph Henry Papers (Volume 8), Smithsonian Institution

Archives. siarchives.si.edu/collections/siris_sic_13123

「寒流」：Smithsonian Institution (1861). *Annual Report of the Board of Regents of the Smithsonian Institution Showing the Operations, Expenditures, and Condition of the Institution for the Year 1860*. Washington, DC: George W. Bowman, p. 102.

雪晶的圖畫：Smithsonian Institution (1863). *Annual Report of the Board of Regents of the Smithsonian Institution Showing the Operations, Expenditures, and Condition of the Institution for the Year 1862*. Washington, DC: George W. Bowman, p. 70.

電報實驗……內戰：Miller, E. R. (1931). New Light on the Beginnings of the Weather Bureau from the Papers of Increase A. Lapham. *Monthly Weather Review* 59: 66.

觀察員和預算：該圖表是從 Fleming (1990) 的圖4.1和4.3修改而來的。

選擇上戰場退出觀測計畫……亨利的辦公室發生火災：Fleming (1990), pp. 146-7.

「具氣候特點」：史密森尼學會（1873）。Smithsonian Institution. (1873). *Annual Report of the Board of Regents of the Smithsonian Institution Showing the Operations, Expenditures, and Condition of the Institution for the Year 1871*. Washington, DC: Government Printing Office, p. 23.

「天氣概要與概率」：Glahn, B. (2012). *The United States Weather Service: The First 100 Years*. Rockville, MD: Pilot Imaging, p. 5. bit.ly/2OY61R6

造成約3,000艘船隻受損，財產損失達700萬美元：Fleming (1990), p. 153.

「這張地圖……提出了」：同上，可在以下網址查看地圖：bit.ly/3rTX2yN

「什麼實用價值？」：Miller (1931), p. 67.

曾研究過風暴的……潘恩：同上，p. 68.

鬆了一口氣：Fleming (1990), p. 161.

「概率」和「跡象」：Glahn (2012), pp. 5-6.

提早……二十四小時：同上，p. 12.

禁止使用「龍捲風」：Larson, E. (2000). *Isaac's Storm*. New York: Vintage Books, p. 9.

拒絕……發布風暴警報：同上，pp. 9, 142.

死了八千人：*Forbes* (2017). As Terrible as Harvey Is, The Galveston Hurricane Of 1900 Was Much, Much Worse.

「這裡就是颶風眼。」：Mrk Cntrmn (2016, 12 November). *KHOU's Dan Rather news highlights during Hurricane Carla 1961* [video]. youtube.com/watch?v=MW9n-jTWaSFI

沒有人見過氣象圖：*The Atlantic* (2012). Dan Rather Showed the First Radar Image of a Hurricane on TV.

「任何有眼睛的人」：Rather, D & Herskowitz, M. (1977). *The Camera Never Blinks*. New York: William Morrow, p. 49.

美國歷史上和天氣有關的最大規模疏散：*The Atlantic* (2012).

損失是……兩倍：以2020年美元計算，資料取自：en.wikipedia.org/wiki/Hurricane_Carla 以及 en.wikipedia.org/wiki/1900_Galveston_hurricane

只有46人：National Weather Service (2011). *Hurricane Carla - 50th Anniversary*.

氣溫高2度：climateactiontracker.org/global/cat-thermometer

「毫無疑問的，會失敗……」：Miller (1931), p. 67.

熱梯度

可靠基線期：要了解為什麼把1961-1990年用作基線期，請參閱：crudata.uea.ac.uk/cru/data/temperature/#faq5

最熱的十年：NOAA National Centers for Environmental Information (2020). *State of the Climate: Global Climate Report for Annual 2019*. ncdc.noaa.gov/sotc/global/201913

熱到沒辦法去朝聖？

在2019年……參加：General Authority for Statistics (2019). *Hajj Statistics 1440*, pp. 10, 23. stats.gov.sa/en/28

在沙烏地阿拉伯……暴增：worldometers.info/coronavirus/country/saudi-arabia

嚴格限制：《紐約時報》（2020）。*The New York Times* (2020). Saudi Arabia Drastically Limits Hajj Pilgrimage to Prevent Viral Spread

從1990年代以來……同樣嚴重或者更糟：Kang, S. et al. (2019). Future Heat Stress During Muslim Pilgrimage (Hajj) Projected to Exceed 'Extreme Danger' Levels. *Geophys. Res. Lett.* 46(16): 10094-100.

2015年踩踏事件地點：*The New York Times* (2015). How the Hajj Stampede Unfolded.

第1-5天：saudiembassy.net/hajj

火燒傷疤

燒毀了加州北部的小鎮「天堂鎮」：en.wikipedia.org/wiki/Camp_Fire_(2018)

從亞馬遜流域……放火燒了熱帶森林：*National Geographic* (2019). As the Amazon burns, cattle ranchers are blamed. But it's complicated.

到印尼……新加坡：Reuters (2019). *Singapore smog worst in three years as forest fires rage.*

西雅圖的天際線被濃煙遮蔽：*The Washington Post* (2018). Wildfire smoke is choking Seattle, obscuring the view and blocking out the sun.

西伯利亞：NBC News (2020). *Climate concerns as Siberia experiences record-breaking heat.*

俄羅斯維科揚斯克：*The Washington Post* (2020). Hottest Arctic temperature record likely set in Siberian town.

往後八十年的氣候模型裡都沒預料到：CBS News (2020). *Arctic records its hottest temperature ever.*

薩哈共和國：go.nasa.gov/30ZMToA

煙流延伸到了阿拉斯加：KVAL (2020). *Siberian wildfire smoke reaches Alaska, Pacific Northwest.*

比比利時一整年的排放量還要多：Deutsche Welle (2020) *Record heat wave in Siberia: What happens when climate change goes extreme?*

「殭屍之火」：*The Washington Post* (2020). 'Zombie fires' are burning in the Arctic after surviving the winter.

像停車位那麼小：Global Forest Watch (2016). *Fighting fires with satellites: VIIRS fire data now available on Global Forest Watch.*

拿來盡量用的資源，而不是拿來保護的：*The New York Times* (2019). Under Brazil's Far-Right Leader, Amazon Protections Slashed and Forests Fall.

熱點比比一年多了 21,000 個：bit.ly/3bZQhG3 (Filter by biome: Amazon)

「謊言」：BBC (2019). *Amazon deforestation: Brazil's Bolsonaro dismisses data as 'lies'.*

幾內亞的旱季：NASA Earth Observatory (2006). *Fires in Guinea.*

安哥拉則是在 5 月至 10 月期間觸發火災警報：NASA Earth Observatory (2007). *Fires in Angola*

永凍土層融化……的惡性循環：NBC News (2020). *Climate concerns as Siberia experiences record-breaking heat.*

造成至少十億隻動物死亡：the *Guardian* (2020). Almost 3 billion animals affected by Australian bushfires, report shows.

將近全球三分之一數量的無尾熊：the *Guardian* (2019). Australia's environment minister says up to 30% of koalas killed in NSW mid-north coast fires.

製圖師們，請原諒我們在等距長方形投影圖上使用六邊形！

充滿暴風雨的海洋

溫室氣體留住再釋出的多餘熱量：Wallace-Wells, D. (2019). *The Uninhabitable Earth.* New York: Tim Duggan Books, p. 95.

含氧量會比較少：同上，p. 97.

對溫度敏感的物種也會死亡：Schmidt, C. W. (2008). In Hot Water: Global Warming Takes a Toll on Coral Reefs. *Environmental Health Perspectives* 116(7): A292–9.

把更多濕氣打進空氣中：Wallace-Wells (2019), p. 80.

擾亂了洋流和大氣氣流：Hu, S. et al. (2020). Deep-reaching acceleration of global mean ocean circulation over the past two decades. *Science Advances* 6(6): eaax7727.

「死區」：*Independent* (2019). 'Dead zones' expanding rapidly in oceans as climate emergency causes unprecedented oxygen loss.

澳大利亞大堡礁的珊瑚已經死掉一半：Wallace-Wells (2019), p. 96.

規模、強度……大幅增加：*The New York Times* (2020). Climate Change Is Making Hurricanes Stronger, Researchers Find.

飽和度：*The New York Times* (2019). Climate Change Fills Storms With More Rain, Analysis Shows.

停留更長時間：Li, L. & Chakraborty, P. (2020). Slower decay of landfalling hurricanes in a warming world. *Nature* 587: 230–34.

1,250 億美元的損失：Blake, E. S. & Zelinksy, D. A. (2018). *National Hurricane Center Tropical Cyclone Report: Hurricane Harvey,* p. 9.

海洋的七個不同區域：en.wikipedia.org/wiki/Tropical_cyclone_basins

熱帶氣旋數量：en.wikipedia.org/wiki/Tropical_cyclones_by_year

每年產生 43 個氣旋：同上，僅計算 1980-2019 年。

紀錄上並列造成損失最慘重的風暴：en.wikipedia.org/wiki/Hurricane_Harvey

最致命的風暴：en.wikipedia.org/wiki/Cyclone_Nargis

冰流

有關冰流資料的更多資訊：its-live.jpl.nasa.gov。進展到 2018 年：NASA Earth Observatory (2019). *Retreat Begins at Taku Glacier.*

將在兩百年後消失：Zeiman, F. et al. (2016). Modeling the evolution of the Juneau Icefield between 1971 and 2100 using the Parallel Ice Sheet Model (PISM). *Journal of Glaciology* 62(231): 199–214.

塔庫河谷的前 45 公里：Ibid.

雪線變太高了：Pelto, M. (2019). Exceptionally High 2018 Equilibrium Line Altitude on Taku Glacier, Alaska. *Remote Sensing* 11(20): 2378.

會上升 7 米：Aschwanden, A. et al. (2019). Contribution of the Greenland Ice Sheet to sea level over the next millennium. *Science Advances* 19: eaav9396.

滑動得更快：Phillips, T. et al. (2013). Evaluation of cryo-hydrologic warming as an explanation for increased ice velocities in the wet snow zone, Sermeq Avannarleq, West Greenland. *JGR Earth Science* 118(3): 1241–56.

格陵蘭的質量變化：climate.nasa.gov/vital-signs/ice-sheets

涉水而行

67 枚核彈：atomicheritage.org/location/marshall-islands

颱風、致命的藻華現象……登革熱：*The New Yorker* (2020). The Cost of Fleeing Climate Change.

三分之一的人已經住到美國：Ibid.

「這是一場生死搏鬥」：BBC News (2019). *Climate change: COP25 island nation in 'fight to death'.*（譯註：COP25：2019 年聯合國氣候變遷大會）

預計的海平面上升速度：Gesch, D. et al. (2020). Inundation Exposure Assessment for Majuro Atoll, Republic of the Marshall Islands Using A High-Accuracy Digital Elevation Model. *Remote Sensing* 12(1): 154.

並不是全球都一致的：NASA (2020). *Sea Level 101: What Determines the Level of the Sea?*

在海上逮人

漁獲量開始下降：*The New York Times* (2019). The World Is Losing Fish to Eat as Oceans Warm, Study Finds.

島國就最前景堪憂了：Phys.org (2020). *Study: Ocean fish farming in tropics and sub-tropics most impacted by climate change.*

獨特移動特徵：Kroodsma, D. et al. (2018). Tracking the global footprint of fisheries. *Science* 359(6378): 904–8.

學會了要注意：Boerder, K. et al. (2018). Global hot spots of transshipment of fish catch at sea. *Science Advances* 25: eaat7159.

近 370 億個資料點：Global Fishing Watch (n.d.). *Our digital ocean: Transforming fishing through transparency and technology* [fact sheet]. bit.ly/2QgBwqh

規避法規：Boerder et al. (2018).

中國籍冷藏漁船：SkyTruth (2017). *Reefer Fined $5.9 Million for Endangered Catch in Galapagos Recently Rendezvoused with Chinese Longliners.*

會合後：Global Fishing Watch and SkyTruth (2017). *The Global View of Transshipment: Revised Preliminary Findings,* p. 14.

蒙得維的亞、莫曼斯克、運回在中國的漁港：Ibid.

販賣人口和其他非法活動：McDonald, G. G. et al. (2021). Satellites can reveal global extent of forced labor in the world's fishing fleet. *PNAS* 118(3): e2016238117.

繫好安全帶

會讓乘客從座位上摔下來：en.wikipedia.org/wiki/United_Airlines_Flight_826

嚴重受傷只有九個人：Federal Aviation Administration (2020). *Attention Passengers: Sit Down and Buckle Up* [fact sheet]. bit.ly/3qWMYUn

十億名飛機乘客：Bureau of Transportation Statistics (2020). *2018 Traffic Data for U.S Airlines and Foreign Airlines U.S. Flights.*

前方來勢洶洶的亂流：Storer, L. N. et al. (2017). Global Response of Clear-Air

Turbulence to Climate Change. *Geophys. Res. Lett.* 44(19): 9976–84.
模擬結果顯示：Ibid.

上帝之眼
高達六米的海浪：Copernicus EMS (2018). *Copernicus EMS Supports Monitoring of Deadly Earthquake and Tsunami in Indonesia.*
現場照片：*The New York Times* (2018). Witness: Scenes From the Indonesian Tsunami.
毀損的實際概況：bit.ly/30VeB5P
社區被夷為平地：Reuters (2018). *Destruction in Palu.*
地面位移了多遠：Copernicus EMS (2019). *Copernicus EMS Risk and Recovery Mapping: Ground deformation analyses, Sulawesi, Indonesia.*
防止進一步傷亡：Ibid.
5,000 多張：emergency.copernicus.eu/mapping/ems/rapid-mapping-portfolio
蝙蝠的可能棲息地：bit.ly/3cNLPtw
海底斷層滑動：*EOS* (2020). Social Media Helps Reveal Cause of 2018 Indonesian Tsunami.
把土壤變成了含水的軟泥：*The New York Times* (2018). A Tsunami Didn't Destroy These 1,747 Homes. It was the Ground Itself, Flowing.
衛星看到了什麼：Dorati, C., Kucera, J., Marí i Rivero, I. & Wania, A. (2018). Annex 1: Damage Assessment. In *Product User Manual for Copernicus EMS Rapid Mapping, JRC Technical Report JRC111889* (pp. 23–5).

快速行動，打破既定限制
四萬名貢獻者：wiki.openstreetmap.org/wiki/Stats
在 2016 年……全球 83% 的道路網：Barington-Leigh, C. & Millard-Ball, A. (2017). The world's user-generated road map is more than 80% complete. *PloS One.* 12(8): e0180698.
依賴的是這項免費服務：Anderson, J. et al.(2019). Corporate Editors in the Evolving Landscape of OpenStreetMap. *ISPRS International Journal of Geographic Information* 8: 232.
變成網際網路供應商：connectivity.fb.com
不見得都有幫助：twitter.com/floledermann/status/1155960862747680770

在太陽沒照到的地方撒鹽
降雪量為 16 公分：weather.gov/mrx/tysclimate
芝加哥平均值的六分之一：weather.gov/lot/ord_rfd_monthly_yearly_normals
可能還是下好下滿：*Scientific American* (2019). Love Snow? Here's How It's Changing.
23 億美元：bit.ly/30XbzOv
一種更有效率處理道路的方法：Rodriguez, T. K. et al. (2019). Allocating limited deicing resources in winter snow events. *Journal of Vehicle Routing Algorithms* 2: 75–88.
鹽水逕流：*Smithsonian* (2014). What Happens to All the Salt We Dump On the Roads?
過度腐蝕：The Earth Institute, Columbia University (2018). *How Road Salt Harms the Environment.*
日照時間足足有十小時：SunCalc. bit.ly/3eilBS7

新時代
到這個世紀末……109 億人：United Nations, Population Division (2019). *World Population Prospects 2019: Highlights,* p. 1.
這種比例將會首次反過來：Pew Research Center (2019). *World's population is projected to nearly stop growing by the end of the century.*
在 2024 年能迎來 350,000 名勞工：Nippon.com (2019). *Japan's Historic Immigration Reform: A Work in Progress.*
撒哈拉以南地區的人口到了 2100 年可能增加兩倍：Pew Research Center (2019).
到 2100 年，印度……其中五國在非洲：Ibid.

結語
「你沒辦法開船出航」：Wright, J. K. (1942). Map Makers are Human: Comments on the Subjective in Maps. *Geographical Review* 32(4): 527–44.
許多人認為……資料……同樣重要：The Conversation (2020). *Next slide please: data visualisation expert on what's wrong with the UK government's coronavirus charts.*
多年以前：González, M. C. et al. (2008). Understanding individual human mobility patterns. *Nature* 453: 779–82.
線上約會資料：BBC (2015). *China social credit: Beijing sets up huge system.*
批准使用追蹤技術：the *Guardian* (2020). Watchdog approves use of UK phone data to help fight coronavirus.
局部封城的有效性：Gibbs, H. et al. (2021). Human movement can inform the spatial scale of interventions against COVID-19 transmission. *MedRxiv* 10.26.20219550
共享極為私人的行動資料：Korea Centers for Disease Control and Prevention, Cheongju, Korea (2020). Contact Transmission of COVID-19 in South Korea: Novel Investigation Techniques for Tracing Contacts. *Osong Public Health Research Perspectives* 11(1): 60–63.
在韓國……得到了支持：Kye, B. & Hwang, S. J.(2020). Social trust in the midst of pandemic crisis: Implications from COVID-19 of South Korea. *Research in social stratification and mobility* 68: 100523.
英國則有 27,454 人：我們的數據世界。bit.ly/3dQ7kvO
愈來愈多的證據證明：World Health Organization (2020). *Joint Statement on Data Protection and Privacy in the COVID-19 Response.*
足以把我的行程安排攤開給大家看：Perez, B. et al. (2018). You are your Metadata: Identification and Obfuscation of Social Media Users using Metadata Information. *Proceedings of the Twelfth International AAAI Conference on Web and Social Media,* 241–50.
染疫者去過的地方的詳細紀錄：news.seoul.go.kr/welfare/archives/513105 (Retrieved 5 January 2020).
過度侵害了個人自由：Plague Checked by Destruction of Rats. Kitasato on the Limitation of Outbreaks at Kobé and Osaka. (1900). *The British Medical Journal* 2(2078): 1258.
病例集中：Nakaya, T. et al. (2019). Space-time mapping of historical plague epidemics in modern Osaka, Japan. *Abstracts of the International Cartographic Association* 1: 267.doi.org/10.5194/ica-abs-1-267-2019 ; Suzuki, A. (2006). Cotton, Rats and Plague in Japan.
印度來的……被跳蚤感染：Suzuki (2006).
很多人擔心自己的安全：The Conversation (2020). *Tracing homophobia in South Korea's coronavirus surveillance program.*
首例記錄病例的活動……雇主：*The Korea Herald* (2020). COVID-19 patient went clubbing in Itaewon.
仇恨犯罪受害者：BBC News (2019). *Gay in South Korea: 'She said I don't need a son like you'.*
因應疫情爆發：Park, S. et al. (2020). Information Technology–Based Tracing Strategy in Response to COVID-19 in South Korea—Privacy Controversies. *JAMA* 323(21): 2129–30.
8,700 萬名 Facebook 用戶：*The New York Times* (2018). Facebook Data Collected by Quiz App Included Private Messages.
「我明白了。」：NBC News (2018, 10 April). *Senator Asks How Facebook Remains Free, Mark Zuckerberg Smirks: 'We Run Ads'* [video]. youtube.com/watch?v=n-2H8wx1aBiQ
《一般資料保護規範》：TechCrunch (2018). *WTF is GDPR?*
紀錄上同樣最熱的一年：the *Guardian* (2021). Climate crisis: 2020 was joint hottest year ever recorded.（譯註：2020 年地表氣溫和 2016 年一樣。）

把地球攤平
關於各種地圖投影法的絕佳入門，請參閱：Battersby, S. (2017). Map Projections. *The Geographic Information Science & Technology Body of Knowledge* (2nd Quarter 2017 Edition).
史皮爾豪斯：想要更了解他的投影法，請參閱：jasondavies.com/maps/spilhaus and bit.ly/3bqEG2N
基卜拉地圖：Tobler, W. (2002). Qibla, and related, Map Projections. *Cartography & Geographical Information Science* 29(1): 17–23.
「一體世界島嶼」：bfi.org/about-fuller/big-ideas/spaceshipearth

致謝
GRATITUDE

有許多傑出的人花時間和我們碰面，分享資料並討論有關地圖和圖形的想法。我們要感謝：保羅・內勒（Paul Naylor）和查理・格林帶我們走過英國最受歡迎的登山路線；亞當・克林布爾分享了他對流浪者生活的知識；安妮・凱利，諾爾斯和李維・威斯特維德讓我們對於地圖能做到的事，有了更寬廣的認識。感謝大衛・里奇（David Reich）揭開了基因組的神祕面紗；南塔克特歷史協會的詹姆斯・羅素（James Russell）幫助我們確定重要的捕鯨航程；也感謝班・施密特（Ben Schmidt）提醒我們注意ICOADS資料庫不足之處。

非常感謝庫比・艾克曼（Kubi Ackerman）和紐約市博物館邀請我們繪製城市人口的地圖。感謝亞力山卓・索利齊塔（Alessandro Sorichetta）、安迪・塔藤（Andy Tatem）和WorldPop團隊的法國人口資料，也感謝法國朋友尼可拉斯・奎林（Nicholas Quiring）對這張地圖的極佳建議。Teralytics Inc.分享了波多黎各的人口流動資料；埃曼紐爾・史特蘭諾（Emanuele Strano）提供了非洲道路的分群資料；我們非常感謝長期合作的朋友奧利佛・歐布萊恩（Oliver O'Brien）提供有關全球共享單車和姓氏的資料。

我們很高興能納入由彭其捷（Chi-Chieh Peng）和卡米爾（CAMEO）團隊提供的台灣空氣汙染資料，以及艾力克・施瓦茲（Eric Schwartz）、雅各・埃柏奈錫（Jacob Abernethy）與傑瑞德・韋布（Jared Webb）為消除佛林特市和其他城市的飲水汙染所做的努力。還要感謝紐約的租屋評級公司Rentlogic的耶利・福克斯（Yale Fox）揭示了紐約租屋者在尋找房屋時可能面臨的困境，也感謝達斯汀・克勞爾（Dustin Croul）幫我們把一整年的示威活動串接起來。

對於我們對氣候危機的圖像化，艾德・霍金斯（Ed Hawkins）向我們指出了所需要的全球溫度升高的相關資料；艾爾法提・艾塔伊爾（Elfatih A.B. Eltahir）詳細闡明了他對於朝聖活動的未來所做的調查發現；狄恩・蓋奇（Dean B. Gesch）慷慨地提供了他有的海平面上升相關資料（甚至公開發表給任何人使用）；保羅・威廉斯（Paul Williams）和路克・斯托勒（Luke Storer）耐心地帶我們了解了他們複雜的亂流資料。我們還要感謝麥可・佛密里斯（Michael Foumelis）和馬其洛・迪・米謝爾（Marcello De Michele）提供蘇拉威西島的地震位移資料，以及八胡・巴杜里（Budhu Bhaduri）和奧盧菲米・歐米陶姆（Olufemi Omitaomu）提供諾克斯維爾除冰資料。

非常感謝凱瑟琳・史都華和方均全提供我們在華盛頓特區的應用程式使用者的足跡地圖以外的資料。也感謝碧翠絲・培瑞茲（Beatrice Perez）解開了一條推文，中谷友樹提供了大阪的地圖，也謝謝羅拉・格瑞許（Laura Gerrish），她花了一個週末為我們追蹤冰山的移動路程。

在這個計畫最初期的時候，大英圖書館、洛杉磯公共圖書館和密西根大學克拉克圖書館的地圖集，啟發了這本書的設計靈感。特別感謝提姆・厄特（Tim Utter）為我們收集了這麼多珍貴的資料。在製作計畫的另一端，是我們一絲不苟的地圖編輯們的努力成果。沒有了他們，這本書就會是一本錯誤百出的地圖集。說實話，對他們的感謝，說再多也不夠。

詹姆斯說：我很高興和UCL的實習生、博士生、研究人員和學者組成的優秀團隊合作。所以，很感謝尼可・諾格拉迪（Nicol Nogradi）和芬巴・艾恩尼（Finbar Aherne）在夏天處理資料，感謝艾利森・洛伊德（Alyson Lloyd）、譚杰生（Jason Tang）、巴勒慕盧根（Balamurugan Soundararaj）、詹姆斯・托德（James Todd）、托瑞・特拉斯堡（Terje Trasberg）、賈斯汀・凡・吉克（Justin van Dijk）、麥克羅・穆索雷西（Mirco Musolesi）在資料方面的直接說明，或者只是在不知不覺中成為想法的測試者。

我衷心感謝家人和朋友的持續支持與熱心。最後，如果沒有伊斯拉（Isla）身邊，這本書是不可能創作出來的。我最感激的人是她。

奧利佛說：花四年寫一本書是很漫長的。看著別人千辛萬苦寫出一本書，感覺更漫長。感謝在我長時間待在工作室後，讓我重拾活力的所有朋友。謝謝我的母親，她讓我愛上了歷史和製作地圖；謝謝我的兄弟賈斯汀，他打從第一天就鼓勵我、激勵我；感謝我的妻子蘇菲，謝謝她無限的愛、支援和鼓勵——以及與我們分享了她一整年的睡眠與足跡。

最後，非常感謝我們的經紀人呂奇・波諾密（Luigi Bonomi）以及 Special Books 出版社與 W. W. Norton 的團隊。海倫・康福德（Helen Conford）和塞西莉亞・史坦因（Cecilia Stein）打從一開始就信任我們；克洛伊・柯倫斯（Chloe Currens）幫助我們解決這本書的架構；吉姆・史都達特（Jim Stoddart）提供了合理的設計建議；金洋（Yang Kim）請納森・伯頓（Nathan Burton）為我們設計封面，伯頓把我們的想法濃縮得很完美。作家能得到理查・亞特金森（Richard Atkinson）和湯姆・梅爾（Tom Mayer）在他們的 Google 文件裡發表評語，何其有幸。他們熱心、深思熟慮的編輯和定期的鼓勵，敦促著我們前進，並提醒我們，凡事只要多一點驚奇，都會變得更好。

GRAFIC 1

全球趨勢資訊圖集
ATLAS of the INVISIBLE
MAPS AND GRAPHICS THAT WILL
CHANGE HOW YOU SEE THE WORLD

作　　者　詹姆斯・契爾夏（James Cheshire）、奧利佛・伍博帝（Oliver Uberti）
譯　　者　林東翰
責任編輯　林慧雯
美術編輯　黃暐鵬

編輯出版　行路／遠足文化事業股份有限公司
總 編 輯　林慧雯
社　　長　郭重興
發 行 人　曾大福
發　　行　遠足文化事業股份有限公司　代表號：（02）2218-1417
　　　　　23141新北市新店區民權路108之4號8樓
　　　　　客服專線：0800-221-029　傳真：（02）8667-1065
　　　　　郵政劃撥帳號：19504465　戶名：遠足文化事業股份有限公司
　　　　　歡迎團體訂購，另有優惠，請洽業務部（02）2218-1417分機1124、1135
法律顧問　華洋法律事務所　蘇文生律師
特別聲明　本書中的言論內容不代表本公司／出版集團的立場及意見，
　　　　　由作者自行承擔文責。

印　　製　韋懋實業有限公司
初版一刷　2023年7月
定　　價　1299元
Ｉ Ｓ Ｂ Ｎ　9786267244210（紙本）
　　　　　9786267244227（PDF）
　　　　　9786267244234（EPUB）

有著作權，翻印必究。缺頁或破損請寄回更換。

儲值「閱讀護照」，
購書便捷又優惠。

國家圖書館預行編目資料

全球趨勢資訊圖集
詹姆斯・契爾夏（James Cheshire）、
奧利佛・伍博帝（Oliver Uberti）著；林東翰譯
一初版一新北市：行路出版
遠足文化事業股份有限公司發行，2023.07
面；公分（Grafic；1）
譯自：Atlas of the Invisible：Maps and Graphics
That Will Change How You See the World
ISBN 978-626-7244-21-0（平裝）
1.CST：人類生態學 2.CST：社會變遷 3.CST：地圖
391.5　　112005192